# 遺伝子工学の原理

藤原伸介　編著

松田祐介・田中克典・東端啓貴・福田青郎・関　由行　共著

三共出版

# まえがき

　遺伝子を解析，改変する技術はバイオテクノロジーを進歩させる上で必須である。これまで多くの遺伝子工学に関する教科書が刊行されているが，本内容に関する技術は今世紀に入って急激に発展している。特にゲノム解析やトランスクリプトーム，プロテオームを中心とするオミックス研究の手法は高速化し，多くの結果が短時間に得られるようになった。先端の再生科学や発生科学の成果を応用した技術が実用化される日も近づいた。その一方で日常的に行われる実験の原理を学ぶ機会は少なくなっている。プラスミドの抽出など汎用的な技術もキットの普及が進み，行程のブラックボックス化が著しい。またすでに使われることのなくなった実験手法も少なくない（DNAの塩基配列を決定する際にマキサム・ギルバート法を行う研究者はいないのではないか）。現在遺伝子操作で使われている実験技術の多くは，いま大学で教鞭をとっている教員達が学生時代に試行錯誤で確立されたものである。彼らの多くは充分な物理，化学の知識を持ち，生物を対象として分子レベルで解析する技術を組み立てていった。多くの技術は生命科学の進歩と同調して生まれてきた。

　昨今の日本の大学には生命科学系の学部・学科が増え，毎年多くの学生が入学してくる。入試制度の多様化に伴い，入学する学生の既習分野も様々である。生命系学科においては十分な物理，化学の知識を持っていない学生も多い。くわえて大学で履修単位数制限が課せられたために，低学年で十分な基礎的内容の履修が難しくなっている。基礎を学ぶことなく専門課程に進み，原理を理解せず実験を行うケースは少なくない。最初からキットや先端機器に接してしまい，それなりの結果が出てしまうため敢えて原理を学ぶ機会が少ないのではないか。本書はこうした教育現場での経験を踏まえ，生命科学系の学生に是非とも知っておいていただきたい遺伝子操作の原理をまとめた。著書のタイトルは「遺伝子工学の原理」であるが，実際には「遺伝子機能解析の原理」を中心にまとめられている。遺伝子の機能解析は機能改変を目指す最初のプロセスであり，応用研究の展開する上でとても重要である。本書では現行の解析技術の中から重要なものを厳選し，その原理を詳解した。学生を指導していて気づいた点を意識し，知識が不足しがちな内容を盛り込むよう努めた。本書は生化学の教科書ではないが，あえて核酸やタンパク質などの生体成分の基礎も加えた。最初の章をめくるだけで生化学の教科書を開く必要はなくなると思う。その一方で，今後主流になるであろう先端的手法についても触れた。また，工学の視点で遺伝子工学を考えると生産効率を無視することはできない。誌面の都合上，細胞の培養技術，生産の効率化等については本書では触れていない。この点については同じ三共出版から「新生物化学工学」を刊行している。本書と併せてお使いいただきたい。

　1章では生体成分の基礎知識をまとめた。生化学の内容であるが必要に応じて参照していただきたい。2章では遺伝子の構造解析やタンパク質の精製に必要な実験を基本単位操作とみたてて解説した。3章から5章にかけては遺伝子操作の行われる生物種に対し，その原理を解説した。微生物，植物に加え，動物細胞や多能性幹細胞に関する技術も盛り込んだ。6章ではオミックス

研究を行う上で重要な技術をまとめた。手法の羅列ではなく，それぞれの原理や背景についても記した。7章では個々の遺伝子の発現を解析するための技術をまとめた。研究現場ではタンパク質間の相互作用を調べなければならない状況が多い。この章ではタンパク質を解析する技術に加え，局在性を調べる手法の原理についても触れた。8章では遺伝子発現を抑える技術（ノックダウン技術）を，9章では高発現する技術を紹介した。高発現の技術では微生物や培養細胞を利用する手法に加え，試験管内で行う無細胞発現法についても述べた。

　本書を講義の教科書として，実験の際の辞書がわりとして役立てていただければ幸いである。

　なお，本書は三共出版の故石山慎二氏と大学における理系教育のありかたを話し合っていたときに企画化されました。化学教育に造詣の深かった氏は，我が国のバイオ教育が表面的なものになって分子を意識することが少なくなっていることを憂慮されていました。氏がご存命のうちに本書を完成できなかったことは大変残念ですが，石山氏のお考えを反映できた教科書になったものと信じております。ご冥福を心よりお祈り申し上げます。

2012年5月

著者を代表して
藤原伸介

# 目　次

## 1章　生体成分の基礎知識

1-1　核酸を構成する糖 ……………………………………………………………… 1
1-2　ヌクレオチドの構造 …………………………………………………………… 2
1-3　ア ミ ノ 酸 ……………………………………………………………………… 5
　1-3-1　アミノ酸の性質 …………………………………………………………… 5
　1-3-2　一次構造から四次構造まで ……………………………………………… 8
　1-3-3　タンパク質工学の基本コンセプト …………………………………… 12
1-4　膜脂質（生体成分の構造と物性） ………………………………………… 13
　1-4-1　リ ン 脂 質 ………………………………………………………………… 14
　1-4-2　糖 　脂 　質 ………………………………………………………………… 15
　1-4-3　コレステロール ………………………………………………………… 16
　1-4-4　その他の膜脂質 ………………………………………………………… 17
1-5　その他の低分子物質 ………………………………………………………… 18
　1-5-1　サイクリック AMP …………………………………………………… 19
　1-5-2　ポリアミン ……………………………………………………………… 20
　1-5-3　ATP，$NAD^+$，$NADP^+$，FAD，FMN ………………………………… 20

## 2章　基本単位操作の原理

2-1　電 気 泳 動 …………………………………………………………………… 23
　2-1-1　核酸の電気泳動 ………………………………………………………… 23
　2-1-2　タンパク質の電気泳動 ………………………………………………… 26
2-2　DNA の加工技術の原理 …………………………………………………… 28
　2-2-1　切断，連結と修飾 ……………………………………………………… 28
　2-2-2　PCR 技術とそれを利用した DNA の加工 …………………………… 32
　2-2-3　遺伝子の構造解析 ……………………………………………………… 35
　2-2-4　次世代シーケンサーに求められる技術 ……………………………… 46
2-3　各種ハイブリダイゼーション技術 ………………………………………… 47
　2-3-1　サ ザ ン 法 ………………………………………………………………… 47
　2-3-2　ノ ザ ン 法 ………………………………………………………………… 48
　2-3-3　ウエスタン法 …………………………………………………………… 49
2-4　生命科学実験におけるクロマトグラフィー技術 ………………………… 49

| | | |
|---|---|---|
| 2-4-1 | イオン交換法 ……………………………………………………… | 50 |
| 2-4-2 | ゲルろ過法 ………………………………………………………… | 51 |
| 2-4-3 | 疎 水 法 …………………………………………………………… | 51 |
| 2-4-4 | アフィニティー法 ………………………………………………… | 53 |
| 2-4-5 | その他のクロマトグラフィー法 ………………………………… | 58 |

## 3章　微生物の遺伝子操作技術

| | | |
|---|---|---|
| 3-1 | 細菌を利用する遺伝子操作技術 …………………………………………… | 60 |
| 3-1-1 | 宿主ベクター系について ………………………………………… | 60 |
| 3-1-2 | プラスミドベクターを用いたクローニング …………………… | 60 |
| 3-1-3 | バクテリオファージ（ファージ）を用いたクローニング …… | 66 |
| 3-2 | 真核微生物（酵母）の遺伝子操作 ………………………………………… | 79 |
| 3-2-1 | 酵母のプラスミドベクター系 …………………………………… | 79 |
| 3-2-2 | PCR法を用いた酵母遺伝子の破壊およびエピトープタギング法 …… | 82 |

## 4章　植物の遺伝子操作技術

| | | |
|---|---|---|
| 4-1 | カルスとプロトプラストの利用 …………………………………………… | 87 |
| 4-2 | 遺伝子の導入 ………………………………………………………………… | 89 |
| 4-2-1 | アグロバクテリウムを利用する形質転換 ……………………… | 89 |
| 4-2-2 | パーティクルガンの利用 ………………………………………… | 93 |
| 4-2-3 | エレクトロポレーション法 ……………………………………… | 95 |
| 4-2-4 | ガラスビーズ法 …………………………………………………… | 96 |

## 5章　動物細胞と多能性幹細胞の利用

| | | |
|---|---|---|
| 5-1 | 細胞工学的操作 ……………………………………………………………… | 98 |
| 5-1-1 | モノクローナル抗体の作製 ……………………………………… | 98 |
| 5-1-2 | リポフェクション法 ……………………………………………… | 99 |
| 5-1-3 | ウイルスを使った遺伝子導入法 ………………………………… | 102 |
| 5-2 | 多能性幹細胞の樹立とその特性 …………………………………………… | 103 |
| 5-2-1 | 多能性幹細胞樹立の歴史 ………………………………………… | 104 |
| 5-2-2 | マウスES細胞（胚芽幹細胞）の樹立とその特性 ……………… | 108 |
| 5-2-3 | EG細胞（胚性生殖細胞）の樹立とその特性 …………………… | 109 |
| 5-2-4 | 胚性幹細胞のゆらぎ ……………………………………………… | 110 |
| 5-3 | ノックアウトマウスの作製 ………………………………………………… | 111 |
| 5-3-1 | ES細胞における相同組換えを利用した遺伝子ターゲティング …… | 111 |
| 5-3-2 | ターゲティングベクターの構築 ………………………………… | 112 |
| 5-3-3 | ES細胞の生殖系列の寄与 ………………………………………… | 112 |

# 6章　遺伝子発現の網羅的解析技術

- 6-1　転写動態の解析（トランスクリプトーム解析） ······ 114
  - 6-1-1　マイクロアレイ法 ······ 114
  - 6-1-2　サブトラクション法 ······ 116
  - 6-1-3　ディファレンシャルディスプレイ（DD）法 ······ 117
  - 6-1-4　cDNA-AFLP法 ······ 118
  - 6-1-5　HICEP法 ······ 120
  - 6-1-6　SAGE法 ······ 122
- 6-2　タンパク質発現動態の解析（プロテオーム解析） ······ 125
  - 6-2-1　二次元電気泳動を利用する方法 ······ 125
  - 6-2-2　質量分析計を利用する方法 ······ 127
  - 6-2-3　ファージディスプレイ法 ······ 132

# 7章　遺伝子発現を解析する技術

- 7-1　遺伝子発現の解析 ······ 135
  - 7-1-1　RT-PCR法 ······ 135
  - 7-1-2　リアルタイムPCR法 ······ 136
  - 7-1-3　レポーターアッセイ法 ······ 139
- 7-2　タンパク質・遺伝子相互作用 ······ 142
  - 7-2-1　ゲルシフト法 ······ 142
  - 7-2-2　フットプリント法 ······ 144
  - 7-2-3　クロマチン免疫沈降法 ······ 145
  - 7-2-4　ChIP-on-chip法 ······ 146
  - 7-2-5　ワンハイブリッド法 ······ 147
- 7-3　タンパク質-タンパク質相互作用 ······ 148
  - 7-3-1　免疫沈降法 ······ 148
  - 7-3-2　ツーハイブリッド法 ······ 149
  - 7-3-3　表面プラズモン共鳴を利用した方法 ······ 151
- 7-4　標識技術を利用した細胞内での分子観察法 ······ 153
  - 7-4-1　BiFC法 ······ 153
  - 7-4-2　in situ ハイブリダイゼーション（in situ hybridization）法 ······ 155
  - 7-4-3　免疫染色法 ······ 157
  - 7-4-4　FRET（Fluorescence Resonance Energy Transfer）法 ······ 160

# 8章　遺伝子のノックダウン技術

- 8-1　RNAi法，アンチセンス法，MO法 ······ 166

|  |  |  |
|---|---|---|
| 8-1-1 | RNAi 法 | 166 |
| 8-1-2 | アンチセンス RNA 法 | 168 |
| 8-1-3 | モルフォリノアンチセンスオリゴ (MO) 法 | 169 |
| 8-2 | ts デグロン法 | 171 |

## 9 章　遺伝子産物の高発現

|  |  |  |
|---|---|---|
| 9-1 | 微生物を利用する方法 | 174 |
| 9-1-1 | 発現ベクターおよび宿主の選択 | 174 |
| 9-1-2 | 外来遺伝子の転写段階での制御 | 175 |
| 9-1-3 | 外来遺伝子の翻訳段階での制御 | 178 |
| 9-1-4 | 外来遺伝子産物の回収技術 | 179 |
| 9-1-5 | プロテアーゼ活性の阻害 | 180 |
| 9-1-6 | 分泌技術 | 180 |
| 9-1-7 | 融合化による回収技術 | 181 |
| 9-2 | 昆虫の培養細胞を利用する方法 | 182 |
| 9-2-1 | バキュロウイルス | 182 |
| 9-2-2 | 宿主昆虫細胞 | 183 |
| 9-2-3 | 組換え型バキュロウイルスの調整とタンパク質の発現 | 183 |
| 9-3 | *in vitro* 無細胞発現法 | 184 |
| 9-3-1 | S30 画分を用いた無細胞翻訳系 | 185 |
| 9-3-2 | ウサギの網状赤血球系 | 186 |
| 9-3-3 | コムギを用いた無細胞翻訳系 | 186 |
| 9-3-4 | PURE システム | 188 |
| 9-3-5 | フォールディングシステムについて | 189 |
| 9-3-6 | 無細胞翻訳系の利点 | 189 |

|  |  |
|---|---|
| カラー参照図 | 191 |
| 索　　引 | 195 |

# 1章　生体成分の基礎知識

　細胞の構成成分がどのような性質を持っているかを理解しておくことは重要である。DNA，RNA の構成成分はヌクレオシド 3 リン酸であるが，ヌクレオシド 3 リン酸は何から成り立っているのか？タンパク質を構成するアミノ酸は，その並び方によって構造にいかなる影響があるのだろうか？生体膜の流動性はどのように確保されるのか？pH の変化は核酸やタンパク質などの生体成分にどのような影響を与えるのか？この章ではこれまで生化学や分子生物学の講義で学んできた基礎を再確認し，遺伝子操作を行う上で知っておかなければならない生体成分の性質について記す。

## 1-1　核酸を構成する糖

　核酸はデオキシリボ核酸（DNA: deoxyribonucleic acid）とリボ核酸（RNA: ribonucleic acid）に分かれる。いずれも糖（五単糖：ペントース），塩基，リン酸からなる。DNA では糖に 2' 位が水素であるデオキシリボースが使われ，RNA では糖に 2' 位が水酸基であるリボースになっている。これらの構図の違いを図 1-1 に示す。特に 2' 位に加えて 3' 位も水素に置き換わっている糖を 2',3' ジデオキシリボースと呼ぶ。

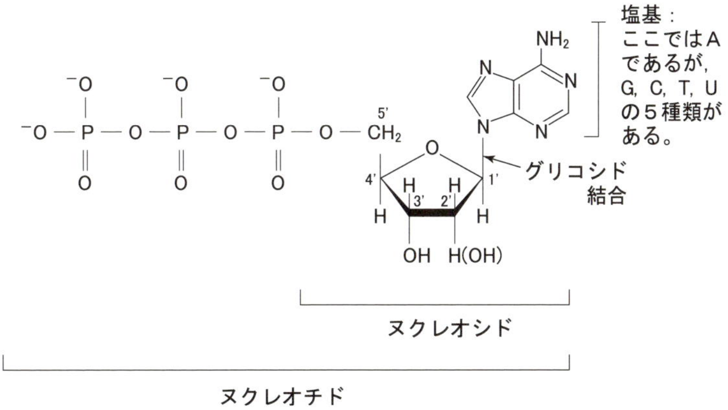

**図 1-1　ヌクレオチドの構造**
糖と塩基で構成されるものがヌクレオシド，それにリン酸が加わったものがヌクレオチドである。2' 位が水素のときをデオキシリボヌクレオシド（ヌクレオチドの場合はデオキシリボヌクレオチド）といい，2' 位が水酸基のときリボヌクレオシド（ヌクレオチドの場合はデオキシリボヌクレオチド）という。上記の構造は（デオキシ）アデノシン (-5'-) 三リン酸である。

## 1-2 ヌクレオチドの構造

ペントースの 1' に塩基が結合した化合物を**ヌクレオシド**と呼ぶ。核酸を構成する塩基は五種類存在する。プリン骨格を有する塩基であるアデニン（A），グアニン（G），及びピリミジン骨格を有する塩基であるシトシン（C），チミン（T），ウラシル（U）である。DNA ではアデニン，

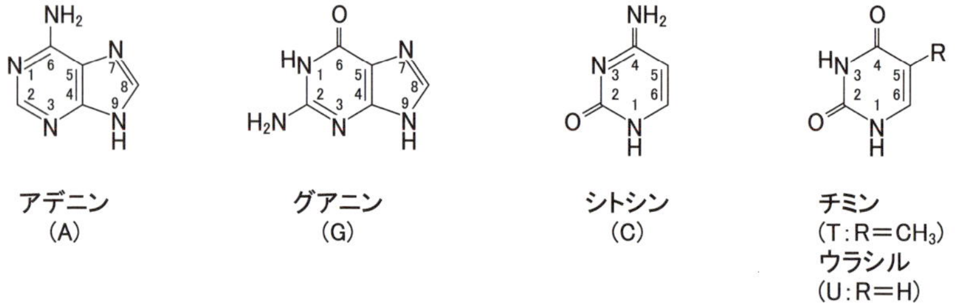

**図 1-2 核酸構成塩基の構造**

アデニン，グアニンはプリン塩基，シトシン，チミン，ウラシルはピリミジン塩基である。塩基はアデニンを除き，ケト基が存在するため，ケト型，エノール型の互変異性体が存在する。ただし，中性付近ではケト型となる。

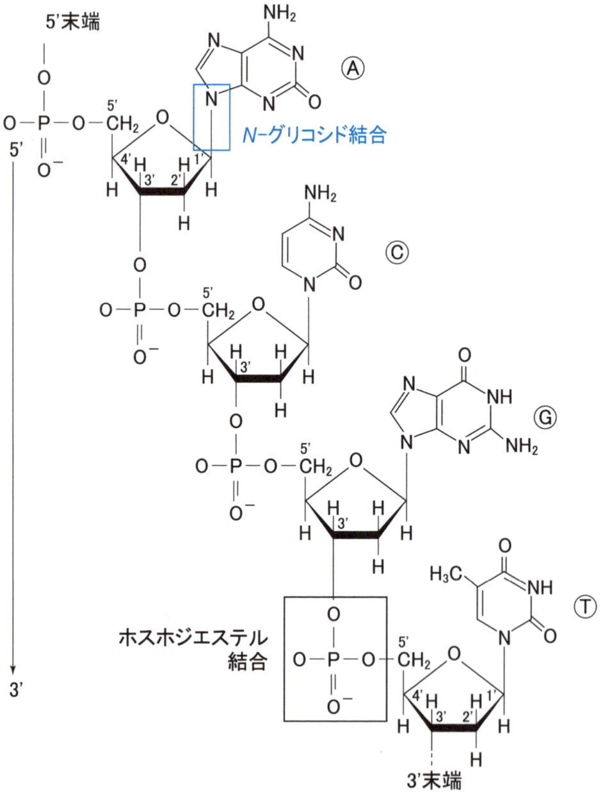

**図 1-3 DNA の構造**

ヌクレオチドはホスホジエステル結合により重合する。また糖と塩基をつないでいる結合は $N$-グリコシド結合である。

グアニン，シトシン，チミンが使われ，RNAではチミンのかわりにウラシルが使われている。これら塩基の構造の違いについては図1-2に示す。プリン塩基ではN-9位と，ピリミジン塩基ではN-1位とペントースの1'位が結合している。この結合を *N-グリコシド結合* と呼ぶ。ペントースがデオキシリボースのものをデオキシリボヌクレオシド，リボースのものをリボヌクレオシドと呼ぶ。ヌクレオシドにリン酸が結合した単位が *ヌクレオチド* である。例えばアデノシン三リン酸（ATP）というヌクレオチドはヌクレオシド三リン酸である（図1-1）。DNA，RNAはそれぞれデオキシリボヌクレオチド，リボヌクレオチドが5'位にあるリン酸と3'-水酸基とがホスホジエステル結合でつながった重合体である。このリン酸が中性付近のpHでは電離して負電荷をもつため，核酸は酸になる。図1-3に一本鎖のDNAを示す。リン酸のある末端を *5' 末端*，糖の3'-OH基のある末端を *3' 末端* と呼ぶ。一般に *塩基配列* は5'末端側から3'末端側へ向けてのヌクレオチドの塩基の並びを指す。

　1953年にWatsonとCrickはDNAの二重らせん構造（B型DNA）を明らかにした。図1-4に示すようにデオキシリボヌクレオチドからなるポリヌクレオチドが逆平行の右巻きらせんを形成し，塩基が内側にらせん軸に対して垂直に，リン酸が外側に並ぶ。アデニンとチミンが2本の水素結合を，グアニンとシトシンが3本の水素結合で塩基対を形成する。らせんの直径は20 Å，ひとまわり（1ピッチ）は34 Åである。10.4塩基でらせんがひとまわりする。二本鎖のDNAは温度を上げると塩基間の水素結合が外れ，一本鎖化する。再び温度を下げると水素結合を形成し，もとの二重らせん構造に戻る。DNAの中には塩基配列として遺伝子の情報が刻み込まれている。遺伝子が集まったものが *ゲノム（genome）* である。染色体DNAとゲノムDNAは同義に使われることが多いが，慣用的に細菌など原核生物では染色体DNAといい，真核生物の複数の染色体で遺伝子情報が集まったものをゲノムと呼ぶことが多い。

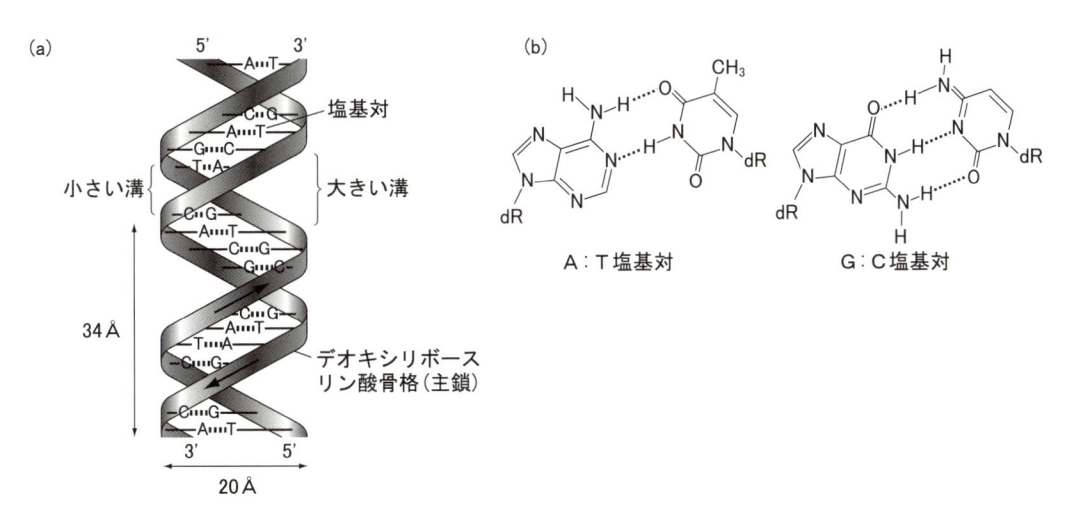

**図1-4　塩基対形成とDNA二重らせんの特徴**
(a) DNAの二重らせん構造。1ピッチは34 Å，らせんの直径（幅）は20 Åである。(b) アデニン（A）とチミン（T）は2本の，グアニン（G）とシトシン（C）は3本の水素結合を形成する。そのため，グアニンとシトシンの塩基対はアデニンとチミンの塩基対よりもエネルギー的に安定である。

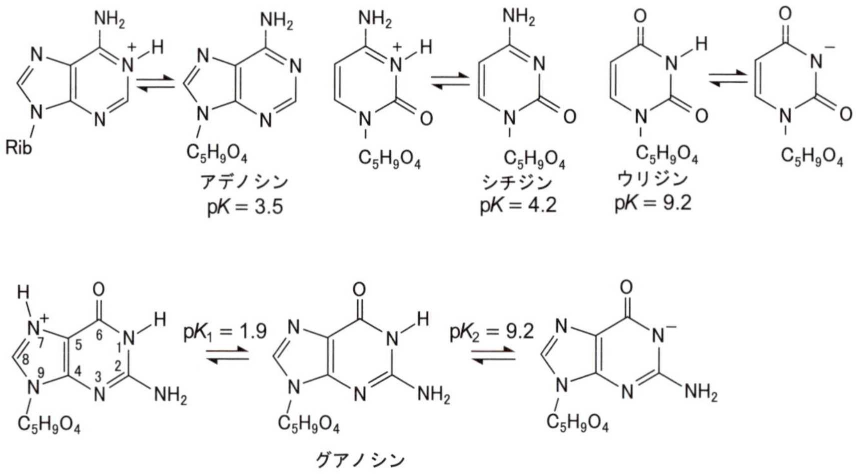

**図 1-5 塩基のイオン化**
ウリジンやグアノシンはアルカリ性では，陰イオン化する。チミジンはウリジンと同様に陰イオン化する。

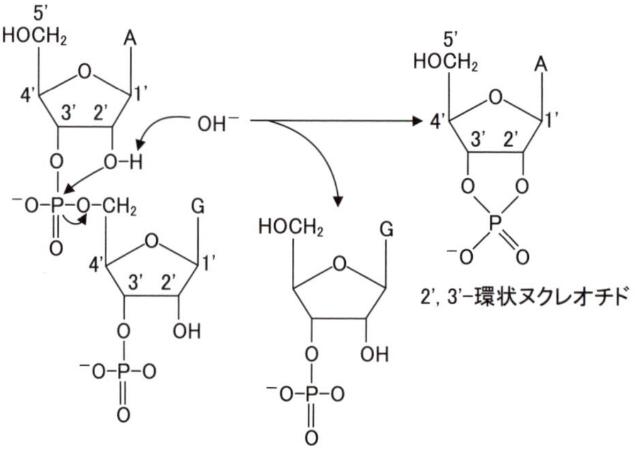

**図 1-6　2',3'-環状ヌクレオチドの形成**
RNA の場合，アルカリ性になるとリボース部分とリン酸が 2',3'-環状リン酸エステルを形成し切断される。

　核酸の構造は pH によって大きく変化する。DNA の場合，中性付近の pH では安定な二本鎖構造を形成するが，アルカリ性になると，二本鎖は一本鎖化する。これはグアノシン，チミジンの pK はアルカリ側にあるが，これよりも高い pH で脱プロトン化が起こり，陰イオン化するためである。陰イオン化したこれらの塩基は水素結合が形成できなくなり，二本鎖構造が不安定化する（図 1-5）。一方，酸性にするとグアノシン，アデノシン，シチジンはプロトン化すると同時に，糖と塩基間の結合（N-グリコシド結合）も切れてしまうので，ヌクレオチドの構造自体が壊れてしまう。また，RNA の場合，アルカリ性になるとリボース部分とリン酸が 2',3'-環状ヌクレオチド（リン酸エステル）を形成し，ホスホジエステル結合が切断されてしまう（図 1-6）。核酸の高次構造は溶媒の疎水度によっても影響を受ける。DNA 二重らせん構造では内側に塩基が

らせん軸に対して垂直となるように，外側にリン酸が並ぶ。各塩基対の塩基どうしは積層することで安定化される。非水系の溶媒（ジメチルホルムアミドなど）を添加すると，積層による安定化効果は弱められ，二重らせん構造は不安定化する。ジメチルホルムアミドのような溶媒環境下で DNA の Tm（融解温度）が下がるのはこのためである。このような溶媒は RNA のようなステムループ構造を取りやすい一本鎖核酸に対しても作用し，その構造を不安定化する。また，DNA 二重らせん構造ではリン酸が外側に向いているため，陰イオンどうし反発している。DNA 溶液に塩化ナトリウムや塩化カリウムのような塩を溶解すると，イオン化で生じた $Na^+$ や $K^+$ はこれら陰イオンの反発を干渉するように作用し，DNA の安定性は高くなる。一般にイオン強度の高い溶液中では二本鎖 DNA の Tm が高いのは，そのためである。

## 1-3 アミノ酸

　タンパク質の性質は，あるアミノ酸を別の性質をもつ他のアミノ酸に，置換することによって変わる。ただし特定のアミノ酸を別のアミノ酸に置換することは化学合成の技術をもって行うのは困難である。ところがアミノ酸の並びを決めている DNA の塩基配列を変えることで特定のアミノ酸を置換することができるようになった。遺伝子操作技術の進歩に伴い，DNA の塩基配列を自由に改変することは容易になった。タンパク質の性質は，アミノ酸を置換しても変化しない場合がある。その一方で，アミノ酸をたった 1 つ置換することで，性質が劇的に変化する場合がある。アミノ酸の性質は，ペプチド結合に参加しない側鎖の性質に依存する。遺伝子の機能改変，特にタンパク質の性質を変える場合，アミノ酸の性質を十分知っておかなければならない。アミノ酸が連なってできるタンパク質には一定の規則性がある。ここでは少し紙面を割いて，アミノ酸とタンパク質の基本的性質について触れたい。

### 1-3-1　アミノ酸の性質

　アミノ酸は，正確にはアミノ基を有するカルボン酸である。側鎖の性質の違いで以下の 5 つに分類される。

　（1）　**脂肪族アミノ酸**：Ala(A), Val(V), Leu(L), Ile(I)

　脂肪族を側鎖にもつもので，これらのアミノ酸側鎖は Ala を除いて油と同じように水に溶けにくい性質をもつ。水を避ける性質のためタンパク質の内側に集まりやすい。タンパク質の内部には疎水性コアが形成されるが，これら脂肪族側鎖をもつアミノ酸と下記の芳香族アミノ酸が集まってできている場合が多い。（図 1-7）

　（2）　**芳香族アミノ酸**：Phe(F), Tyr(Y), Trp(W)

　側鎖に芳香環をもつアミノ酸のことで，前述の脂肪族側鎖をもつアミノ酸グループと同じく疎水性に富む。ただし，Tyr のみが水酸基をもつので他の 2 つに比べて疎水性が弱い。（図 1-8）

　（3）　**荷電アミノ酸**：Asp(D), Glu(E), Lys(K), Arg(R), His(H)

　荷電性側鎖をもつアミノ酸である。これらアミノ酸は中性付近では正または負に荷電しており，塩基性または酸性の性質を有する。塩基性アミノ酸は Lys と Arg, 酸性アミノ酸は Asp と Glu で

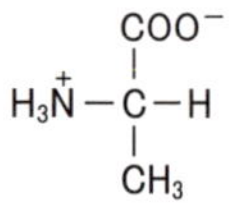

L-アラニン
Ala (A)

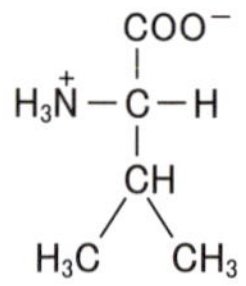

L-バリン
Val (V)

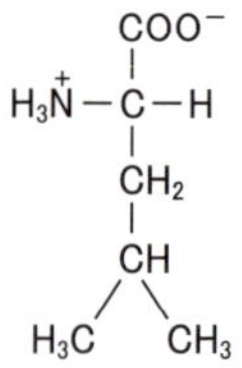

L-ロイシン
Leu (L)

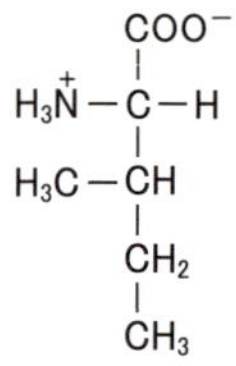

L-イソロイシン
Ile (I)

図 1-7　脂肪族アミノ酸の構造

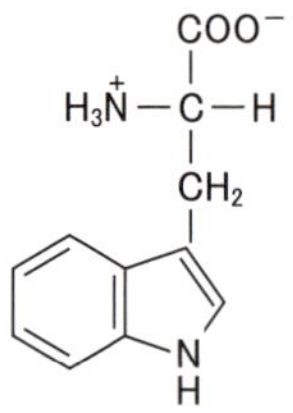

L-トリプトファン
Trp (W)

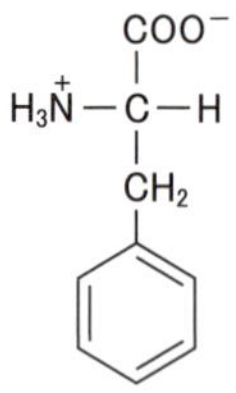

L-フェニルアラニン
Phe (F)

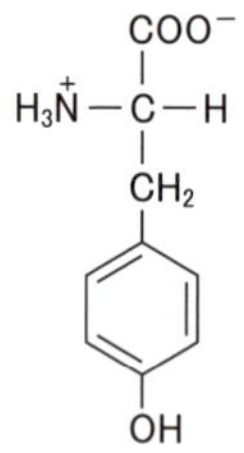

L-チロシン
Tyr (Y)

図 1-8　芳香族アミノ酸の構造

正電荷をもつもの

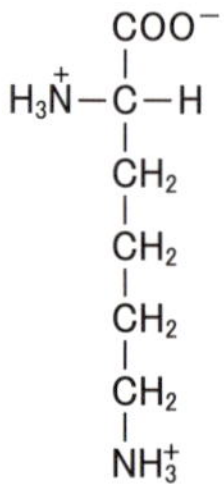

L-リシン
Lys (K)

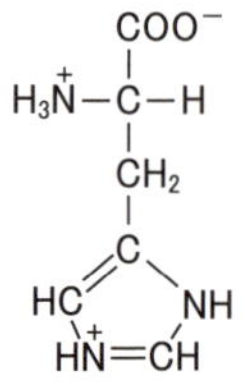

L-ヒスチジン
His (H)

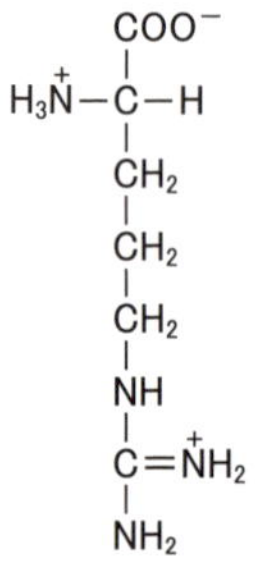

L-アルギニン
Arg (R)

負電荷をもつもの

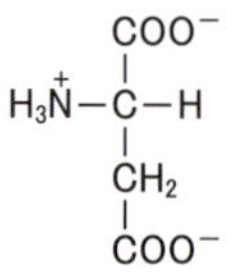

L-アスパラギン酸
Asp (D)

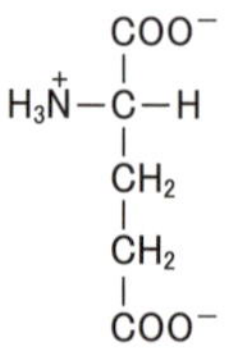

L-グルタミン酸
Glu (E)

図 1-9　荷電アミノ酸の構造

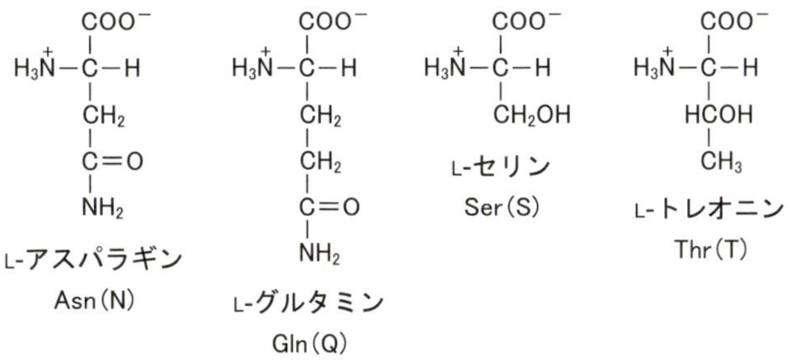

図 1-10　極性アミノ酸の構造

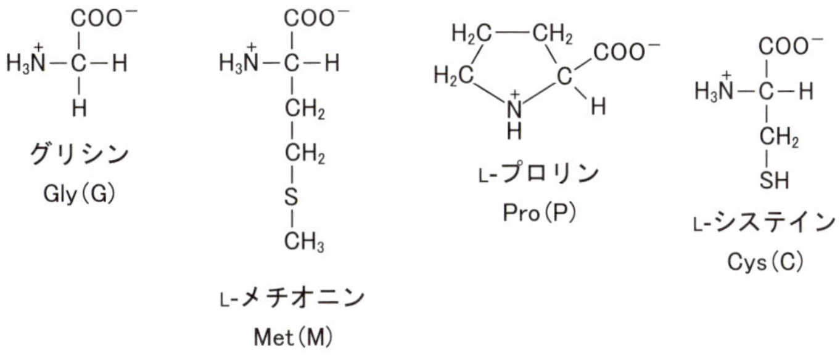

図 1-11　非極性アミノ酸の構造

ある。His は pK$_a$ が 6 付近のイミダゾール基をもつ。荷電アミノ酸はイオンペアの形成に関与し，タンパク質の構造安定化に寄与しているほか，Asp，Glu のように多くの加水分解酵素の活性中心にもなり，酵素の機能発現に極めて重要なグループである（図 1-9）。

（4）　**極性アミノ酸**：Asn(N)，Gln(Q)，Ser(S)，Thr(T)

側鎖に水酸基やアミド基をもつアミノ酸のことでこれらのアミノ酸はタンパク質の構造の中で水素の供与体あるいは受容体となり水素結合の形成に関与する（図 1-10）。

（5）　**非極性アミノ酸**：Gly(G)，Pro(P)，Cys(C)，Met(M)

Gly 以外は全て疎水性である。Cys と Met は側鎖に硫黄を有し，タンパク質内でジスルフィド結合の形成に関与する（図 1-11）。

これらのアミノ酸を単純に親水性（水に溶けやすいもの）と疎水性（油に溶けやすいもの）に分けると荷電アミノ酸と極性アミノ酸が親水性，脂肪族，芳香族，非極性アミノ酸が疎水性，Gly は中間的性質を示す。前述のように疎水性アミノ酸はタンパク質のコアを形成しやすい。Pro は疎水性アミノ酸でありながら分子表面に出てくる。これはターン構造やループ構造を安定化するという特徴があるためである。側鎖に官能基があるかないかでもアミノ酸はグループ化できる。反応性に富む側鎖は水酸基（Ser, Thr），アミノ基（Lys），カルボキシル基（Asp, Glu），イミダゾール基（His），グアニジル基（Arg），チオール基（Cys）である。これらは酵素の触媒活性に極めて重要なほか様々な修飾を受けるのにも役立っている。

## 1-3-2 一次構造から四次構造まで

タンパク質はアミノ酸の並び方に従って，それまで単独ではみられなかった性質があらわれてくる。その特徴は構造と結びついていることが多い。ここでは一次構造から四次構造までの概要を記す。

### （1） 一次構造

タンパク質は20種類のアミノ酸がペプチド結合で連なったもので，このアミノ酸の並びのことを一次構造と呼んでいる。生物種が異なっても機能が同じであればアミノ酸配列は同じあるいはよく似ていることが多い。このときを一次構造が保存されているという。異なる触媒活性を有する酵素でも同じ基質結合部位をもつものでは，特定領域（ここでは基質の結合に関与する領域）で一次配列が保存されている。

### （2） 二次構造

アミノ酸が連なるとペプチド鎖はよりエネルギー的に安定な構造をとろうとして規則性をもって折り畳まれる。この構造のことを二次構造と呼んでいる。二次構造にはいくつかあるが，いずれもタンパク質の構造を考える上で極めて重要な単位である。

#### 1） αヘリックス

ペプチド鎖がつくるらせん構造の1つで，アミノ酸3.6残基で右向きに一回転する。ヘリックス内で i 番目のペプチド結合のカルボニル酸素が i+4 番目のペプチド結合のアミド水素と水素結合を形成する。つまり主鎖の中で水素結合を形成し，ペプチド鎖全体を安定化しているのである。αヘリックスを形成しやすいアミノ酸は Glu, Met, Ala, Leu である。逆に壊しやすいアミノ酸は Gly, Pro, Tyr, Asn である。タンパク質工学では，特定のαヘリックスを破壊するためにヘリックス内に Pro を導入することがある（図 1-12）。

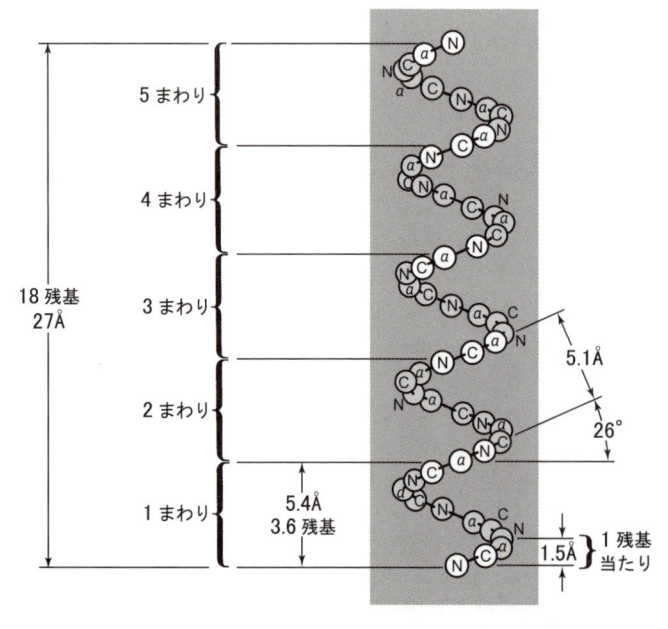

図 1-12 αヘリックス構造

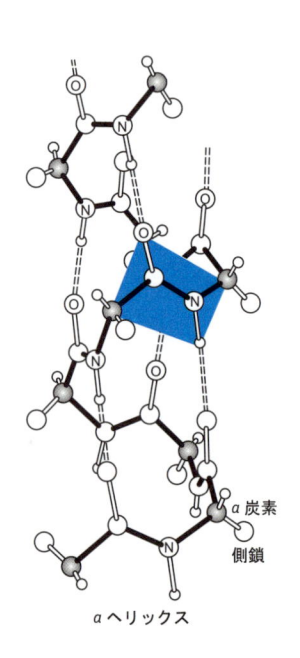

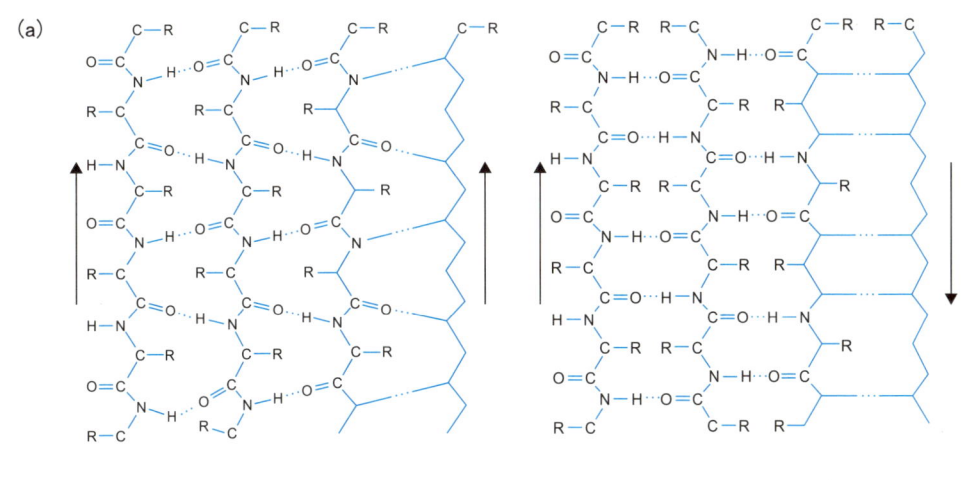

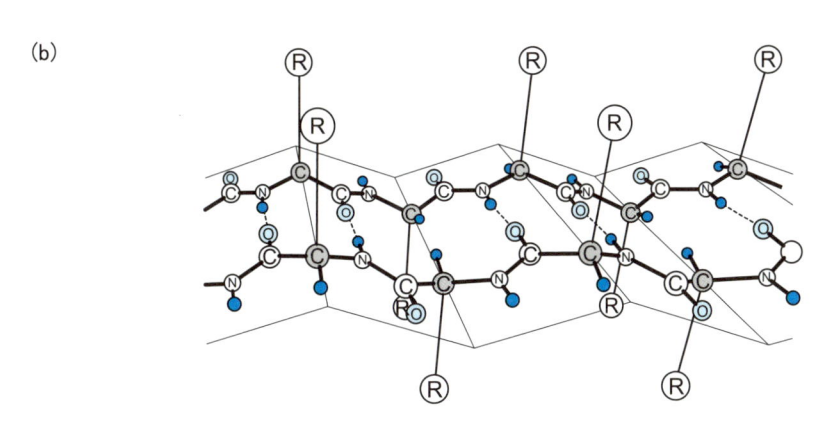

図1-13 β構造

2) β構造

β構造もαヘリックスと同様に水素結合で形成されるが，β構造の水素結合はペプチド鎖が平行して存在したときに主鎖間に形成される。アミノ酸の側鎖は1つおきに同じ側に向く。つまりこのようなものが平行に集まるとちょうど紙が折れたような形になる。主鎖が同じ向きに向く場合を平行βシート，逆向きに向く場合を逆平行βシートという。β構造を形成しやすいアミノ酸はVal, Ile, Tyr，壊しやすいアミノ酸はGlu, Pro, Aspである（図1-13）。

3) ターン構造

ターン構造は，分子表面でペプチド鎖が向きを変えるときにできる構造で，ループ構造の一部である。βターンは逆平行βシートを形成するときのペプチドの折れ曲がり部分にできる。このとき一番目のアミノ酸のカルボニル酸素と，四番目のアミノ酸のアミド水素の間で必ず水素結合ができる。2番目のアミノ酸はProであることが多い（図1-14）。

4) ランダムコイル

一定の二次構造を形成しないペプチド鎖で，構造を自由に変えられる領域である。この領域は

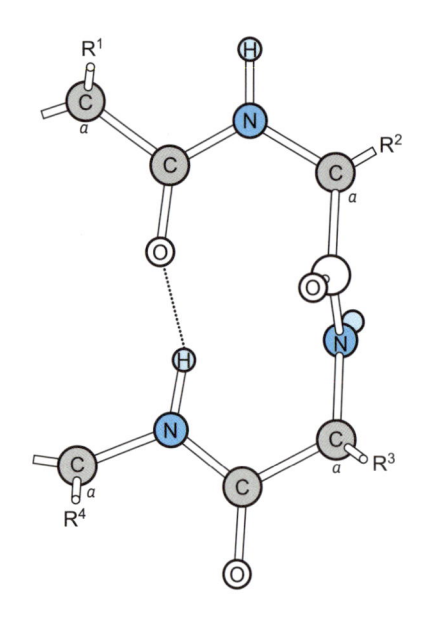

図 1-14　ターン構造

他のタンパク質と相互作用するときに重要な場合がある。

### (3)　超二次構造（モチーフ）

複数の二次構造が集まることでできる規則的な構造を**モチーフ**と呼ぶ。モチーフは，タンパク質間相互作用など機能と密接な関係がある場合が多い。図 1-15 に代表的なモチーフの構造的特徴を模式的に示す。以下，代表的なものを紹介する。

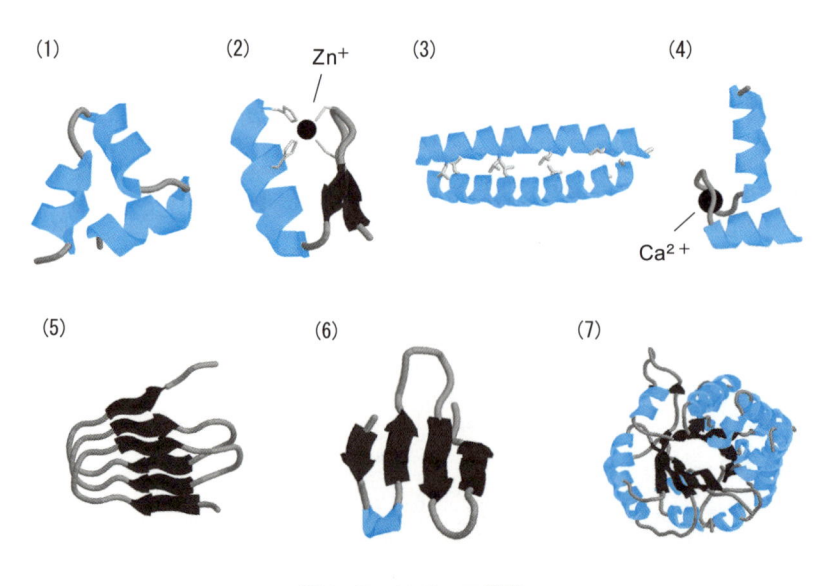

図 1-15　モチーフ構造

1) ヘリックス・ターン・ヘリックスモチーフ

DNA 認識モチーフの 1 つで，7 － 10 残基からなる 2 本の α ヘリックスとそれらをつなぐターン部分からなる。α ヘリックスどうしは 120° の角度で交わる。C 末端側の α ヘリックス部分が B 型 DNA の主溝へ入り込む。

2) ジンクフィンガーモチーフ

このモチーフは DNA 認識結合モチーフの 1 つである。20 － 30 アミノ酸残基からなり，亜鉛イオン結合部位と DNA の主溝に入り込む α ヘリックスからなる。His と Cys で構成される亜鉛イオン結合部位が DNA 結合性の発揮に必須である。亜鉛イオンに配位するアミノ酸の種類と数により $Cys_2$-$His_2$ 型，$Cys_2$-$Cys_2$ 型，$Cys_6$ 型などがある。ジンクフィンガーと DNA 間には水素結合が 3 本形成されるが，DNA 結合タンパク質全体ではこのモチーフがいくつか存在するため DNA への結合力は高まる。

3) ロイシンジッパーモチーフ

タンパク質が 2 量体化するときによくみられるモチーフである。α ヘリックスを形成する部分で Leu が 7 残基ごと規則正しく並び，Leu と Leu の中間に Leu 以外の疎水性アミノ酸が 7 残基ごとに並ぶ。したがって，このモチーフがある α ヘリックスでは，1 ターンおきに Leu が露出し，Leu 以外のアミノ酸が 7 残基ごとに並ぶ。このため 2 つの α ヘリックスは，疎水的に相互作用することで安定なジッパー状に結合することになる。このモチーフも転写因子のような DNA 結合タンパク質でよくみられる。

4) EF ハンドモチーフ

これは $Ca^{2+}$ 結合モチーフである。親指を広げて人差し指を伸ばしたようにみられることからこう名付けられた。人差し指と親指が α ヘリックスである。両者の間のループに $Ca^{2+}$ が結合する。$Ca^{2+}$ が結合すると構造が大きく変化する。

5) β ロールモチーフ

β ヘリックスとも言われ，$Ca^{2+}$ 結合モチーフの 1 つである。ループ-β 鎖-ループ-β 鎖を 1 つの単位として 18 残基ごとに 1 回転する右向きのらせん構造である。1 つおきの β 鎖どうしが平行 β 構造を形成し，$Ca^{2+}$ はらせん構造のループとループの間に規則正しく結合する。

6) W モチーフ

4 本の逆平行 β 鎖でできた 1 枚の β シートからなり，ちょうど W の文字に見えることからこうよばれる。このモチーフが 4 個，あるいは 6 － 8 個集まり環状構造になったものが，β プロペラ構造である。β プロペラ構造の中心には，酵素の触媒活性に必要な 2 価の金属イオンが結合し，酵素の触媒機能と密接に関係している。

7) TIM バレル

8 本の β 鎖とその内側を取り囲む 8 本の α ヘリックスからなる α/β バレル構造をとる。ティムバレルという。もともとトリオースリン酸イソメラーゼ（TIM）の構造状の特徴として見つかったが，アルドラーゼ，エノラーゼ，ピルビン酸キナーゼにも同様の特徴が見いだされた。一次構造では，TIM バレル構造を有するものどうしの相同性は低いが二次構造レベルでこの特徴の保存性は高い。活性部位はバレル構造の入り口付近，つまり最後の β 鎖の C 末端側に多い。

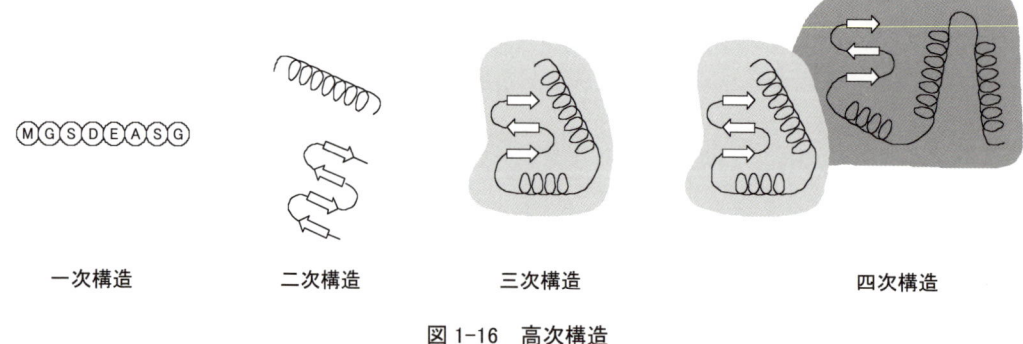

一次構造　　　二次構造　　　　三次構造　　　　　　四次構造

図 1-16　高次構造

**（4）　三次構造**

二次構造や超二次構造が集まり，1 つの安定な独立体をとるときそれを ドメイン（domain）と呼ぶ。ドメインは 1 本のポリペプチド鎖がつくる単位である。タンパク質によっては，ドメインは 1 つのこともあり，複数個のこともある。ドメインは酵素の機能単位と密接な関係があり，例えば基質結合ドメインと補酵素の結合ドメインは独立していることもある。

**（5）　四次構造**

複数のペプチド鎖が，それぞれ独立に三次構造を形成したのち会合してできた構造が四次構造である。各ペプチド鎖の構成する単位をサブユニットという。そのため四次構造をサブユニット構造と呼ぶことがある。四次構造は，多機能分子や大きな構造を形成するときに有利である。例えばアロステリックタンパク質の多くは四次構造を形成する（図 1-16）。

## 1-3-3　タンパク質工学の基本コンセプト

タンパク質にはその構造を維持するために様々な力が働いている。図 1-17 には代表的なものを示す。タンパク質の一次構造（アミノ酸の結合）は，ペプチド結合（共有結合）でできている。一方，高次構造は分子内の S-S 結合を除くとすべて非共有結合（水素結合，イオン結合，疎水性相互作用）で成り立つ。共有結合の結合エネルギーが 120 〜 400 kJ/mol と高いのに対し，非共有結合のエネルギーは 4 〜 40 kJ/mol と低い。

水素結合は窒素（N）や酸素（O）などの原子に結合している水素（H）と別の N や O 原子の間に生ずる結合である。三次構造では側鎖に NH，OH または SH を持つアミノ酸が水素結合の形成に関与できることになり，具体的には Gln, Asn, Ser, Thr, Arg, His, Trp, Tyr, Met, Cys などが挙げられる。尿素や塩酸グアニジンなどを加えるとこの結合は破壊されてしまう。

疎水結合は，疎水性側鎖をもつアミノ酸が水分子を避けて会合する性質をいう。炭素（C）と水素（H）だけからなる脂肪族側鎖，あるいは芳香環側鎖は疎水性相互作用する。Ala, Val, Leu, Ile, Pro, Met, Phe, Tyr などのアミノ酸が相当する。一般的に分子表面に親水性アミノ酸が，分子内部に疎水性アミノ酸が配置される。

イオン結合は塩基性アミノ酸（Lys, Arg, His）と酸性アミノ酸（Glu, Asp）の側鎖の静電相互作用による結合である。そのため高塩濃度下ではイオン結合がゆるめられる。また有機溶媒など

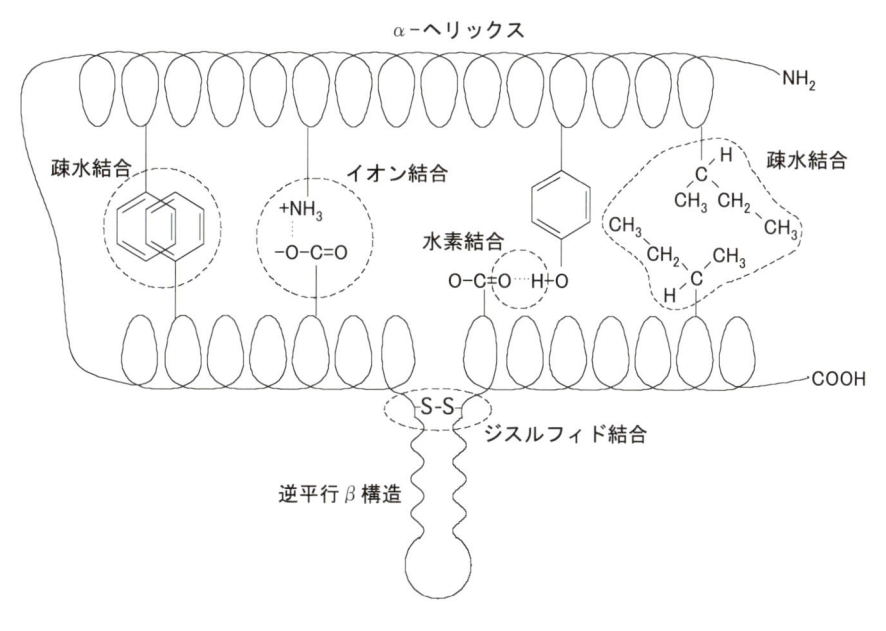

図 1-17 タンパク質の構造を維持するための力

誘電率の低い環境ではイオン結合は強くなるが，疎水結合は弱められる。一般的にタンパク質は有機溶媒中で全体的なバランスが壊れるため変性しやすい。

含硫アミノ酸である Cys 残基は硫黄（S）をもつためジスルフィド結合を形成する。この結合は共有結合のため構造を安定化するが，メルカプトエタノールやジチオスレイトールなどの還元剤で破壊されると構造は不安定化する。

タンパク質工学は分子構造とその機能との相関を考慮し，人為的に改良することである。上記に記す構造安定化の要因を維持しつつ，目的とする機能改変のみを行う。その順序は ① 目的の遺伝子をクローン化し，② 塩基配列を決定し目的とするタンパク質の一次構造を解明する。さらに ③ タンパク質の立体構造と生化学的諸性質の解析を行い，④ これらの情報に基づき変異を導入する部位を決定する。そして ⑤ 部位特異的変異導入法でアミノ酸置換を行う。得られた変異タンパク質の機能解析を行い，実験結果の検証を行う。タンパク質工学による応用例として，安定化，基質特異性の改変，反応最適 pH の移動などがある。

## 1-4 膜脂質（生体成分の構造と物性）

細胞にとって，自分と周りの環境を隔てている膜は重要な生体成分である。細胞内への不必要な分子の侵入を妨げ，さらに細胞内の物質が漏洩するのを防いでいる。細胞膜の厚さはわずか 5 nm ほどしかないが，自他を隔てる構造上の役割の他にエネルギー代謝・獲得にも重要な役割を担っている。例えば，真核細胞の細胞内小器官であるミトコンドリアでは膜を隔てた水素イオンの濃度勾配を利用してエネルギー通貨である ATP が効率よく合成され，葉緑体でも光エネルギー

を利用することで水素イオンの濃度勾配を生み出し ATP を合成している。ATP 合成の他にもこのイオン濃度の差を利用して，特定の物質が選択的に膜内外に輸送されたり，神経細胞では電気的なシグナルの伝達が行われる。細胞膜を構成しているのはタンパク質と膜脂質と呼ばれる生体分子である。脂質とは，水に難溶性でメタノールやクロロホルムなどの有機溶媒によく溶ける生体分子のことであり，エネルギーの貯蔵物質であるトリアシルグリセロール，ビタミンやホルモンの一部，ワックス（長鎖脂肪酸と長鎖アルコールのエステル）などがある。本項では，膜を構成している脂質（膜脂質）について概説する。膜脂質は両親媒性を示し，水性環境で脂質二重層を形成することができる。疎水性の尾部を内側に，親水性の頭部を外側に向けて集合することで，細胞膜が形成される。細胞膜には流動性があり，細胞内で合成した物質を細胞外へ分泌する装置，イオンチャンネルなどの膜タンパク質は，膜平面上を自由に動くことができる（流動モザイク説）。膜の流動性は，膜脂質の構成成分である長鎖脂肪酸の長さ，飽和度によって異なる。すなわち，飽和脂肪酸を多く含むほど，炭化水素鎖が長くなるほど膜の流動性は低下する。生物は生育環境に応じて膜脂質の脂肪酸組成を調節し，膜の流動性を一定に保っている。

### 1-4-1　リン脂質

　リン脂質は膜脂質の主要な成分である。2個の長鎖脂肪酸，脂肪酸が結合する基本骨格，リン酸，リン酸に結合するアルコールからなる。長鎖脂肪酸の炭素数は普通，偶数であり，動植物では炭素数 16 と 18 の長鎖脂肪酸が多く存在する。長鎖脂肪酸に二重結合が存在する場合，その立体配置はシス型である。

#### （1）　グリセロリン脂質

　グリセロリン脂質は，$sn$-グリセロール3リン酸の1位と2位の位置に脂肪酸がエステル結合した脂質である。1位の炭素には C16 または C18 の飽和脂肪酸，2位の炭素には C16 － C20 の

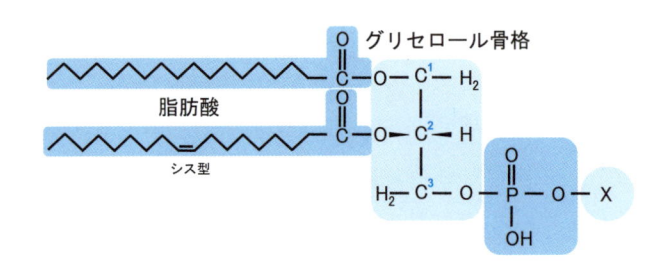

| グリセロリン脂質の名称 | 極性基Xの構造 |
|---|---|
| ホスファチジルセリン | $-CH_2CH(NH_3^+)COO^-$ |
| ホスファチジルコリン | $-CH_2CH_2N^+(CH_3)_3$ |
| ホスファチジルエタノールアミン | $-CH_2CH_2NH_3^+$ |

**図 1-18　グリセロリン脂質**

$sn$-グリセロール3リン酸の C1 と C2 に脂肪酸がエステル結合した脂質をグリセロリン脂質という。図では C1 にはステアリン酸，C2 にはオレイン酸が結合している。X には様々な極性基が結合する。グリセロール骨格にエステル結合している長鎖脂肪酸に二重結合が存在する場合，その立体配置はシス型である。

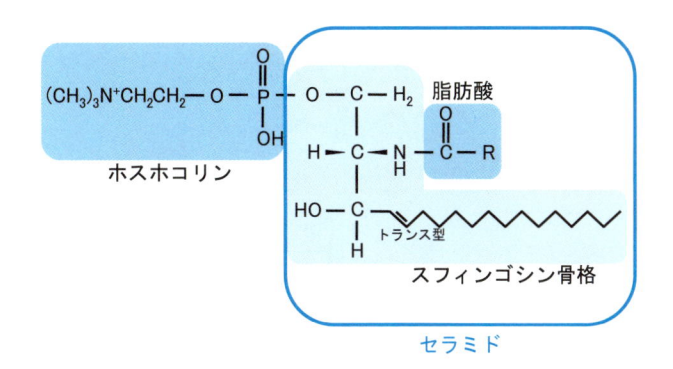

**図 1-19 スフィンゴリン脂質**
スフィンゴリン脂質の例として，スフィンゴミエリンを挙げた。スフィンゴシン骨格の C2 のアミノ基へ脂肪酸がアミド結合したものをセラミドといい，さらに，第一級アルコールの水酸基にホスホコリンが結合したものをスフィンゴミエリンという。スフィンゴシン骨格に存在する二重結合は，グリセロリン脂質のものとは異なりトランス型である。

不飽和脂肪酸が結合している場合が多い。主要なグリセロリン脂質であるホスファチジルコリン，ホスファチジルエタノールアミン，ホスファチジルセリンは，リン酸にエステル結合する極性基がそれぞれ異なる（図 1-18）。

**(2) スフィンゴリン脂質**

スフィンゴリン脂質は，長鎖アミノアルコールであるスフィンゴシンを基本骨格とする。1 つの脂肪酸が結合（アミド結合）するとセラミドと呼ばれるスフィンゴ脂質となる。セラミドのスフィンゴシン骨格の第一級アルコールの水酸基にホスホコリンが結合したものをスフィンゴミエリンといい，神経細胞の軸索を電気的に絶縁するミエリン鞘に多く見られる（図 1-19）。

## 1-4-2 糖脂質

糖脂質とは糖を含む脂質のことである。糖脂質は膜の外側の単分子層にしか存在しない非対称分布の最も極端な膜脂質である。細胞の外側に露出した糖は，細胞同士の認識などに重要な役割を担っている。

**(1) グリセロ糖脂質**

グリセロールを基本骨格に持ち，糖を含むものをグリセロ糖脂質という。植物や細菌の膜に広く分布しており，例えば，グリセロ糖脂質の一種であるモノガラクトシルジグリセリドは，葉緑体膜脂質のおよそ半分を占める（図 1-20）。アーキアにおいてもグリセロ糖脂質は主要な膜成分であるが，その構造は真核細胞や細菌のそれとは異なっている。アーキアは，グリセロール骨格の sn-1 位に糖が結合しさらにイソプレニル基（アシル基ではない）がエーテル結合したジエーテルあるいはテトラエーテル型の膜脂質を有している（後述）。

**(2) スフィンゴ糖脂質**

セラミドのスフィンゴシン骨格の第一級アルコールの水酸基に糖が結合したものをスフィンゴ糖脂質という。セレブロシド，ガングリオシドのような分子が挙げられる。ガングリオシド及び，

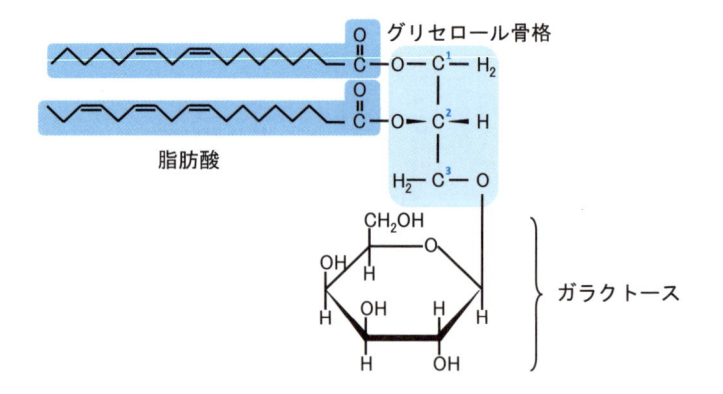

**図 1-20 グリセロ糖脂質**
グリセロ糖脂質として，モノガラクトシルジグリセリドを挙げた．図では，グリセロール骨格のC1にリノール酸，C2にα-リノレン酸がエステル結合している．

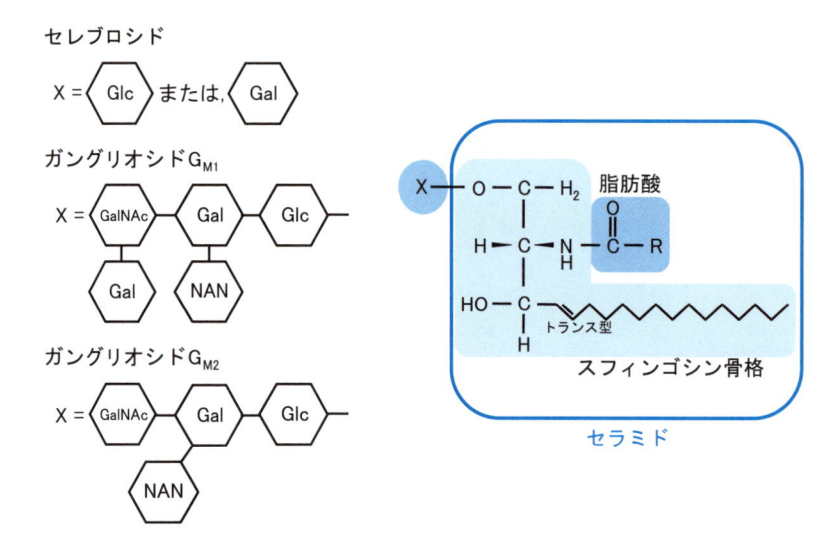

**図 1-21 スフィンゴ糖脂質**
Gal はガラクトース，Glc はグルコース，GalNAc は$N$-アセチルガラクトサミン，NAN は$N$-アセチルノイラミン酸を表す．セラミドにグルコースが結合したものをグルコセレブロシド，ガラクトースが結合したものをガラクトセレブロシドという．ガングリオシドはスフィンゴ糖脂質の中で最も複雑な構造をしており60種類以上知られているが，そのうちガングリオシド$G_{M1}$，ガングリオシド$G_{M2}$の構造を示す．

糖が1つだけ（グルコースかガラクトース）結合したセレブロシドは，神経細胞の細胞膜に多く含まれる（図1-21）．

### 1-4-3 コレステロール

動物の細胞膜の主成分の1つであるコレステロールは，高等動物の性ホルモンなどに代表されるステロイドホルモンの前駆体でもある．細菌の細胞膜には一般にコレステロールは存在しない．

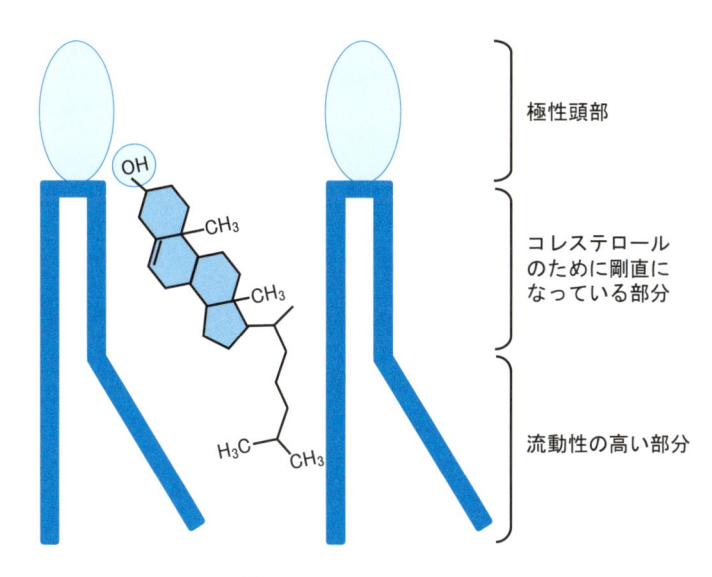

**図 1-22 コレステロール**
脂質二重層中の片側の単分子層中にある1個のコレステロール分子と2個のリン脂質との相互作用を示す。

コレステロールには水酸基が1つ存在するので両親媒性を示す。コレステロールは，以下に示す3つの部位でリン脂質と相互作用する。① コレステロールの水酸基がリン脂質の極性基と相互作用する。② コレステロールの炭化水素尾部がリン脂質の脂肪酸鎖と平行に並んで相互作用する。③ ステロイド環が，リン脂質の親水性頭部近傍の炭化水素鎖と相互作用する（図1-22）。それらの結果として，コレステロールは膜の流動性と透過性に影響を与えそれらを低下させる。

### 1-4-4　その他の膜脂質

"第三の生物"であるアーキアの膜脂質は，真核細胞や細菌のそれとは非常に異なっている。真核細胞と細菌のグリセロリン脂質の基本骨格は $sn$-グリセロール3リン酸であるが，アーキアでは $sn$-グリセロール1リン酸が用いられている。$sn$-グリセロール3リン酸と $sn$-グリセロール1リン酸は，$sn$-2位の不斉炭素原子に対して互いに鏡像異性体の関係にある。またアーキアのグリセロ糖脂質においてもグリセロリン脂質の場合と同様 $sn$-1位に糖が結合している。さらに，$sn$-2位，3位には，脂肪酸ではなく飽和イソプレノイドアルコールがエーテル結合している（ジエーテル型脂質）（図1-23）。脳や筋肉には，$sn$-1位の炭素に $α$, $β$- 不飽和アルコールがエーテル結合したプラスマロゲンと呼ばれる機能未知の脂質が存在するが，$sn$-2位の炭素には脂肪酸がエステル結合しており，アーキアのエーテル型脂質とは異なる（図1-24）。アーキアには高温，強酸など極限環境に生育するものが多く存在し，これらの細胞膜中には，ジエーテル型脂質のイソプレノイド炭化水素同士を向かい合わせて結合したテトラエーテル型脂質が存在するものもある（図1-23）。エーテル結合はエステル結合に比べて酸や熱に対して化学的に安定であり，飽和イソプレノイド炭化水素は，酸化反応に対して抵抗性がある。さらに，テトラエーテル型脂質は，細胞膜中に単分子膜を形成することによって膜の流動性・透過性を低下させる。このような特徴的な膜構造が，高温や強酸環境中での生育を可能にしているのかもしれない。

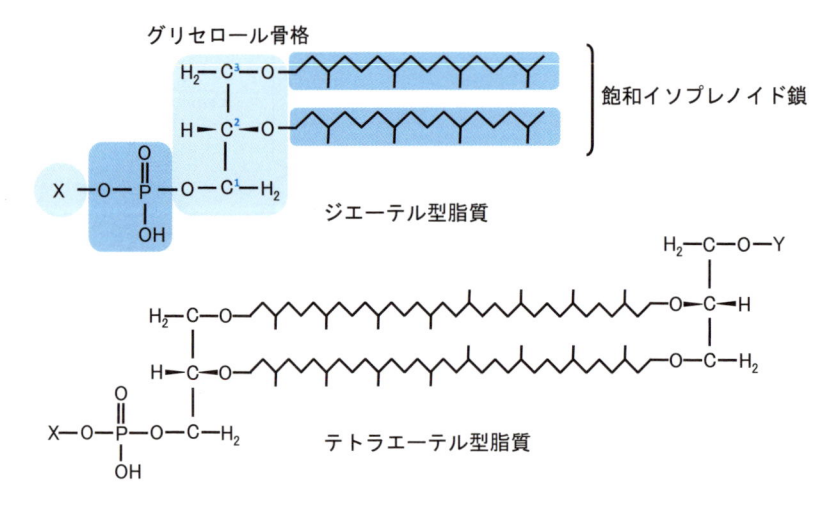

**図 1-23　アーキアの膜脂質**
ジエーテル型脂質では 2 個の炭素数 20 のフィタニル基，テトラエーテル型脂質では 2 個の炭素数 40 のビフィタニル基がグリセロールの $sn$-2 位と 3 位にエーテル結合している。X にはセリン，エタノールアミン，イノシトール，グリセロールなどの極性基が，Y には糖鎖が結合する。

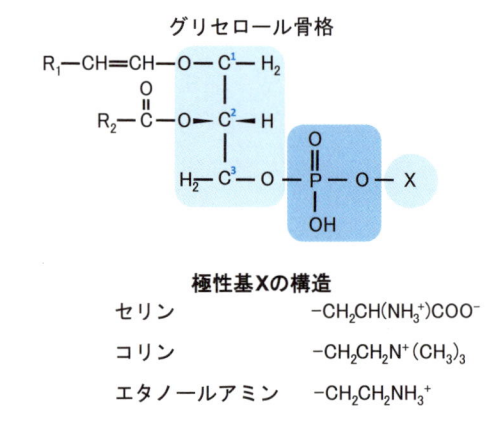

**極性基 X の構造**

| | |
|---|---|
| セリン | $-CH_2CH(NH_3^+)COO^-$ |
| コリン | $-CH_2CH_2N^+(CH_3)_3$ |
| エタノールアミン | $-CH_2CH_2NH_3^+$ |

**図 1-24　プラスマロゲンの構造**
グリセロリン脂質の一種であるプラスマロゲンはグリセロール骨格の C1 に $α, β$-不飽和アルコールがエーテル結合している。C2 には不飽和脂肪酸が結合している場合が多い。図中の極性基 X には，セリン，コリン，またはエタノールアミンが結合する。

## 1-5　その他の低分子物質

　様々な低分子の化合物が細胞の代謝やシグナル刺激の応答などに関与している。タンパク質の構成分子であるアミノ酸のうち，グルタミン酸は，脳において神経伝達物質としての役割を担っている。また，トリプトファンからは神経伝達物質セロトニンが合成され，チロシンからはドーパミン，ノルエピネフリン（ノルアドレナリン），エピネフリン（アドレナリン）などの神経伝達物質が合成される。ヒスチジンからは炎症やアレルギー反応に関わるヒスタミンが合成される。

アルギニンからは一酸化窒素（NO）がつくられ，NO は神経伝達物質として機能する他にも血圧の調節，細胞のアポトーシスなどに関与する。本項では，生物に普遍的に存在し生命活動に重要な役割を担っている低分子化合物をいくつか紹介する。

### 1-5-1　サイクリック AMP

　サイクリック AMP（cAMP）は RNA の材料である ATP から合成され，多細胞真核生物ではホルモンの生理的作用や神経伝達物質の情報を細胞内へと伝える**セカンドメッセンジャー**として働く。これらの現象に共通しているのは cAMP によって活性化したプロテインキナーゼ A が種々のタンパク質をリン酸化することであり，その結果として，細胞の代謝や神経伝達物質に対する応答性など様々な過程を調節する。一方，細菌では，cAMP はカタボライト抑制と呼ばれる遺伝子発現調節に関与する。培地に添加したグルコースの影響により，他の糖分解酵素群の発現が抑制される現象をさす。大腸菌のラクトースオペロンにおける遺伝子発現のオンオフは，cAMP により調節を受ける（図 1-25）。その調節機構は次の通りである。① cAMP を ATP から合成するアデニル酸シクラーゼはグルコースの存在によりその活性が阻害される。② 培地中にグルコースが含まれない場合，アデニル酸シクラーゼの酵素反応により cAMP の細胞内濃度が上昇し，cAMP は cAMP 受容体タンパク質（cAMP receptor protein，CRP）と複合体（cAMP-CRP 複合体）を形成する。③ この複合体はラクトースオペロンのプロモーター上の CRP 作用部位に結合することで RNA ポリメラーゼのプロモーターへの結合を促進するが，転写が行われるためにはラクトースが培地中に存在しなければならない。培地中にグルコースが存在する場合，アデニル酸シ

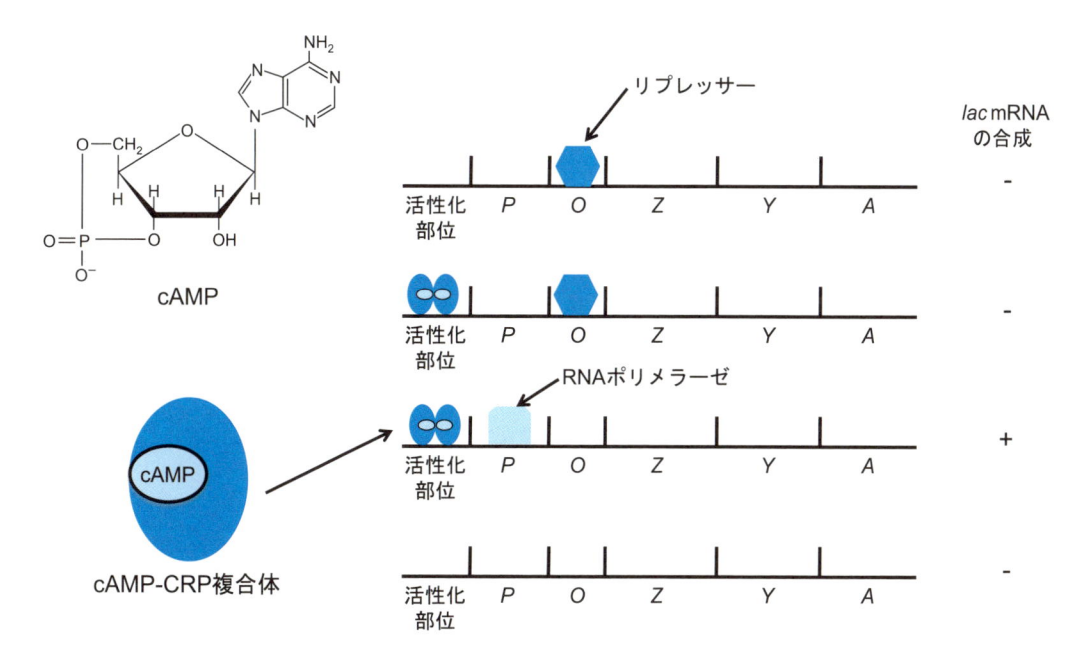

**図 1-25　サイクリック AMP（cAMP）によるカタボライト抑制**
リプレッサーがオペレーターから遊離し，cAMP-CRP 複合体が活性化部位に結合している場合だけ，*lac* 遺伝子群が発現する。

クラーゼの活性が阻害されるため cAMP は作られずそのため転写が活性化されることはない。

### 1-5-2 ポリアミン

ポリアミンは，分子中にアミンを含むため塩基性を示し，生体内に普遍的に存在する。ポリアミンにはプトレシン，スペルミジン，スペルミンなどがあり，これらはアルギニンから合成される。細胞内にあるリン脂質，ATP，核酸（DNA，RNA）などの様々な酸性物質と相互作用できるが，細胞内では主に RNA に結合しその構造を安定化している。また，リボソームに働きかけタンパク質合成系を活性化させることによって細胞増殖を促進する。真核細胞では，ポリアミンは細胞増殖・分化に必須の因子となっており，ポリアミンの合成量を抑えることで細胞増殖を抑えようというコンセプトのもと，抗がん剤の開発がなされている。高度好熱菌や超好熱菌には，長鎖ポリアミンや分岐型ポリアミンといった特殊なポリアミンの存在が認められており，細胞の高温への適応戦略の1つと考えられている（図1-26）。

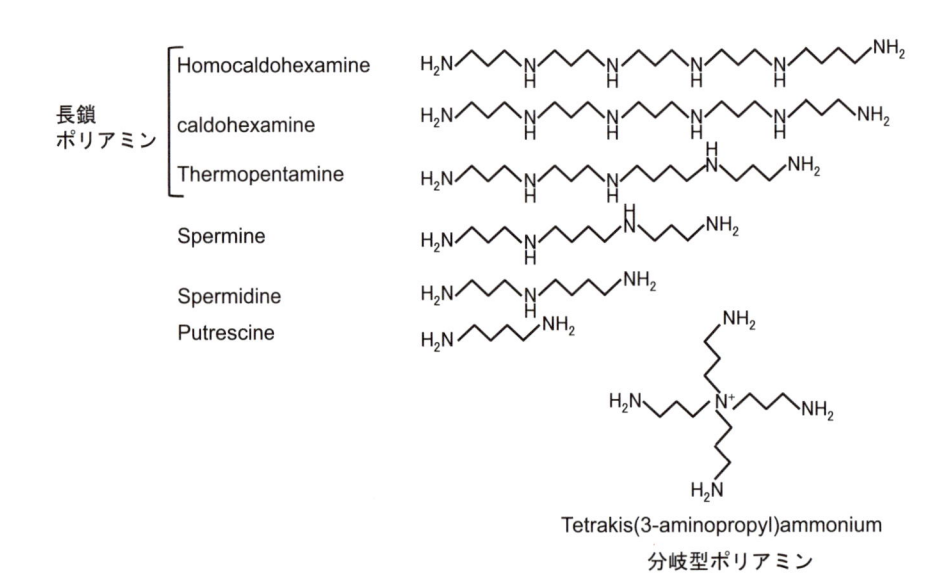

**図 1-26 様々なポリアミン**
長鎖ポリアミンや分岐型ポリアミンは，好熱菌や超好熱菌から見いだされている。名称中の caldo- や thermo- は熱に由来している。

### 1-5-3 ATP, $NAD^+$, $NADP^+$, FAD, FMN

アデノシン 5'-三リン酸（ATP）は，RNA の材料となる分子の1つでもあるが，細胞のエネルギー通貨と呼ばれ，筋肉の収縮・化合物の合成・分解などの生命活動を支えるために必須の物質である。リボースの 5' 位のヒドロキシル基にリン酸が3分子結合しており，高エネルギーリン酸結合を2個持つ(図1-27)。生体内の酵素は ATP が加水分解される際に放出されるエネルギーを用いることで，高いエネルギーが必要とされる反応を進行させる。嫌気的代謝とは，微生物が行う発酵（アルコール発酵，乳酸発酵）や無酸素運動をしている筋肉で進行する解糖をいうが，

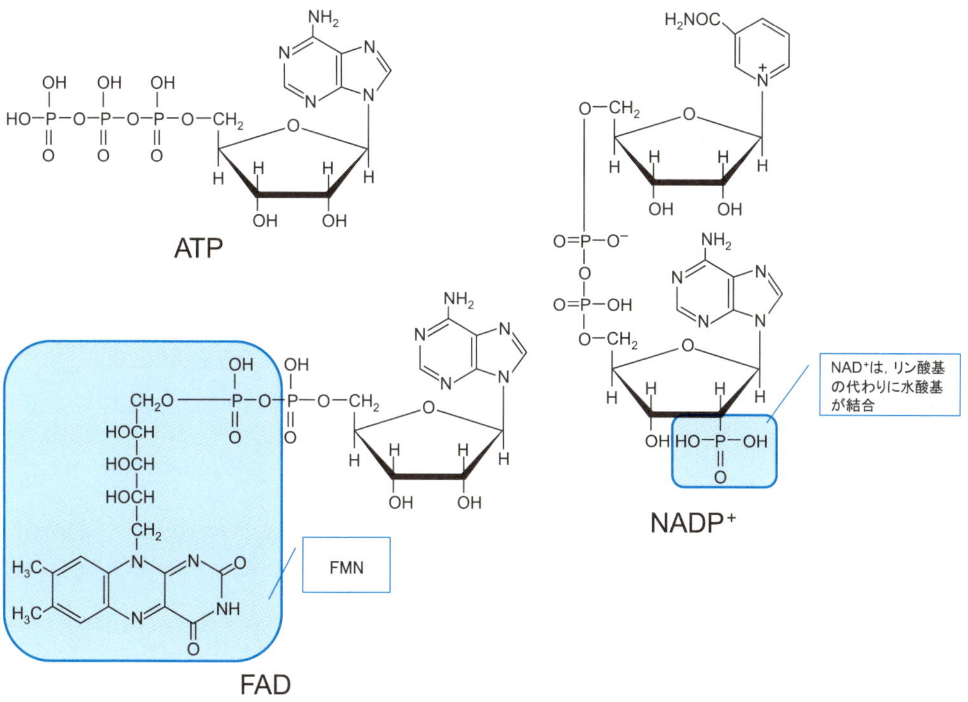

図1-27 ATP, NAD$^+$, NADP$^+$, FAD, FMN の構造

この代謝において，グルコース1分子がピルビン酸へと変換される過程で，2分子のATPが生成される．一方，酸素分子を利用する好気的代謝では，TCAサイクルによりグルコースが完全酸化されると最終的に38分子のATPが合成される．

**ニコチンアミドアデニンジヌクレオチド（NAD$^+$）**は，トリプトファンやビタミンの一種であるニコチン酸（ナイアシン）などから合成され，細胞内の酸化還元反応を触媒する酵素の補酵素として用いられている．解糖系やTCAサイクルなどにおいて代謝産物が酸化される過程で，NAD$^+$は還元されNADHとなる．嫌気的代謝では，NADHの還元力はエタノールや乳酸の合成に用いられNAD$^+$が再生産される．好気的代謝では，NADHはミトコンドリアの電子伝達系によって酸化されATPが生成される．一方，**ニコチンアミドアデニンジヌクレオチドリン酸（NADP$^+$）**は，NAD$^+$のアデニル酸のリボースの2'位に一分子のリン酸がエステル結合したものである．NADHとNADPHの構造的な違いはこのリン酸基の有無であるが，細胞内での役割は異なっている（図1-27）．NADHはエネルギー代謝に関与するのに対し，NADPHは生合成反応の還元剤として働いている．すなわち，光合成の明反応で生成したNADPHの還元力はカルビン・ベンソン回路において六炭糖の合成に用いられており，またペントースリン酸回路により生じたNADPHは，脂肪酸やヌクレオチドの合成に使用されている．

**フラビンアデニンジヌクレオチド（FAD）**は，ビタミンB$_2$（リボフラビン）から合成される．糖，アミノ酸の中間代謝，酸化的リン酸化などの生体内の酸化還元反応を触媒する酵素に補酵素として含まれている．たとえば，FADを補欠分子族としてもつコハク酸デヒドロゲナーゼはTCAサ

イクルの酵素でありミトコンドリアの内膜へ埋め込まれている。この酵素のコハク酸をフマル酸へと酸化する過程で FAD は還元され FADH2 となり，電子伝達系により再酸化される。**フラビンモノヌクレオチド（FMN）**は，酸化還元酵素の補酵素として見いだされる（図 1-27）。電子伝達系の酵素である NADH デヒドロゲナーゼには補欠分子族として **FMN** が含まれ，この酵素により NADH から引き抜かれた電子は，FMN に受け渡され，最終的に補酵素 Q を介し電子伝達系へと入る。

### 参考文献

1) Berg, J.M. ら，入村達郎ら訳，「ストライヤー生化学（第 6 版）」，東京化学同人（2008）
2) Voet, D. ら，田宮信雄ら訳，「ヴォート基礎生化学（第 2 版）」，東京化学同人（2007）
3) Alberts, B. ら，中村桂子ら訳，「THE CELL　細胞の分子生物学（第 4 版）」，ニュートンプレス（2005）
4) Mathews, C.K. ら，清水孝雄ら訳，「カラー生化学」，西村書店（2003）
5) Corn, E.E. ら，田宮信雄ら訳，「コーン・スタンプ　生化学（第 5 版）」，東京化学同人（1993）
6) 池田和正，「トコトンわかる図解基礎生化学」，オーム社（2006）
7) 古賀洋介，亀倉正博，「古細菌の生物学」，東京大学出版会（1998）
8) 古賀洋介，「古細菌　UP BIOLOGY」，東京大学出版会（1997）
9) 古賀洋介，「特集アーキア：第 3 の不思議な生物　アーキアの脂質膜の特性と生物の進化」蛋白質核酸酵素，54(2), 127-133（2009）
10) Ulrih, N. P. ら，Structural and physicochemical properties of polar lipids from thermophilic archaea. Appl. Microbiol. Biotechnol. 84, 249-260（2009）
11) 五十嵐一衛，「未来の生物科学シリーズ 28　神秘の生命物質-ポリアミン」，共立出版（1993）
12) 加藤宏司，後藤薫，藤井聡，山崎良彦監修，「カラー版　ベアー　コノーズ　パラディーソ　神経科学—脳の探求—」，西村書店（2007）
13) Brown, T. A., 西郷薫監訳，「分子遺伝学（第 3 版）」，東京化学同人（2007）
14) Malacinski, G. M. ら，川喜田正夫訳，「分子生物学の基礎（第 4 版）」，東京化学同人（2004）

# 2章　基本単位操作の原理

　生化学実験を行う場合，一連の作業は小さな単位の作業から構成されている。このそれぞれの小さな作業を単位操作という。ここでは遺伝子操作を行ううえで必要となる基本的な単位操作とその原理について説明する。なお，さらに高度な技術に関しては章をあらためて解説する。

## 2-1　電気泳動

　電気泳動とは電荷を帯びた粒子（荷電粒子）が電場を移動する現象である。荷電粒子はその荷電と反対の極にむかって移動する。その溶液中での荷電が0となると電気泳動は起こらない。例えばpH 7の環境では7よりも低い等電点をもつ荷電粒子は負に帯電するので，陽極に移動する。核酸やタンパク質は電荷を帯びた粒子であり，この性質を利用してマトリックス構造を有する支持体を移動させれば分離することができる。ここでは核酸とタンパク質を分離する原理を簡単に述べる。

### 2-1-1　核酸の電気泳動

　電気泳動には規則的なマトリックス構造を有する支持体が必要だが，核酸の場合はアガロースまたはアクリルアミドのゲルが用いられる。核酸（DNA，RNA）は中性pH付近ではリン酸基が負に帯電している。このため電気泳動を行うと陽極側に移動する。また，単位重量あたりの電荷は一定であるため，小さい分子ほど早く移動する。アガロースマトリックスの技術開発が進み，これまでアクリルアミドで分離しなければならなかった低分子核酸もアガロースで分離できるようになってきた。アガロースは，D-ガラクトースとL-ガラクトースが $\alpha$-(1→3) 及び $\beta$-(1→4) グリコシド結合で重合したポリマーであり，寒天を精製して得られる（図2-1）。アガロースを

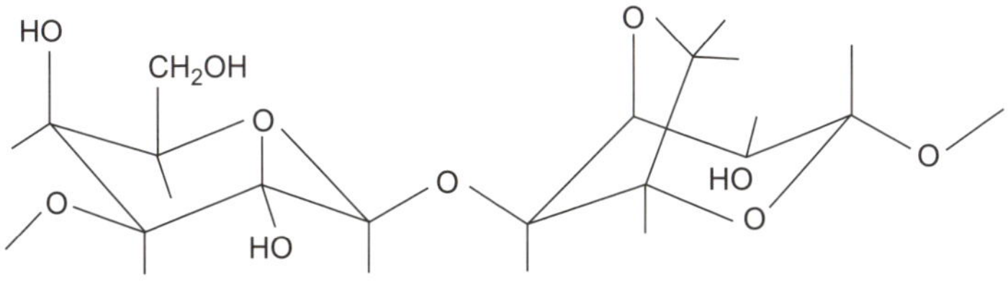

図2-1　アガロースの構造

表 2-1 標準的なアガロースゲル濃度とＤＮＡの分画範囲

| 濃度（%） | 分画範囲（kbp） |
| --- | --- |
| 0.5 | 0.7 ～ 25 |
| 0.8 | 0.5 ～ 15 |
| 1.0 | 0.25 ～ 12 |
| 1.2 | 0.15 ～ 6 |
| 1.5 | 0.1 ～ 4 |

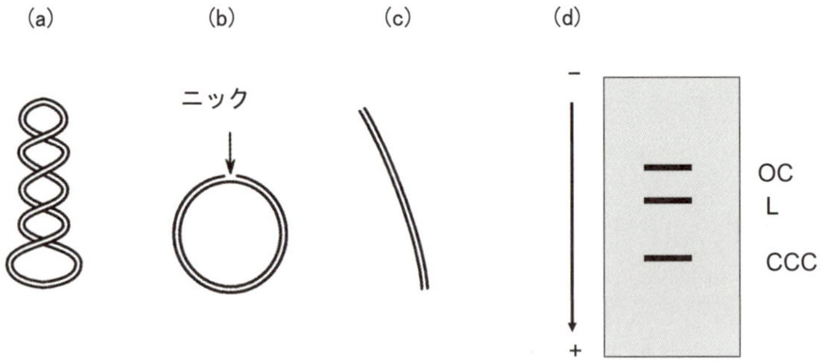

図 2-2　プラスミド DNA の構造
プラスミドの 3 つの状態 (a) 閉環状 CCC (covalently closed circular)，(b) 開環状 OC (open circular)，(c) 直線状 L (linear)　CCC は super coil (SC) ともいわれる。

煮沸溶解し，冷却するとゲル化する。ゲル化したアガロースは 50 nm から 200 nm 程度の直径を有するスパイラルになり，綱目構造を形成する。一般的なアガロースの濃度と分離範囲を表 2-1 に示した。アガロースの濃度が高いほど低分子核酸の分離に適している。核酸はトポロジーの違いによってマトリックス中での移動度が異なる。例えばプラスミド DNA のような環状二本鎖 DNA では，図 2-2 のように閉環状，開環状，直線状の状態がある。これらは分子量が同じでも移動度が異なる。電気泳動で長さに応じた分離ができるのは直線状のものだけである。

アクリルアミドゲル電気泳動はタンパク質の分離に用いられることが多いが，低分子の核酸の分離にも応用される。アクリルアミド単量体と $N, N'$-メチレンビスアクリルアミドを重合させて図 2-3 のような綱目状の構造を形成させる。この構造がふるい効果を発揮し，低分子核酸の分離に威力を発揮する。特に 200 bp 未満の低分子核酸あるいはオリゴヌクレオチド分子の分離に用いられる。また，一本鎖核酸は分子内で塩基対を形成し，ステム・ループ状の構造を形成しやすい。密な状態ほど早く移動するため，必ずしも長さに対応した移動をしない。そこでホルムアルデヒドや尿素などの変性剤を加え，構造をほぐし，分子量に応じた分離を行う。また，真核生物の染色体 DNA のように巨大なために，通常のアガロースゲルによる分離ができない場合がある。高分子 DNA を分離するために開発された方法が**パルスフィールド電気泳動法**である。30 kbp を越えるような巨大な核酸分子は通常のアガロースゲルでは分離できない。それは分子がアガロースマトリックスの形成する綱目を通過できないためである。そこで電場を瞬間的に逆転させる電気泳動法が開発された。分子量の小さい DNA 断片ほど迅速に反転できるが，大きい分子は反転移動し

**図 2-3 アクリルアミドの構造**
(a) アクリルアミドモノマー，(b) $N, N'$-メチレンビスアクリルアミド，(c) クロスリンクした重合化アクリルアミド

ポリアクリルアミドゲルは，アクリルアミドと $N, N'$-メチレンビスアクリルアミド（BIS）の共重合によって形成される。また，アクリルアミドのモノマーは神経毒なので，注意が必要である。重合時には毒性がなくなるため，余った廃液は重合して廃棄する。

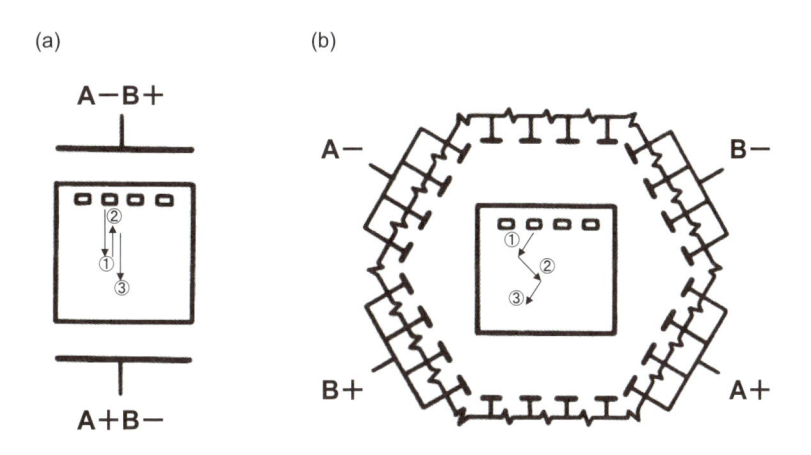

**図 2-4 パルスフィールド電気泳動法**
(a) FIGE 法（Field-Inversion Gel Electrophoresis, (b) CHEF 法（Contour-Clamped Homogeneous Electric Field Gel Electrophoreis）

にくい。反転を頻繁に繰り返しながら泳動を行うと結果的に分子量に応じて分離されることになる。現在，主に 2 種類の方法が用いられる。1 つは **FIGE 法**（Field-Inversion Gel Electrophoresis）で，もう 1 つが **CHEF 法**（Contour-Clamped Homogeneous Electric Field Gel Electrophoreis）である。FIGE 法は通常の水平式アガロースゲル電気泳動槽を用いて電場を前後に交互にかける方法である（図 2-4(a)）。数 10 kb から 100 kb 程度の DNA の分離に適している。ただ 1 Mb 以上の分離は

行うことができない。一方，CHEF 法は図 2-4(b) のような 6 角形に配置した電極により角度を変えて電場の方向を制御するものである。電場の交差角度を 120° とすることで数 Mb におよぶ巨大 DNA を分離することができる。DNA の検出は蛍光色素を用いた蛍光検出が一般的である。エチジウムブロマイド（EtBr:Ethidium Bromide 臭化エチジウム）やサイバーグリーン（Molecular Probe 社）が用いられる。

### 2-1-2　タンパク質の電気泳動

　電気泳動の移動度は，大部分，分子表面に存在する解離基に依存しており，これらのもつ電荷の符号や大きさは，媒質のイオン強度や pH により特性的に変化する（2-4-1 イオン交換法参照）。タンパク質の荷電はそのアミノ酸組成や立体構造など，タンパク質の種類によっても大きく異なる。しかし陰イオン系界面活性剤である ドデシル硫酸ナトリウム（sodium dodecyl sulfate, SDS）存在下では SDS 分子がタンパク質分子に付着するため，タンパク質自体の荷電のほとんどが打ち消され，ペプチド鎖長（分子量）に応じて負に荷電し，陽極に向かって移動する。（図 2-5）この SDS と後述のポリアクリルアミドゲルを利用した電気泳動が SDS-ポリアクリルアミドゲル電気泳動（SDS-PAGE）で，核酸の場合と同様に分子量による分離がなされる。基本的に SDS は一定の割合でタンパク質に結合するため（タンパク質 1 g に対し約 1.4 g の SDS が結合する），ペプチド鎖長に応じて負に荷電することになり，分子量に応じた分離が可能となる。しかし SDS は糖タンパクや酸・塩基性タンパクには比較的結合しにくく，疎水性に富んだ部分が多いと SDS の結合量が増加するため，タンパク質の種類によっては分子量から予想される移動度を示さない場合がある。またタンパク質中の S-S 結合（ジスルフィド結合）も SDS の結合を阻害する。しかし SDS 変性時に還元剤である 2-メルカプトエタノールやジチオスレイトール（dithiothreitol, DTT）を加えることにより，タンパク質中の S-S 結合が還元・切断されるため，移動度がよりポ

(a)

疎水基　　　親水基

(b)

疎水領域
変性タンパク質

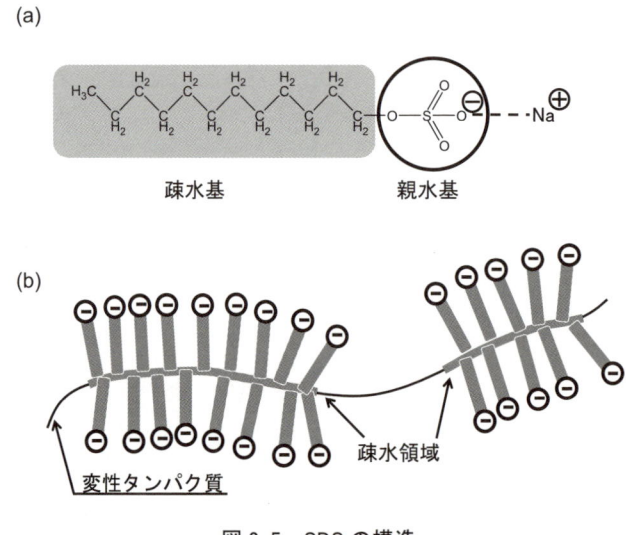

図 2-5　SDS の構造
(a)SDS の分子構造，(b)SDS-変性タンパク質の複合体

リペプチド鎖の分子量に依存するようになる。

一方，変性剤を加えずに行う電気泳動を Native-PAGE と呼ぶ。Native-PAGE ではタンパク質の変性を行わないため，高次構造が維持される。そのためゲル中でも活性を保つ場合が多く，泳動後のタンパク質を酵素活性染色する目的で泳動されることもある。その反面タンパク質の移動度は，その分子量・電荷・高次構造など様々な因子に左右される。そのため解析したいタンパク質が＋－のどちらの極に移動するのかを良く考え，電気泳動用のバッファーの pH を選択する必要がある。

電気泳動に用いられるポリアクリルアミドゲル（PAGE）は，アクリルアミドと $N, N'$-メチレンビスアクリルアミド（BIS と略す）の共重合によって形成される。アクリルアミドと BIS をバッファーに溶かし，フリーラジカル生成物質を加えることで，ところどころ架橋した網目状のゲルができる。（図 2-3）このポリアクリルアミドゲルの中をタンパク質が通過するときの分子ふるい効果によって，タンパク質はその大きさに応じて分離される。ポリアクリルアミドゲルの分子ふるい効果はアクリルアミドと BIS の合計濃度によって決まり，より高濃度のゲルほど低分子量のタンパク質の分離に適した担体となる。このため通常の PAGE では，分離するタンパク質の大きさに合わせ最も分離能を発揮するようにアクリルアミドの総濃度を決定する。広い範囲の大きさのタンパク質を含むサンプルについて分離を行う際は，アクリルアミド濃度勾配のあるゲル（密度勾配ゲル）を用いることで，タンパク質を効果的に分離する事が可能になる。

PAGE では，濃縮ゲル（stacking gel）と分離ゲル（separating gel あるいは running gel）の 2 種のゲルからなる不連続緩衝液系を利用した電気泳動法が良く用いられる。（図 2-6）この不連続緩衝液系の PAGE では，ポリアクリルアミドゲルの性能以外にも，ゲルと泳動バッファーにも仕掛けがある。濃縮ゲル中でいったんサンプルを濃縮するため，サンプル溶液量が少々多くても，高い分解能を示すことが可能になる。この濃縮の仕掛けのタネが，濃縮ゲル（Tris-HCl, pH 6.8）・分離ゲル（Tris-HCl, pH 8.8）・泳動バッファー（Tris-Glycine, pH 8.3）という 3 種類の pH の異なっ

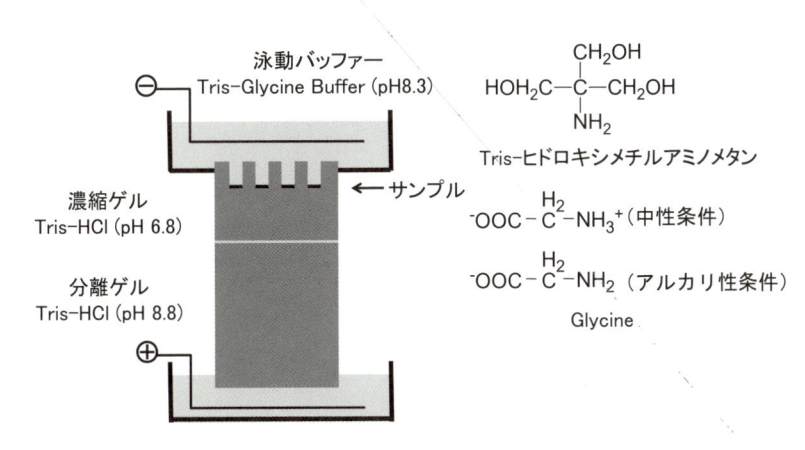

**図 2-6　不連続緩衝液系を用いた SDS-PAGE**

不連続緩衝液系を用いた SDS-PAGE は，pH とアクリルアミド濃度の異なる濃縮ゲルと分離ゲル，及び電気泳動バッファーをからなる。グリシンは各ゲルの中を通過する際，pH 依存的に荷電状態が変化し，各ゲル中の移動度が変わる。

たバッファーである。これらバッファー中には陽イオンとしてトリスヒドロキシメチルアミノメタン（通称トリス），陰イオンとして塩化物イオンとグリシン由来のグリシネートイオンが存在する。電気泳動開始後，負電荷をもつタンパク質やグリシネートイオンは陽極方向の濃縮ゲル中に入るが，サンプル及び泳動バッファー中のトリス（$pK_a$ 8.1）は pH 6.8 ではプロトン化するため，陰極側に移動する。この時ゲル中の塩化物イオンは pH によらず移動度が大きいが，グリシンは pH 6.8 では両性イオン化（ただしわずかに負に荷電している）するため，グリシネートイオンは濃縮ゲルの中に入り込むと移動度が著しく小さくなる。その結果，濃縮ゲル中に塩化物イオンのゾーンとグリシンのゾーンができ，その中間の区間をタンパク質が移動することになる（移動度：塩化物イオン＞タンパク質＞グリシン）。これら各ゾーンの境界で一時的にイオンが不足するが，イオンの流れ（電流）はゲル中のどこでも均一なので，濃縮ゲル中の各ゾーンの境界で抵抗・電圧が高くなる。そのため後続のイオンの移動度は大きくなり，前を進むイオンに追いつく。このように先頭の塩化物イオンの移動に合わせてタンパク質が，またタンパク質の移動に合わせてグリシンが引きつけられ，泳動が連続的に進行する。また，濃縮ゲルはアクリルアミド濃度が低く，タンパク質に対する分子ふるいの効果はほとんどない。結果として，最初に供したサンプル溶液量が多くても，高濃度に濃縮される。濃縮ゲルを出て分離ゲルに到着すると，分離ゲルの pH が高いため，グリシンは再びグリシネートイオンとなり，移動度はタンパク質よりも大きくなる（移動度：塩化物イオン＞グリシネートイオン＞タンパク質）。その結果タンパク質の移動度は小さくなり，分子ふるいによりタンパク質の分子量に応じて分離される。また SDS-PAGE では，ブロモフェノールブルー（bromophenol blue, BPB）を，泳動するサンプル中に添加し，電気泳動の進行具合を示すマーカーとする事が多い。この BPB イオンは濃縮ゲル・分離ゲル中で塩化物イオンに次ぐ移動度を持つため，塩化物イオンに続くゾーンとして濃縮される。

## 2-2　DNA の加工技術の原理

　遺伝子工学が発展したのは，**制限酵素**という DNA を特異的配列の箇所で切断する酵素とそれを連結する酵素が発見されたからである。その後 DNA を加工するために様々な技術が開発されているが，最も重要な酵素は次に挙げる 7 つの酵素である。これら酵素と**ベクター DNA**，それを受け入れる**宿主**があれば，遺伝子をクローニングできる。

### 2-2-1　切断，連結と修飾

　以下の 7 種類の酵素があれば，ほとんどの DNA 加工は可能となる。まず，これら 7 種類の酵素の基本的な性質について説明する。

**（1）　制限酵素（restriction endonuclease）**

　遺伝子操作を可能にしたのは**制限酵素**の発見によるところが大きい。制限酵素は遺伝子操作で最も多用される酵素である。この酵素はもともと細菌がウイルス（バクテリオファージ）に対する抵抗性を獲得するために機能する。大腸菌はバクテリオファージというウイルスに感染する。大腸菌の K12 株で増殖したバクテリオファージは大腸菌 C 株に感染するが，C 株で増殖したバ

表 2-2　制限酵素による DNA の切断

| 由　来 | 酵素名 | 認識配列 | 生じる切断断片 | | 備　考 |
|---|---|---|---|---|---|
| *Escherichia coli* RY13 | *Eco*RI | 5'-GAATTC-3'<br>3'-CTTAAG-5' | 5'-G<br>3'-CTTAA | AATTC-3'<br>G-5' | 5' 突出の粘着末端 |
| *Haemophilus influenzae* Rd | *Hin*dⅢ | 5'-AAGCTT-3'<br>3'-TTCGAA-5' | 5'-A<br>3'-TTCGA | AGCTT-3'<br>A-5' | 5' 突出の粘着末端 |
| *Providencia stuartii* | *Pst*I | 5'-CTGCAG-3'<br>3'-GACGTC-5' | 5'-CTGCA<br>3'-G | G-3'<br>ACGTC-5' | 3' 突出の粘着末端 |
| *Serratia marcescens* | *Sma*I | 5'-CCCGGG-3'<br>3'-GGGCCC-5' | 5'-CCC<br>3'-GGG | GGG-3'<br>CCC-5' | 平滑末端 |

クテリオファージは K12 株では増殖しない。これは K12 株には自分の DNA を他の DNA と区別する能力が備わっており，外来 DNA を特異的に分解するためである。一方，C 株には自分の DNA を他から区別する能力はない。このような外来性の DNA が宿主により分解され，機能を失うことを制限という。K 株は自分の DNA にしるしをつけ，しるしのない DNA を外来 DNA として認識する。このしるしは一般的に塩基のメチル化でなされるが，このことを修飾という。メチル化されていない DNA の特異的な塩基配列を認識して切断する酵素を制限酵素と呼ぶ。制限酵素にはタイプⅠとタイプⅡの二種類があり，認識した配列とは離れた別のところを切断する酵素をタイプⅠ，認識した配列を切断する酵素をタイプⅡと呼ぶ。遺伝子操作に用いられるのはタイプⅡである。タイプⅡの制限酵素で切断された DNA 断片同士は切り口が同じ塩基配列を有する。酵素によって，切り口の DNA 鎖に 3' 末端の水酸基が突出している場合と 5' 末端のリン酸基が突出する場合が生じる（表 2-2）。例えば制限酵素 *Pst*I は前者に，*Eco*RI や *Hin*dⅢ は後者に相当する。制限酵素によって処理された DNA は末端に一本鎖 DNA を持つ粘着末端（cohesive end）か，全く持たない平滑末端（blunt end）を生じる。平滑末端を生じる酵素には *Sma*I がある。制限酵素を表記するときは属名，種名をイタリックで示す。例えば，制限酵素 *Hin*dⅢ は *Haemophilus influenzae* Rd 株に由来する酵素である。制限酵素の表記法については 2003 年の国際的な取り決めにより，イタリック表示が廃止された。ただ，我が国では依然，従来からの表記法が踏襲されている場合が多い。

(2)　DNA リガーゼ（DNA ligase）

英語の発音に忠実に DNA ライゲースと記述されることもあるが，本書では日本での慣用名に従い DNA リガーゼと記す。この酵素は 3' 末端の水酸基と 5' 末端のリン酸基をホスホジエステル結合により連結する。大腸菌の DNA リガーゼは NAD を，バクテリオファージ T4 の DNA リガーゼは ATP を利用して反応するが，遺伝子操作に用いられるのは後者の方である。T4 DNA リガーゼは平滑末端の DNA も連結できるが，大腸菌の DNA リガーゼはできない。一般的に同じ制限酵素で切断された DNA 断片どうしは DNA リガーゼで連結することができる。異なる種類の制限酵素でも同じ配列の粘着末端を露出させる酵素で処理された DNA 断片どうしであれば連結することができる。例えば *Bam*HI は GGATCC という塩基配列を認識し，図 2-7 に示すような粘着

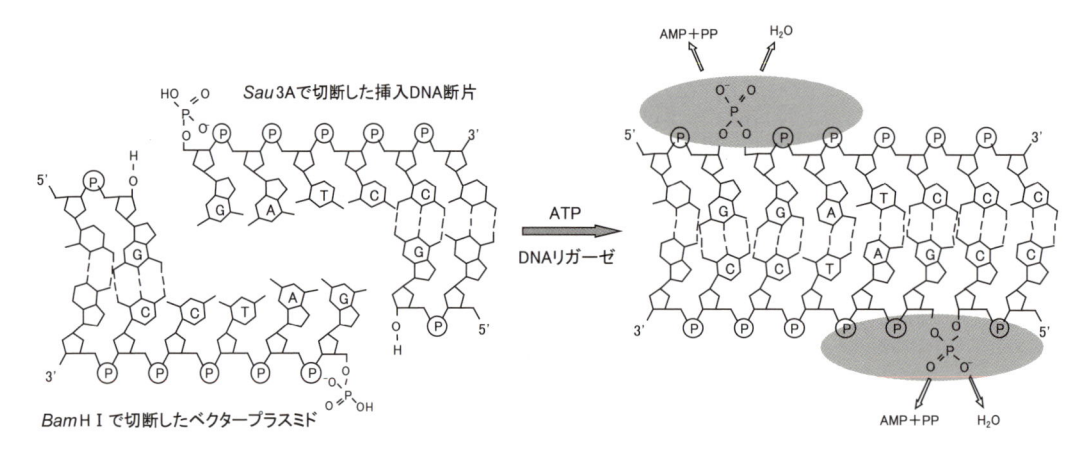

**図 2-7　DNA リガーゼの反応**
遺伝子操作で利用される T4DNA リガーゼは反応の補酵素に ATP を必要とする。図は BamHI で切断された DNA 同士を連結する反応を示す。

末端を作る。制限酵素 Sau3AI は GATC を認識するが，生じる粘着末端の配列は BamHI が作る粘着末端と同じである。そのため Sau3AI 断片は BamHI 断片と結合することができる。また平滑末端どうしは，切断に用いられた酵素によらず，連結することができる。

### (3)　DNA ポリメラーゼ（DNA polymerase）

DNA を合成する酵素である。DNA ポリメラーゼは一本鎖の DNA に対して相補的な DNA 鎖を合成する。反応はデオキシリボースの 3' 末端の水酸基にヌクレオチドの 5' 末端リン酸基がホスホジエステル結合により順次重合する。この反応の開始には DNA と相補的に塩基対形成により結合し，デオキシリボースの 3' 末端水酸基を供給できるスターターオリゴヌクレオチドが必要である。このオリゴヌクレオチドのことを**プライマー（primer）**と呼ぶ。プライマーが相補的に結合する DNA を**鋳型 DNA（template DNA）**と呼ぶ。DNA の合成は例外なく糖（デオキシリボース）の 3' 末端の水酸基からはじまる。鋳型 DNA とプライマー DNA が図 2-8 のように水素結合を形成することをアニール（anneal）と呼ぶ。DNA ポリメラーゼと反応基質である 4 種類のデオキシリボヌクレオシド 3 リン酸，及びマグネシウムイオンの存在下では，鋳型 DNA の塩基配列に対する相補的な塩基配列を有するポリヌクレオチドが合成される。特に耐熱性の DNA ポリメラーゼは **PCR（polymerase chain reaction）**法（後述）に用いられる。DNA ポリメラーゼには DNA ポリメラーゼ I のように **DNA 合成活性**と**エキソヌクレアーゼ活性**を合わせ持つことがある。エキソヌクレアーゼは DNA 分解酵素の 1 つだが，**DNA ポリメラーゼ I** は鋳型 DNA と塩基対を形成しない塩基が取り込まれたとき，それを除去する。DNA ポリメラーゼ I からこのエキソヌクレアーゼ活性をもつ部分を取り除いた酵素は，**クレノー断片（Klenow fragment）**と呼ばれ，DNA を加工するときにしばしば利用されている（図 2-8）。

### (4)　逆転写酵素（reverse transcriptase）

遺伝子が発現するとき DNA 上にある遺伝情報は mRNA に写し取られ，mRNA に移った遺伝情報はリボソームでアミノ酸に変換され，それが重合してポリペプチド（タンパク質）になる。

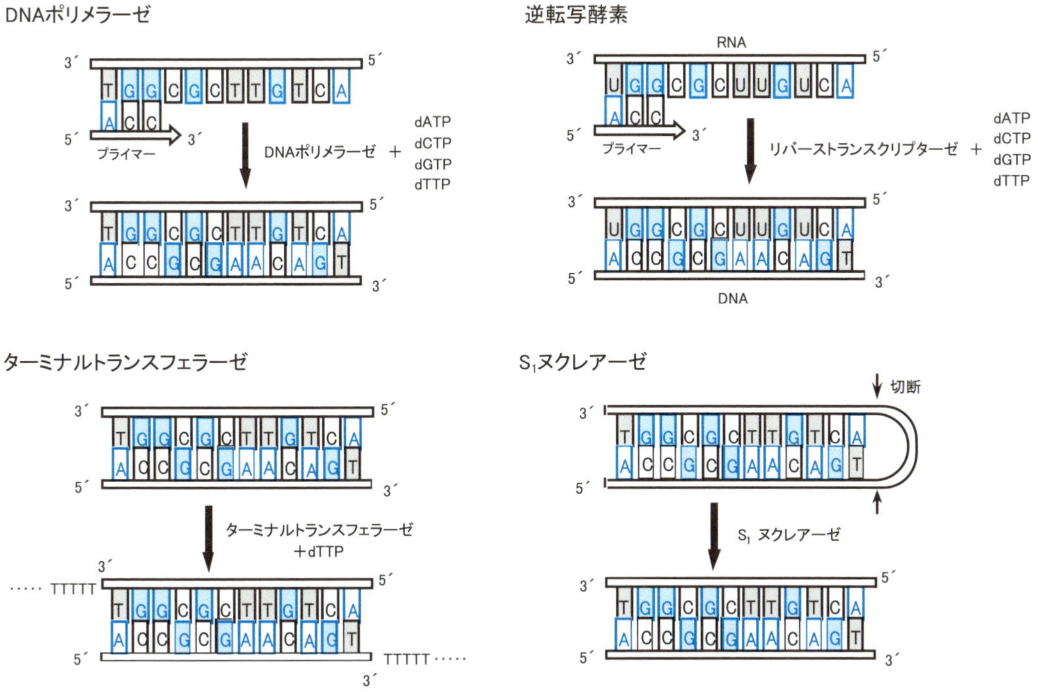

**図 2-8　DNA を加工する酵素**

DNA ポリメラーゼは DNA を鋳型にして，相補的な塩基配列を有する DNA を合成する。逆転写酵素は鋳型が DNA ではなく，RNA である。ターミナルトランスフェラーゼは DNA ポリメラーゼの一種だが，反応に鋳型が必要なく，DNA または RNA の 3' 末端にヌクレオチドを付加する反応を触媒する。例えば dTTP が存在するとき，末端に dTTP が重合した尾部が合成される。S1 ヌクレアーゼは核酸の一本鎖部分を特異的に消化する。

ところが，レトロウイルスのように RNA をゲノムとするウイルスでは宿主となる細胞に感染するとまず自分のゲノム RNA を鋳型として DNA を合成する。このとき機能するのが逆転写酵素（RNA dependent DNA polymerase）である。この酵素は遺伝子工学では mRNA から DNA を合成するのに用いられる。真核生物の mRNA はスプライシングを経て成熟化するため，ゲノム DNA の塩基配列と mRNA の塩基配列は等しくない。そこでまず成熟化した mRNA を抽出し，その配列に相補的な DNA を逆転写酵素を用いて人工的に合成するのである。この反応にもプライマーが必要である，一般的には mRNA の配列に相補的なオリゴヌクレオチドか mRNA の 3' 領域にあるポリ A 部位に相補的にアニールするオリゴヌクレオチド（ポリ T）が利用される。逆転写酵素で合成された DNA のことを相補 DNA（cDNA：complementary DNA）という（図 2-8）。

(5)　ターミナルトランスフェラーゼ（terminal transferase）

この酵素も DNA 合成酵素の 1 つで，DNA 鎖の 3' 末端の水酸基にヌクレオチドを付加していくが，鋳型もプライマーも必要としない。そのため，基質として例えば dTTP を加えておくと末端にチミンが連続した配列が合成される（図 2-8）。

#### (6) S1 ヌクレアーゼ（S1 nuclease）

核酸の一本鎖部分を特異的に消化する酵素である。遺伝子の構造解析，特にイントロン領域を確認するのに用いられる。S1 ヌクレアーゼと同じ触媒活性をもつ酵素にマングビーンヌクレアーゼ（Mung Bean nuclease）がある。S1 ヌクレアーゼはカビ（*Asperigillus oryzae*）由来の酵素であり，マングビーンヌクレアーゼはインゲン豆由来の酵素である（図 2-8）。

#### (7) アルカリフォスファターゼ（alkaline phosphatase）

線状 DNA 及び RNA の 5' 末端から，リン酸基を除く酵素である大腸菌由来のものを BAP（bacterial alkaline phosphatase），仔牛の腸由来のものを CIP（calf intestine alkaline phosphatase）という。アルカリフォスファターゼは遺伝子のクローニング作業に多用される。ある制限酵素で切断したプラスミド DNA に外来 DNA を挿入して，DNA リガーゼにより雑種分子を作成するような場合，プラスミド分子が外来 DNA を含むことなく，連結されてしまう場合がある。このような場合，制限酵素処理したプラスミド DNA をアルカリフォスファターゼ処理し，5' 末端のリン酸を除く。脱リン酸化された DNA 断片どうしは，3' 末端の水酸基とのホスホジエステル結合ができないため，自己連結されない。結果として脱リン酸化されていない外来 DNA 分子のみが結合され，外来 DNA の連結効率が上昇する。

### 2-2-2 PCR 技術とそれを利用した DNA の加工

PCR 法（polymerase chain reaction）は，Kary B. Mullis が開発した試験管内での DNA 増幅反応であり，今日の遺伝子操作では不可欠になっている。この方法は，単純に DNA を増幅する技術に留まらず，医学における遺伝子診断，犯罪捜査における個人識別，農産物や食品加工品の産地特定にも応用されている。

#### (1) PCR 法の原理

まず本法の原理に触れたい。増幅させたい標的となる DNA（鋳型 DNA）を選び，標的領域を挟む 2 つの合成オリゴヌクレオチド（プライマー DNA）を用意する。鋳型 DNA に対して過剰量のプライマー DNA，反応基質である 4 種類の塩基をもつデオキシリボヌクレオシド 3 リン酸（deoxyribonucleoside 3-phosphate, dNTP）を試験管に入れ混合する。混合液の温度を 90℃以上にすると，鋳型 DNA とプライマー DNA の塩基間水素結合が外れ，一本鎖 DNA となる。温度を下げると鋳型 DNA は再び二本鎖 DNA となるが，いくつかの分子はプライマー DNA が鋳型 DNA と水素結合を形成し，アニールする。ここに DNA ポリメラーゼを加えると，プライマーの 3' 末端側からの伸長反応が起こり，ホスホジエステル結合を形成しながら重合していく。ある程度合成反応が進んだところで，いったん反応液の温度を上げ，試験管内のすべての二本鎖 DNA を一本鎖化（変性）する。再び温度を下げると最初の反応に使われなかったプライマー DNA が鋳型 DNA にアニールする。さらに DNA ポリメラーゼを加えると DNA 合成反応が再び起こる。この作業を繰り返すことで試験管内には 2 本のプライマーに挟まれた領域の DNA が多量に増幅される。PCR 法が開発された当初は，DNA ポリメラーゼのクレノー断片（Klenow fragment）が利用された。クレノー断片は DNA 合成活性のみを有するために遺伝子増幅に適していた。ところが，熱変性するため反応サイクルごとに酵素を添加しなければならない。そこでクレノー断片のかわ

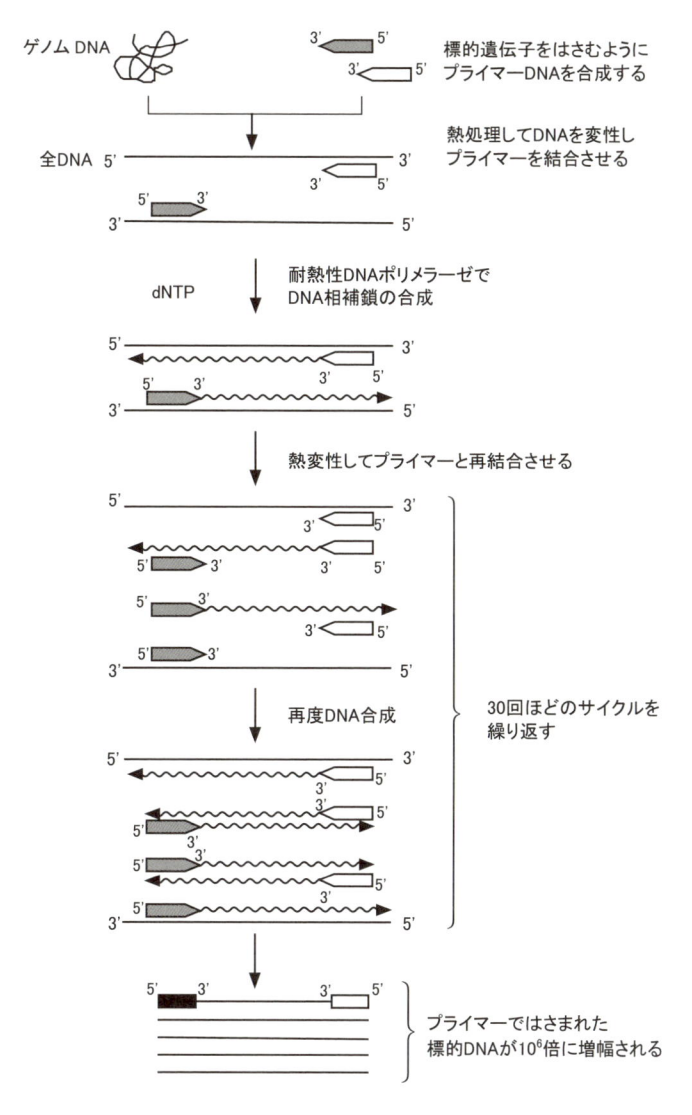

**図 2-9 PCR 法による DNA の増幅**
PCR 法には配列特異的に結合（アニール）する合成オリゴヌクレオチド，基質となる 4 種類のデオキシリボヌクレオシド三リン酸（dNTP），耐熱性 DNA ポリメラーゼが必要である。熱変性，アニール，合成反応という 3 つのステップを繰り返すことで指数関数的に DNA が合成される。

りに用いられたのが耐熱性 DNA ポリメラーゼである。高温で生育する好熱菌の酵素は，一般的に高温でも変性しない。現在の PCR 法では，*Thermus aquaticus* 由来の *Taq* DNA ポリメラーゼが用いられ，一連の合成反応サイクルが自動化されている。全ての試薬を混合すれば反応器（サーマルサイクラー）が温度制御を実行する。理論的には反応サイクルの $2^n$ で増幅されるので，20サイクルで約 $10^6$，30 サイクルで約 $10^9$ の増幅が可能である（図 2-9）。

### (2) PCR 法を利用した DNA の改変

遺伝子の変異導入は，DNA の塩基置換によって行う。これまで塩基置換にはいくつかの方法

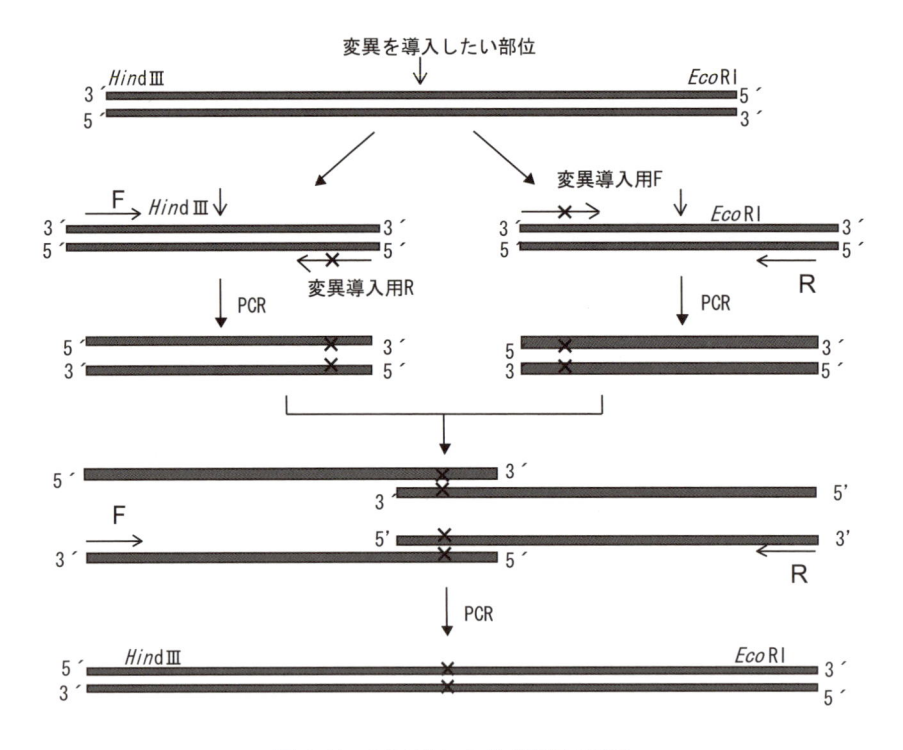

図 2-10　PCR 法による点変異の導入

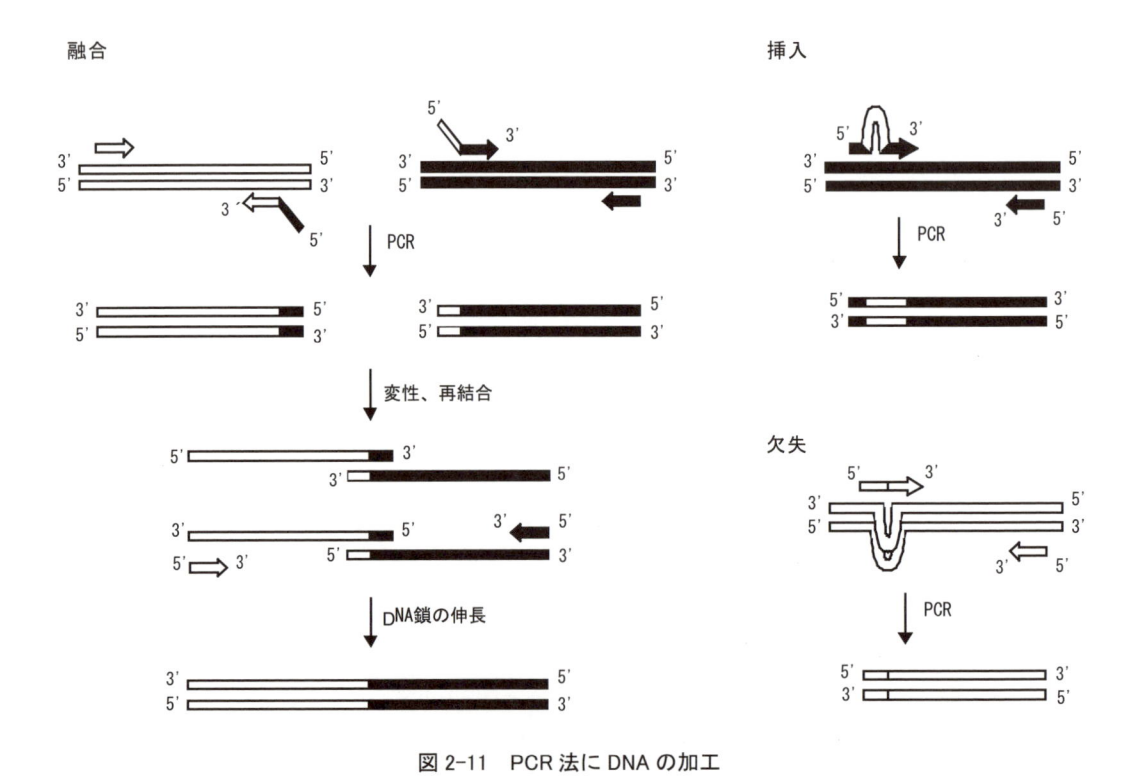

図 2-11　PCR 法にDNA の加工

が考案されてきたが，今日，主流になっているのはPCR法を利用した手法である。ここではPCR法を利用した変異導入法の概要を説明する。図2-10に示すように，塩基置換を導入したい部位の外側にアニールするプライマー（**アウタープライマーF及びR**）を設計する。置換塩基を含むプライマー（**変異導入用プライマーF及びR**）を設計する。まず目的とする遺伝子DNAを鋳型にして，アウタープライマーFと変異導入用プライマーRで，また別のチューブでは変異導入用プライマーFとアウタープライマーRでPCRを行う。それぞれの反応で得られた増幅産物を混合し，これを鋳型DNAとしてアウタープライマーFとRでPCR反応を行う。この反応により塩基が置換されたDNAが得られる。塩基置換部分を含む外側の制限酵素部位でDNAを切断し，元のDNA断片と交換することで変異導入が完了する。

　DNAの欠失，融合でもPCR法が利用される。実験の概要を図2-11に示す。まず融合について述べる。先の変異導入の項で変異導入用プライマーF及びRを用いたが，融合では融合させたい領域を挟むように**リンキングプライマー**（FとR）を設計する。まず，目的とする遺伝子DNAを鋳型にしてアウタープライマーFとリンキングプライマーRで，また別のチューブでは，リンキングプライマーFとアウタープライマーRでPCRを行う。それぞれの反応で得られた増幅産物を混合し，これを鋳型DNAとしてアウタープライマーFとRでPCR反応を行う。この反応により，リンキングプライマーでつながったDNAが得られる。欠失では，リンキングプライマーFとRに除きたい領域の外側の配列を有するプライマーを用いる。また，単純にアウタープライマーの配列の中に，挿入させたい配列を有するプライマーを用いることで，最終産物に目的とする配列を持ったPCR産物が得られる。アウタープライマーを利用した欠失もまた同様である。

### 2-2-3　遺伝子の構造解析

　遺伝子の塩基配列を決定し，どのようなアミノ酸配列がコードされているかを明らかにする作業のことを**遺伝子の構造解析**という。塩基配列の決定手法は古くは**マキサムギルバート法（Maxam-Gilbert法）**と**サンガー法（Sanger法）**が存在した。それぞれの方法は，GilbertとSangerという二人の天才により開発されたが，今日，使われているのは後者の方法である。ここでは前者の方法については触れない。サンガー法はDNA鎖の合成を終結させてしまう2'3'-ジデオキシリボヌクレオシド3リン酸（2'3'-dideoxyribonucleoside 3-phosphate, ddNTP）を用いるため**ジデオキシ法（dideoxy法）**とも言われる。

（1）　ジデオキシ法

　サンガー法で塩基配列を決定する場合，まず解読したいDNAのすぐ上流に結合する合成オリゴヌクレオチド（**プライマーDNA**）を用意する。解読したいDNA（**鋳型DNA**となる）とプライマーを混合して高温環境下で変性させ，再び温度を下げて，**アニール**する。ここに反応基質である4種類のデオキシリボヌクレオシド3リン酸（2'-deoxyribonucleoside 3-phosphate, dNTP）とDNAポリメラーゼを加えると重合が進む。ところが，dNTPのかわりに2位と3位に水酸基がないジデオキシリボヌクレオシド3リン酸（ddNTP）を加えると，ddNTPが取り込まれた場所のリボース環の3'位に水酸基がないため，そこが反応の終点になってしまう（図2-12）。ddATP，

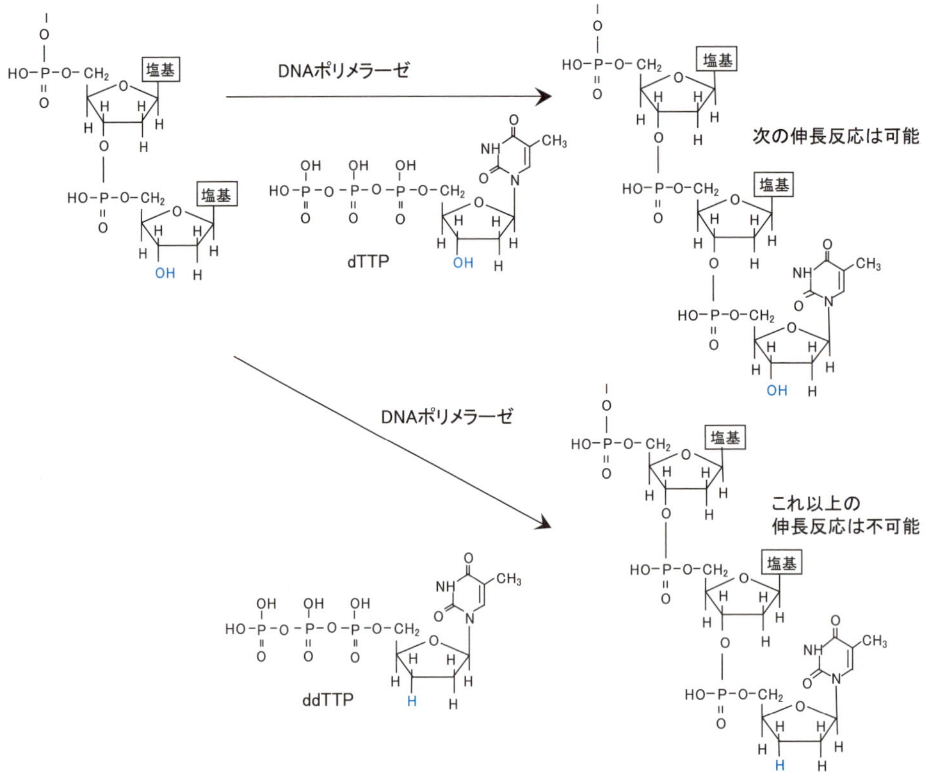

**図 2-12　ジデオキシヌクレオシド 3 リン酸による DNA 合成反応の停止**
ddNTP が取り込まれた場所ではピラノース環（ジデオキシリボース）の 3' 位に水酸基がないため，それ以上の合成反応は進行しない。4 種類の試験管を用意し，それぞれに異なる塩基を有する ddNTP を加えておくことで，特定の塩基箇所で伸長の止まったオリゴヌクレオチドが合成される。

ddGTP，ddCTP，ddTTP が含まれる場合には，それぞれの塩基の場所が反応の終点になる。例えば反応液中に過剰の 4 種類の dNTP と少量の ddATP を混合した基質液を用いた場合，3' 末端に ddATP が取り込まれたところで反応が終結し，様々な長さのオリゴヌクレオチドができる。サンガー法では 4 本の反応試験管を用意し，各試験管には 4 種類のジデオキシ基質を加えておくことで，それぞれの塩基の場所で反応が止まったオリゴヌクレオチドが作られる。プライマーの 5' 末端を放射性同位元素などで標識しておくことで産物が標識されることになり，様々な長さのオリゴヌクレオチドが標識され検出される。例えば図 2-13 に示すようにアクリルアミドゲルを用い，各レーンでそれぞれの ddNTP で反応終結させた産物を分離する。それぞれのレーンに対応する塩基をゲルの陽極側から陰極側に向けて並べると，その文字列はプライマーから伸長された DNA の塩基配列となる。プライマーを標識しておく方法を**ダイプライマー法**という。一方，プライマーを標識せず，反応終結物質である ddNTP を用いて標識を行なう方法を**ダイターミネーター法**という。ダイターミネーター法では 4 種類の ddNTP にそれぞれ異なる標識物質（4 色の蛍光物質）を使うため，4 本の反応試験管を使う必要がなく，1 本の試験管で反応を行うことが

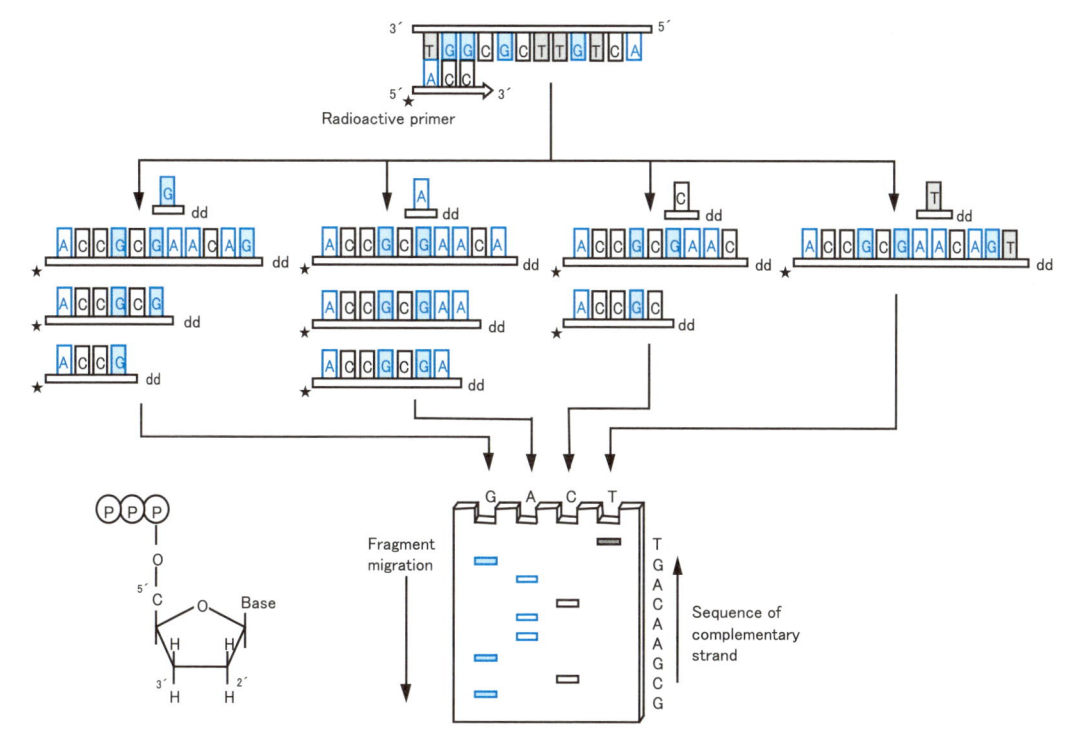

**図 2-13 アクリルアミドゲルを利用した塩基配列決定法の概略（ダイプライマー法）**
　4本の反応試験管を用意し，各試験管には4種類のジデオキシリボヌクレオチド（ddNTP）を加えておく。それぞれの塩基の場所で反応が止まったオリゴヌクレオチドが作られる。プライマーの5'末端に標識しておくことで産物が標識されることになり，様々な長さのオリゴヌクレオチドが検出できる。合成されたヌクレオチドの末尾はddNTPが取り込まれている。

できる。また，試料の分離にアクリルアミドではなく，紐状に整形した分子ふるい用のポリマー樹脂の入ったキャピラリーを用いる場合が多く，この手法により解析の自動化・高速化が可能になった（図2-14）。多くの生物のゲノムプロジェクトはダイターミネーター法によって，塩基配列が解読されている。

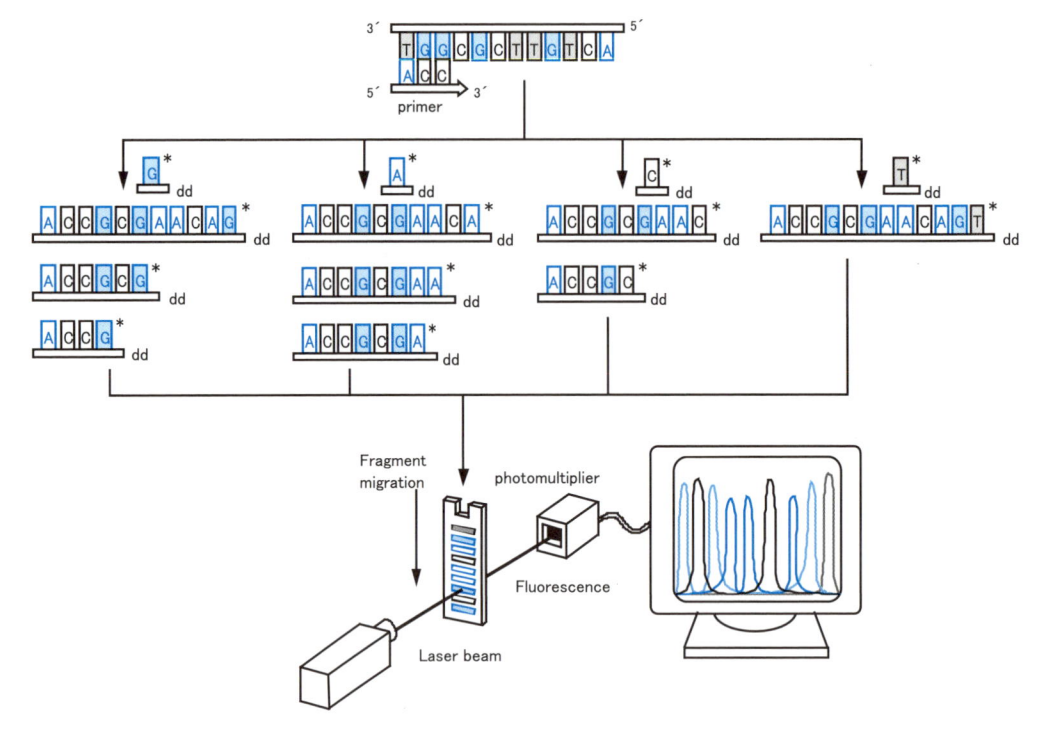

**図 2-14 キャピラリーを利用した塩基配列決定法の概略（ダイターミネーター法）**
アクリルアミドの代わりに，多孔質ポリマーを管に充填し分子ふるいを行う。この方法では，一般的にプライマーを標識するのではなく，最終反応基質 ddNTP（ジデオキシリボヌクレオチド）の塩基部分に蛍光色素を入れて標識する。それぞれの塩基に対応して，4 種類に蛍光色素を利用することで，1 つの反応試験管の中で 4 つの反応を行っても，それぞれの塩基に対応するオリゴヌクレオチドの長さを識別することができる。

### (2) 次世代 DNA シーケンサー

　ここまでの項で DNA 塩基配列を決定する手法として，サンガー法（ジデオキシ法）やギルバート法について触れ，サンガー法の紹介を行ってきた。現在では DNA 塩基配列の決定には**キャピラリーアレイ電気泳動**を行う，**蛍光式 DNA シーケンサー**が主流である。この装置の DNA 塩基配列決定方法はサンガー法に基づいており，調製した DNA 断片を，ポリマー樹脂の入ったキャピラリーを用いて，電気泳動によりふるい分けられる。このような DNA シーケンサーは，ヒトをはじめとする様々な生物のゲノム解析の成功に大きく寄与した。しかし一度に読める DNA の数がキャピラリー数により制限されるため，ゲノム解読のように大量の DNA を扱う際には多数のシーケンサーが必要になってくる。これに対し，高速な DNA 塩基配列決定法として，「次世代」という名を冠した DNA シーケンサーが注目を浴びてきた。ひとくちに次世代シーケンサーと言っても様々な種類があるが，これらシーケンサーはキャピラリーを用いない（電気泳動を行わない）ことで共通しており，並行して解析できる数が大幅に上昇している。本項ではこれら次世代シーケンサーの DNA の増幅法や解読法の原理について解説を行う。

### 表 2-3 市販されている代表的な次世代 DNA シーケンサー

| 機器 | 会社 | DNA 解読原理 | DNA 増幅原理 |
|---|---|---|---|
| GS FLX | ロシュ 454 | ピロシーケンス | エマルジョン PCR |
| Genome Analyzer | イルミナ | 可逆的ターミネーター | Bridge PCR |
| SOLiD | Life technologies | ライゲーションシーケンス | エマルジョン PCR |
| HeliScope | Helicos | 単分子シーケンス | なし |

**ピロシーケンシング（pyrosequencing）法**：DNA ポリメラーゼの合成反応においてヌクレオチドがプライマー DNA に取り込まれると，ピロリン酸が放出される。ピロシーケンシング法では，まず鋳型 DNA プライマー混液に対して dATP，dTTP，dGTP，dCTP のいずれかを含む反応液を反応・除去させる。そして伸長反応が起こったデオキシリボヌクレオチド 3 リン酸から放出されるピロリン酸を検出する（図 2-15）。ピロリン酸の検出法としては，生じたピロリン酸を ATP スルフリラーゼ等の酵素でアデノシン 5'-ホスホ硫酸に付加して ATP に変換する。生じた ATP をルシフェラーゼ／ルシフェリン反応系で発光させることで光学的に検出を行う。また同じ塩基が連続した配列を解析する場合では，連続した数だけのピロリン酸が放出されるので光の強度が強くなる。反応後に残ったデオキシリボヌクレオチド及び ATP は，物理的な洗浄または酵素反応を用いて除去する。物理的な洗浄を行う場合は，鋳型の DNA を何らかの固相に固定しておき，反応液を洗い流して除去する。酵素反応による除去では，ATP やピロリン酸を加水分解する酵素であるアピラーゼを用いる。

現在ではピロシーケンシング法とエマルジョン PCR を用いた DNA シーケンサー・Roche 454 GS FLX が，Roche Diagnostics 社（旧 454 Life Sciences 社）より販売されている。エマルジョン

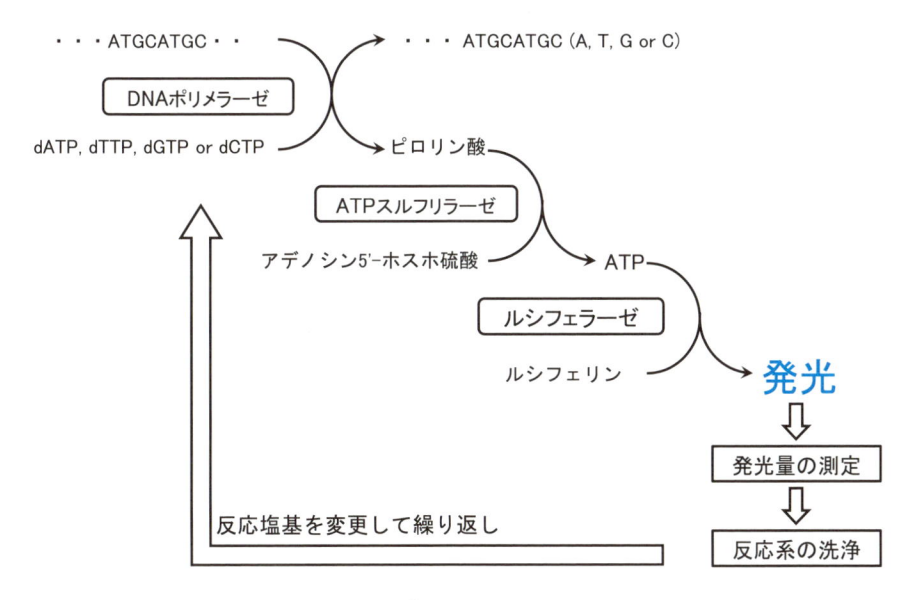

**図 2-15　ピロシーケンスの原理**
ピロシーケンス法では，DNA 伸長反応時に放出されるピロリン酸を検出することで，塩基の解読を行う。

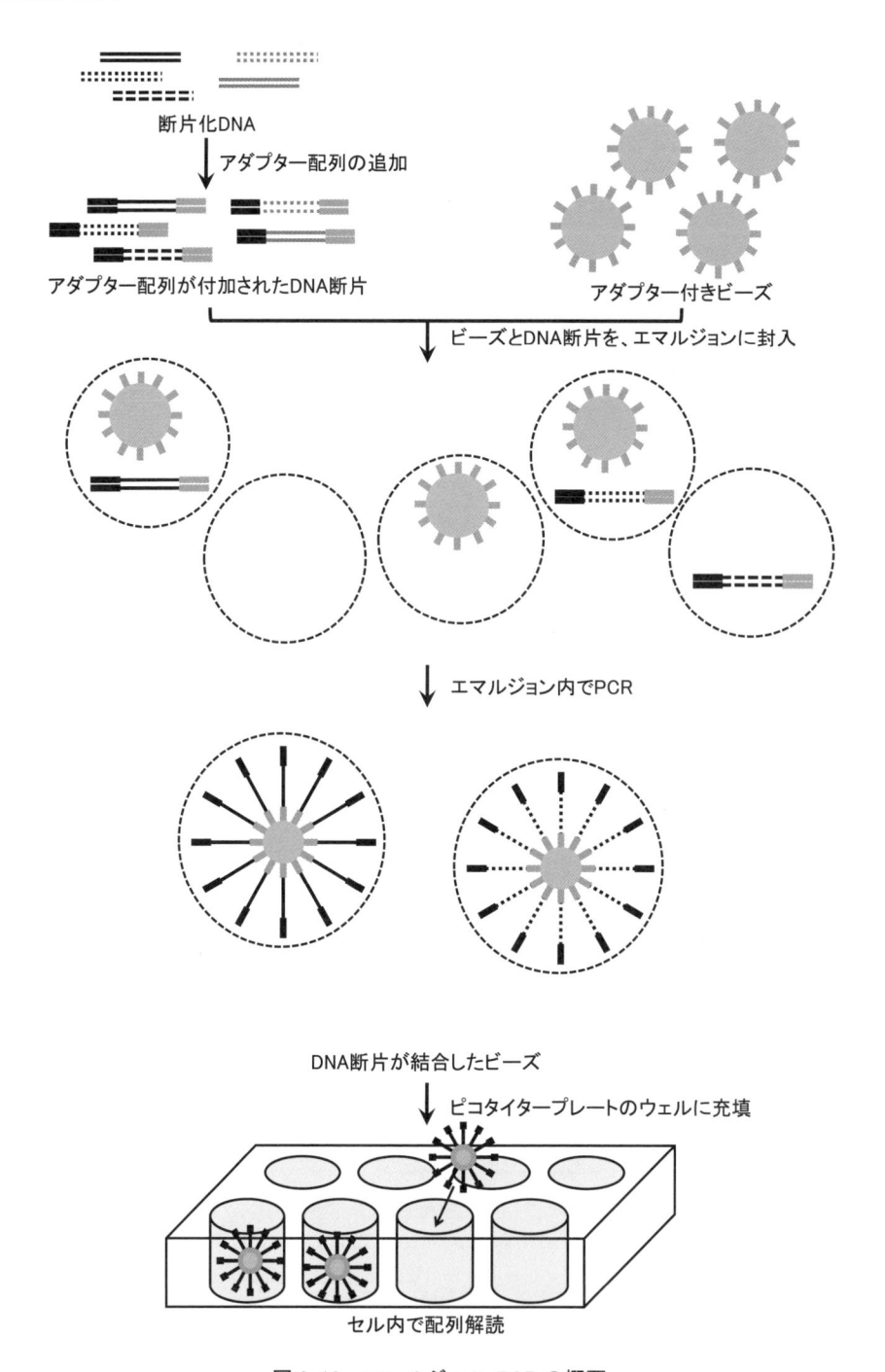

**図 2-16 エマルジョン PCR の概要**
エマルジョン内にて，ビーズ上に DNA 断片を増幅させる。この増幅法は，Roche 454 GS FLX や，SOLiD™ System 等で利用されている。

PCR（emulsion PCR）とは，ミセル内で PCR 反応を行う手法である（図 2-16）。リンカー配列が結合したターゲット DNA と，リンカー配列オリゴ DNA が固定化されたビーズを 1：1 でミセル

に封入し，そのミセル内でPCR反応を行う。これによりターゲット一本鎖DNAが無数に固定化されたビーズができあがる。

　このピロシーケンシング法では，複数のDNA断片から読み取った配列（数百塩基）をコンピュータ上でつなげることで，もとの長い未知DNA塩基配列の決定が可能である。現在 Roche Diagnostics 社より販売されている 454 GS FLX Titanium の場合，一度に読める塩基数が400～500塩基と長いため，他の手法よりもシーケンスデータを繋げる際には有利である。さらに多数の解析を並行して行うことが可能であるため，大規模な塩基配列の解析も可能である。454 GS FLX Titanium では1回の実験（10時間程度）で100万塩基（合計5億塩基）を解読することができる。また一方でピロシーケンシング法の弱点としては，あまりに長く同じ配列が続いた場合，時間内にDNA合成が終わらないものが出てくる。その結果，DNA合成が不均一になり，正しい配列が読めなくなってしまうことや，1つのDNA断片からの読み取り鎖長が短いため，反復配列などがある場合に配列を組み立てることができない場合があることが挙げられる。

　これまでにピロシーケンシングを利用した事例として，マイコプラズマのゲノム（2,500万塩基）のうち96％について，99％以上の正確さを保ちつつ4時間で解析した実績が挙げられる。またそのほかの例としては，マンモスのDNAを解析し2800万塩基対のDNA塩基配列が決定されている。

　**可逆的ターミネーター**（Reversible terminators）**法**：ポリメラーゼによりDNAが伸長する際，デオキシヌクレオチドのリン酸がリボースの3'位に結合する。可逆的ターミネーターとは図2-17で示すようなリボース3'位にアリル化物が結合したヌクレオチドであり，これらのようなヌクレオチドがDNAに結合すると，DNAの伸長反応は停止する。さらにパラジウム触媒を作用させるとアリル基が外れ，またDNA合成ができるようになっている。またこの可逆的ターミネーターには塩基の種類毎に異なる蛍光物質がアリル基を介して結合しており，DNA合成停止時に蛍光波長を測定することで，どの塩基で反応が停止したかわかるようになっている。これら蛍光物質もパラジウム触媒で外れるため，① 可逆的ターミネーターでDNA伸長反応を停止，② 蛍光測定，③ 蛍光物質とリボース3'位のアリル基をパラジウム触媒で除去，④ 系の洗浄，を繰り返すことでDNA塩基配列を読み取ることができる。

　可逆的ターミネーターを利用した次世代DNAシーケンサーとして，イルミナ社（旧 Solexa 社）の genome analyzer（GA）が知られている。この装置ではブリッジPCR（Bridge PCR）法によりDNAを増幅する。このブリッジPCRでは，リンカー配列が結合したターゲットDNAと，両端のリンカーオリゴDNAが無数に固定化されたプレートを用い，プレート上でDNAを増幅する（図2-18）。まず一本鎖化されたターゲットDNAが，プレート上の適当なオリゴDNAとリンカーを介して結合する。そしてそのまま伸長反応を行い，プレート上に固定化された一本鎖DNA（1本目）ができあがる。次にこの一本鎖DNAのうちプレートと反対側の末端リンカーが，"橋"を形成するように周辺のリンカーオリゴDNAと結合する。そしてDNA伸長反応により，固定化されたDNA断片（2本目）が増幅される。この増幅（ブリッジPCR）を繰り返すことにより，1本目のDNA断片の周辺に同じ（相補配列を含む）配列のDNA断片が増幅される。まるで大腸菌がコロニーを形成するかのように狭い領域にDNAが増幅される（クラスターの形成）。こう

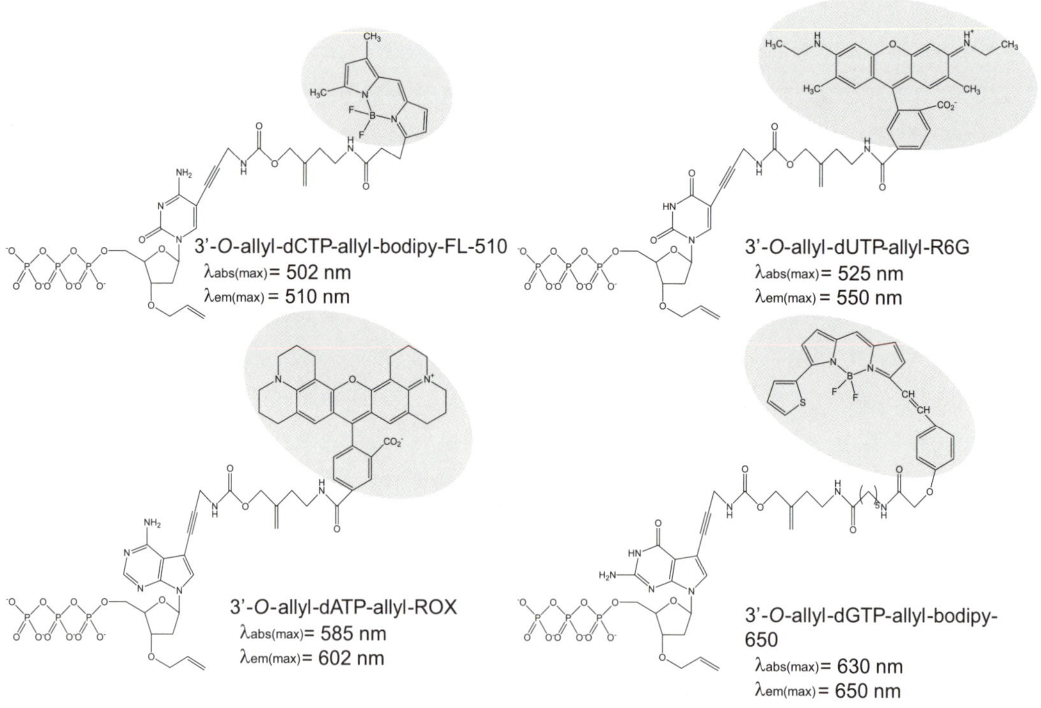

3'-O-allyl-dCTP-allyl-bodipy-FL-510
$\lambda_{abs(max)}$ = 502 nm
$\lambda_{em(max)}$ = 510 nm

3'-O-allyl-dUTP-allyl-R6G
$\lambda_{abs(max)}$ = 525 nm
$\lambda_{em(max)}$ = 550 nm

3'-O-allyl-dATP-allyl-ROX
$\lambda_{abs(max)}$ = 585 nm
$\lambda_{em(max)}$ = 602 nm

3'-O-allyl-dGTP-allyl-bodipy-650
$\lambda_{abs(max)}$ = 630 nm
$\lambda_{em(max)}$ = 650 nm

**図 2-17　可逆的ターミネーターの構造**

これらのようなヌクレオチドが DNA に結合すると，DNA の伸長反応は停止する．その後パラジウム触媒を作用させることでリボース 3' 位のアリル基が外れ，再び DNA 合成ができるようになっている．

してできたクラスターを対象に DNA の塩基配列の解析を行う．1 つのクラスターあたり，DNA 断片の両端それぞれから解読することができる．

イルミナ社の GA は，次世代シーケンサーの中でも解析にかかる費用が安価という特徴があり，GA II x の場合で 1 回の実験（約 10 日）で約 1 億塩基（合計 200 で億塩基）を読むことができる．しかし一度に解読できる距離は短く（30〜75 bp × 2 回），精度もそれほど高くない．このため新規生物のゲノム解析のような用途にはあまり向いていない．しかし一度ゲノムの全塩基配列が読まれた後ならば，大きく異なる配列データをエラーとして棄却することで，比較的正確なデータを得ることができる．このため変異同定や mRNA の配列決定，再配列決定などの解析には向いている．また，454 GS FLX よりも解析に必要な DNA サンプル量が少ない（0.1〜1 μg，454 GS FLX では 3〜5 μg）という利点がある（図 2-18）．

**SOLiD 法（Sequencing by Oligonucleotide Ligation and Detection）法：SOLiD 法**では，DNA に結合するオリゴヌクレオチドの配列をもとに塩基配列を解読する．他の塩基配列決定法と大きく異なる点は，DNA ポリメラーゼではなく DNA リガーゼを用いることである．この SOLiD 法を用いたシーケンサーとして，SOLiD™ System が Life technologies 社（旧 Applied Biosystems 社）より販売されている．このシステムではまず，エマルジョン PCR（ピロシーケンシングの項参照）により，ビーズ上に DNA（以下，テンプレート）を増幅する．そしてプライマーをテンプレー

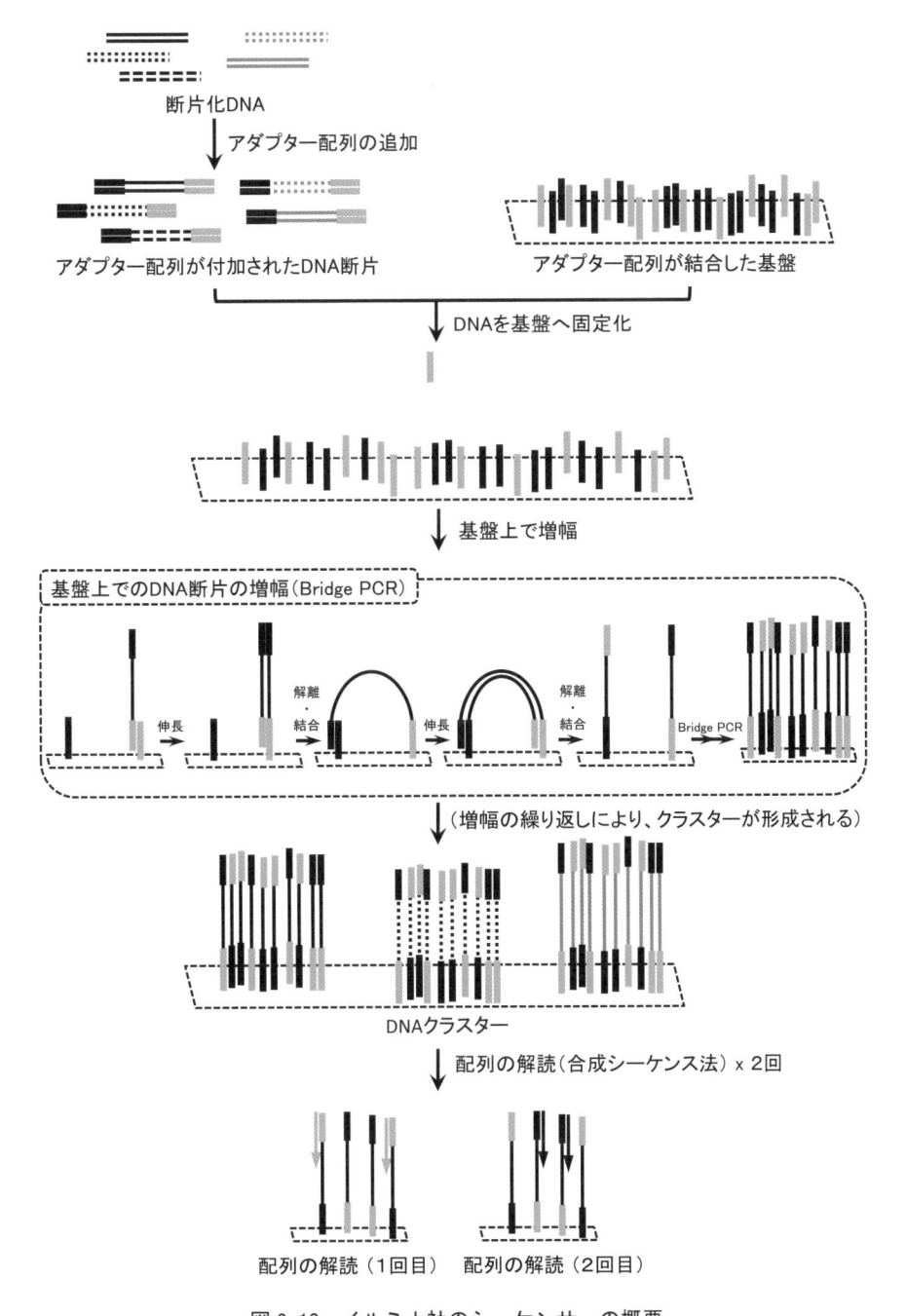

**図 2-18 イルミナ社のシーケンサーの概要**
Bridge PCR を用いて基板上に DNA 断片を増幅する。増幅された DNA は可逆的ターミネーターを利用した，DNA 合成をしながら解読する「合成シーケンス法」で解析される。

トに結合させる（図 2-19）。次に蛍光物質が結合した 8 塩基オリゴヌクレオチドを 4 種類用意する。このオリゴヌクレオチドは先頭の 2 塩基が蛍光色素特異的であり，真ん中の 3 塩基はランダム（n），3' 端側の 3 塩基はどの塩基ともある程度の強さでハイブリダイズできる塩基（z）になって

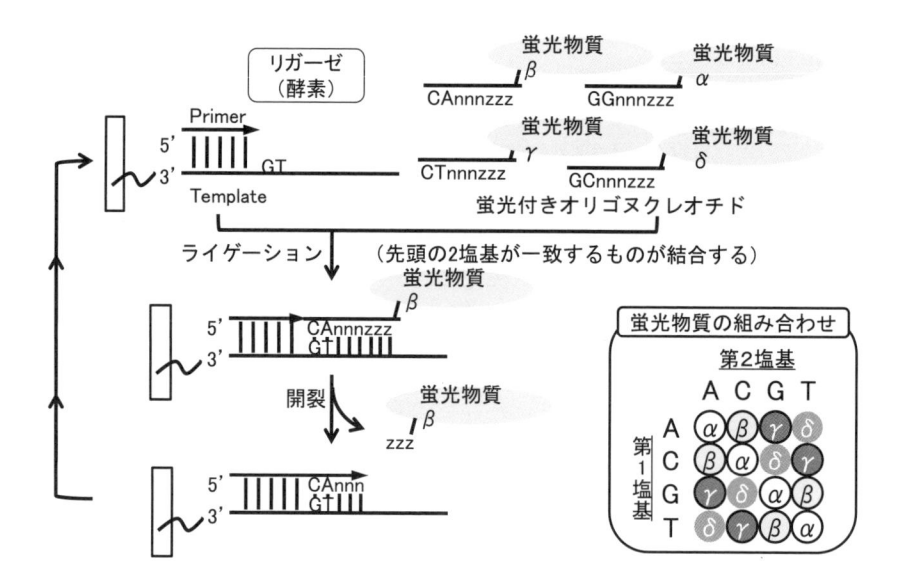

図 2-19 SOLiD 法の概要
SOLiD 法では，DNA リガーゼと様々なオリゴヌクレオチドを用い，塩基配列を解読する．

いる．先頭の 2 塩基の組み合わせは 16 種類あるが，このうち 4 種類毎に同じ蛍光色素が用いられる．これらオリゴヌクレオチド（$4^5 = 1024$ 種）とテンプレート配列を DNA リガーゼにより連結させ，その後蛍光測定を行う．この結果，先頭の 2 塩基配列に応じて蛍光が観察される．1 つの蛍光に 4 種類の塩基の組み合わせが対応するので，この時点では配列は決定されない．この後，オリゴヌクレオチド末端の 3 塩基ごとに蛍光物質を切断し，連結反応を繰り返す．この手順を繰り返すことで，5 塩基中 2 塩基の配列について，4 種類の候補が決定される（図 2-19）．適当な長さ（〜50 塩基程度）まで読み取った後は，1 回目とは別の 2 塩基を読むようにプライマーを変えて，反応を繰り返す．ここでテンプレート配列の前にある既知配列（リンカー配列）を読み取ることで，自動的にこれまでに挙がった 4 種類の候補の中から正しい配列が決まる．

SOLiD$^{TM}$ System はイルミナ GA 同様，比較的安価に DNA 配列を決定できる．SOLiD 3 の場合で，1 回の実験（約 13 日）で 4 億塩基（合計で 200 億塩基）を解析できるが，一度に解析できる塩基数がとても短く，精度も高くない．このため，新規ゲノム解析には不向きであるが，ゲノムの再解析などには適している．また解析に必要な DNA サンプル量が少ない（0.01 〜 5 μg）という利点がある．

(4) 単分子シーケンシング（Single-Molecule Sequencing）法

単分子シーケンシングの特徴として，事前に DNA の増幅を行わないということが挙げられる．まず断片化 DNA にアダプター（ポリ A）配列を結合させる（図 2-20）．その後プライマー兼アダプター（ポリ T 配列）が固定化されたガラス基板と結合させる．こうして固定された DNA 断片に，蛍光付きヌクレオチド（dATP, dCTP, dTTP, dGTP いずれか）と DNA ポリメラーゼを加える．ここでテンプレート DNA と系に加えられたヌクレオチドが相補的であれば，DNA が伸長し蛍光を発するようになる．この蛍光の測定及び蛍光物質の切断を行った後，添加するヌクレ

オチドの種類を変更して再び反応を繰り返す。この繰り返しにより，塩基配列の決定を行う。

単分子シーケンシングではDNAの増幅を行わないため，PCRによって特定の配列に偏って増幅される危険性がない。しかし，1分子の微弱な蛍光を測定する感度の確保は難しい。そこでイルミナGAもSOliDシステムも1,000分子程度の増幅を行った後に解析を行っている。コンピュータの画像処理能力の向上とあわせて，測定技術は飛躍的に進展してきており，本手法は実用化されている。この実用化された機種として，Helicos BioScience社のHeliScopeがある。またピロシーケンシング同様，同じ塩基が連なった領域の解読には正確性が落ちるという欠点がある。

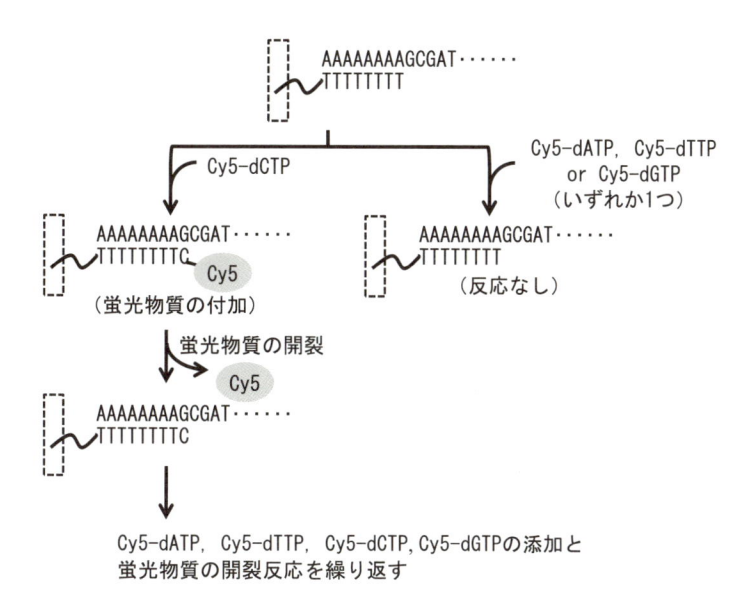

**図 2-20 単分子シーケンシングの概要**
蛍光付きヌクレオチドとDNAポリメラーゼを反応させる。蛍光の測定及び蛍光物質の切断を行った後，添加するヌクレオチドの種類を変更して再び反応を繰り返す。この繰り返しにより，塩基配列の決定を行う。

### (5) SMRT（Single Molecule Real Time）法

SMRT法はPacific Biosciences社が開発した手法で，その名前の通り「単分子のDNA伸長反応を経時的に観察しながらその塩基配列を決定していく」という解析手法をとる。SMRT法が他のDNAシーケンサーの原理と大きく異なる点は，DNAではなく，DNAポリメラーゼの方をガラス基盤に固定化したことである。図2-21(a)に示すように，zero-mode waveguides（ZMW）と呼ばれる数十ナノメートルの孔の底に一分子のDNAポリメラーゼ複合体を固定化する。これによりノイズの原因になる他の蛍光を遮断し，伸長反応の場をガラス表面に近づけ弱い蛍光の検出を可能にした。また，可逆的ターミネーター法のヌクレオチドとは異なり，リン酸基を介して4種の蛍光物質が結合したヌクレオチドを使用する（図2-21(b)）。ポリメラーゼが伸長する際に，まず蛍光付きヌクレオチドが結合する。ほんの10ミリ秒程度ではあるが，このときバックグラウンドよりも明らかに強い蛍光が観察される。この蛍光を感知して塩基配列を決定する。その後

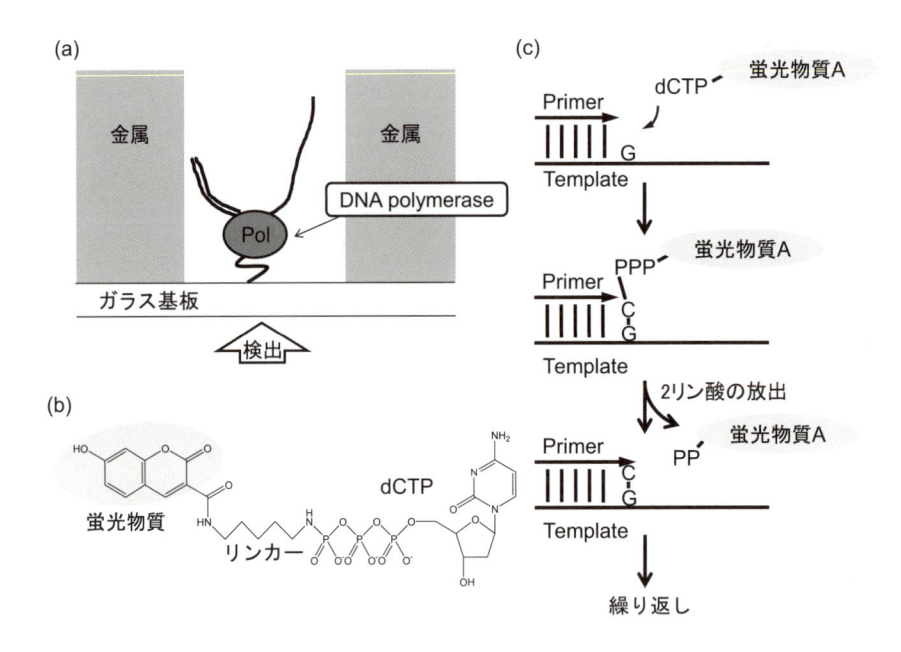

**図 2-21 SMART 法シーケンシングの概要**
(a) SMART 法シーケンシングの模式図。細孔の底のガラス基盤に DNA ポリメラーゼが固定化されている。(b) SMART 法シーケンシングで利用されるヌクレオチド。リン酸基を介して 4 種の蛍光物質が結合している。(c) SMART 法シーケンシングの原理

リン酸基が切断され，蛍光物質はポリメラーゼから遠ざかっていくことになる（図 2-21(c)）。

この SMRT 法は，一塩基あたりの解析する時間が数十ミリ秒と短く，高い解析能力を誇る。2,500 塩基程度を一度に解析でき，数時間で 1,000 億塩基を解読したという報告がある。

### 2-2-4 次世代シーケンサーに求められる技術

2-2-3 で紹介した次世代シーケンサーは，キャピラリー式のシーケンサーに比べ，飛躍的に DNA 塩基配列の解読スピードが上昇している。しかしゲノム解析を行うには，機器の DNA 解読法だけが重要なわけではない。イルミナ GA IIx や SOLiD 3 のように同時に解読する量が億単位になると，各塩基のカメラ測定にも膨大な時間がかかる（解析時間 10 日程度）。これに対し 454 GS FLX は，並列に解析する量を 100 万セット程度に抑えており，カメラによる撮影時間を抑えている（解析時間 10 時間程度）。

またソフトウェアの開発も大事である。次世代シーケンサーのソフトウェアとして，画像から塩基を読み取るベースコーラーと，読みとった塩基を同定するためのアラインメントツール，解読したデータをつなぎ合わせるためのゲノムアセンブラーが挙げられる。これらのソフトウェアは既に研究が進んでおり，すでに対応する様々なソフトウェアが発表されている。またゲノム解析のスピードが伸びた分，1 日に得られるデータも膨大になる。この膨大なデータ量に対応するため，計算機プログラムの開発も重要となる。

## 2-3 各種ハイブリダイゼーション技術

　**ハイブリダイゼーション**とはもともと雑種形成を意味し，RNA に対して相補的な塩基配列をもつ一本鎖 DNA が，塩基間の水素結合をして RNA-DNA のハイブリッドを形成することを指す言葉であった。現在では RNA-DNA に限らず DNA-DNA，RNA-RNA でのハイブリッド形成もハイブリダイゼーションという言葉で表される。特に特定の配列部分を検出する目的で用いられる一本鎖核酸のことを**プローブ（probe）**という。プローブには DNA が用いられることが多いが RNA が利用されることもある。DNA または RNA の 5' 末端にあるリン酸を放射能をもつリンに置換して利用する。プローブに放射活性など識別できる性質を付与することを**標識**という。例えば $^{32}P$ で標識したプローブがハイブリッドを形成するとその部分から放射能（$\gamma$ 線）が出る。ヌクレオチドの標識には放射性同位元素の他にビオチンを利用する場合もある。**サザンハイブリダイゼーション（Southern hybridization）**とは DNA をプローブとして，ある特定の塩基配列をもつ DNA を検出する技術である。つまり，DNA と DNA のハイブリッド形成である。それに対して RNA と DNA でハイブリッドを形成することを**ノザンハイブリダイゼーション（Northern hybridization）**という。ハイブリダイゼーションは液相で行う場合と標的となる核酸をナイロンやセルロースの膜に固定させて行う場合がある。後者の方法を特に**ブロット法**（ブロッティング法）という。組織や細胞あるいは染色体中の相補的核酸を検出し，局在を確かめる方法を**インサイチュハイブリダイゼーション（*in situ* hybridization）**という。ハイブリダイゼーションでは相補性の程度が高いほど二本鎖の形成効率は高くなる。また，GC 含量の高い場合ほど，プローブの長さが長いほど二本鎖の形成効率は高い。

### 2-3-1 サザン法

　サザンハイブリダイゼーションは，もともと E.Southern という開発者の名前に由来する名称である。サザンブロットハイブリダイゼーションともいうが，ブロットとは，DNA をナイロンあるいはニトロセルロース等の膜に固定させる作業をさす。作業の一例を紹介しよう。染色体 DNA を制限酵素で切断し，アガロースゲルで電気泳動すると DNA の長さに応じて分離される。これをアルカリ溶液中で一本鎖に変性させた後，毛管現象で吸い上げて紫外線照射により膜に固定させる。毛管現象を利用する方法以外にも電気的に移す方法もある。この膜をプラスチックの袋に入れ，標識したプローブを加えてハイブリダイゼーションを行うと，プローブがハイブリダイズした場所から放射活性が検出される。膜を取り出し，X 線フィルムに接触させると，レントゲン写真のようにプローブがハイブリダイズした部分が感光して黒くなる。膜上の感光した場所に相当するアガロースゲルの場所に，プローブ DNA と相補的配列をもつ DNA が存在していることがわかる。また，染色体ライブラリーの中から，目的とする DNA 塩基配列を有するクローンを選別するときもサザンハイブリダイゼーション法は有用である。プラスミドを用いて，ゲノム DNA ライブラリーを作成した場合，各クローンは寒天培地上のコロニーとして現れる。コロニーの生育している培地の上にナイロン膜を被せ，コロニーの一部を移しとる。膜上のコロニーからアルカリ等で処理することで DNA を一本鎖状態で抽出して膜の上に固定できる。この状態

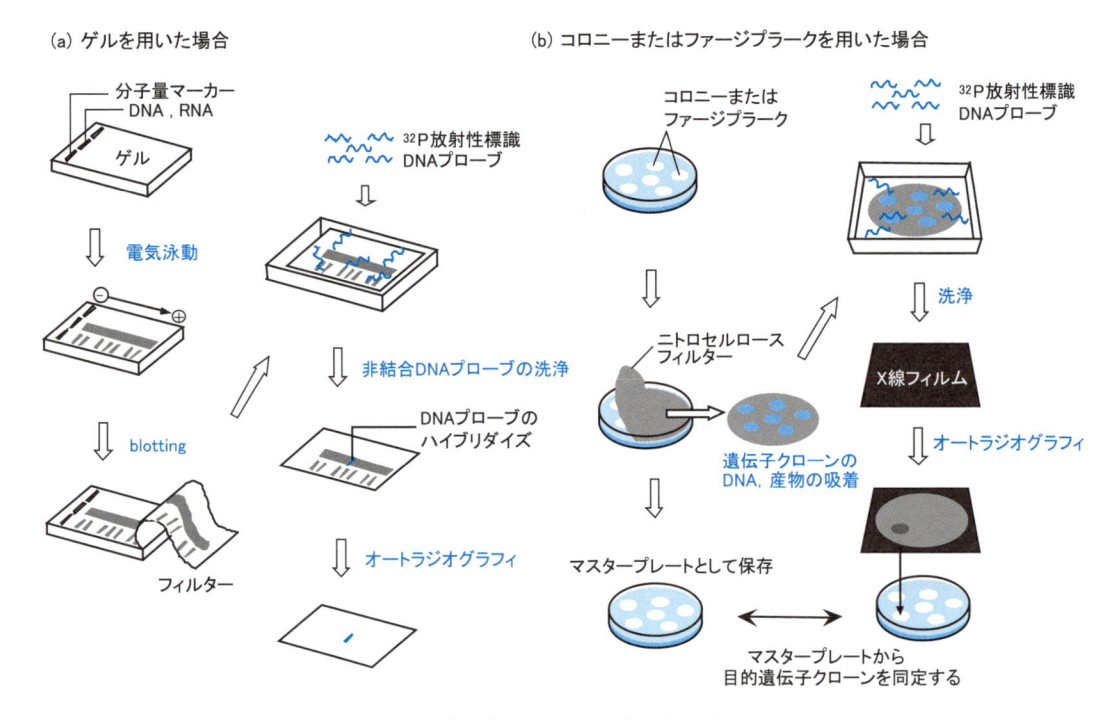

**図 2-22　サザンブロットハイブリダイゼーション**
電気泳動を行ったゲル，あるいはコロニーまたはプラークを形成している寒天培地から目的とするDNA断片あるいはコロニー，プラークを探し出す一連の作業を模式的に示している。プローブにDNAが使われる場合をサザンブロットハイブリダイゼーション法，RNAが使われる場合をノザンブロットハイブリダイゼーションという。

の膜を用いてサザンハイブリダイゼーションを行うことで，どのコロニーが目的のDNA配列を有するクローンであるかを知ることができる。このハイブリダイゼーションを特に**コロニーハイブリダイゼーション（colony hybridization）**という。プラスミドライブラリーではなく，ファージライブラリーを用い，多数のプラークの中から目的のクローンを探すために行うハイブリダイゼーションを**プラークハイブリダイゼーション（plaque hybridization）**という（図 2-22）。

### 2-3-2　ノザン法

**ノザンハイブリダイゼーション（Northern hybridization）**はプローブの標的となる核酸がDNAではなくRNAで行うハイブリダイゼーションである。標的がDNAの場合がサザン（南）であることから，RNAをノザン（北）と呼ぶようになった。アガロースゲル電気泳動を行うときにホルムアルデヒドやホルムアミドなどの変性剤を加えることでRNAを変性させる。分画したRNAをニトロセルロースやナイロン膜に移し，プローブを加えてハイブリダイゼーションを行う。電気泳動の方法が異なる以外は基本的にサザンハイブリダイゼーション法と同じである。ノザンハイブリダイゼーションは遺伝子の転写解析（転写量の検討など）に用いられることが多く，ライブラリーから陽性クローンを選び出すときに使われることはない。

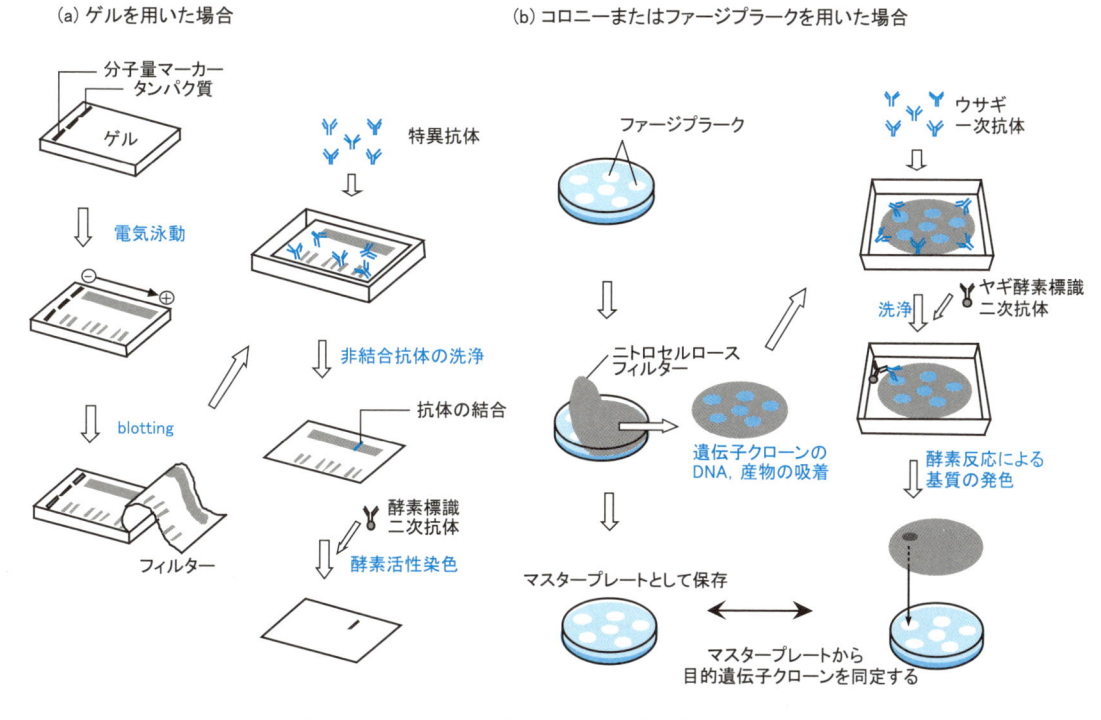

**図 2-23　ウエスタンブロットハイブリダイゼーション**
目的のタンパク質を，特異な抗体を利用して免疫検出を行なう．電気泳動を行なったゲル，あるいはコロニーまたはプラークを形成している寒天培地より検出する実験を模式的に示している．

### 2-3-3　ウエスタン法（免疫的検出法）

　サザン，ノザン法が相補的配列を有する核酸を検出する技術なのに対してウエスタン（西）はタンパク質を抗体で検出する技術を指す（図2-23）．イムノアッセイ（immunoassay）の1つで，抗原抗体間の結合の高い特異性を利用して夾雑物の多い中から目的のタンパク質を検出する方法である．電気泳動で分離されたタンパク質をニトロセルロース膜，あるいはPVDF膜（polyvinylidene difluoride membrane）に移し，そのタンパク質を特異的な抗体で検出する．抗体には$^{125}$I標識プロテインA，ペルオキシダーゼ結合抗体IgGなどを用いて二次的に検出する．

## 2-4　生命科学実験におけるクロマトグラフィー技術

　クロマトグラフィー（Chromatography）は物質を分離・精製する技法である．生体成分は分子量，疎水度，極性や電荷など化学的特徴により区別される．これらの違いを利用して特異的成分を分離，精製する技術が開発された．固定相または担体と呼ばれる物質の表面を，移動相と呼ばれる物質が通過する過程で分離がなされる．固定相には固体または液体が用いられ，液体のものはLC（Liquid Chromatography），固体のものはSC（Solid Chromatography）と呼ばれる．移動相には気体，液体の二種類が存在し，前者のものはガスクロマトグラフィー，後者を液体クロマトグラフィーと呼ばれている．

### 2-4-1 イオン交換法

タンパク質の正味の電荷を利用し静電気的にカラム担体へ結合させることで分離・精製する方法である。タンパク質は両性イオンのアミノ酸が重合したポリマーであるため，タンパク質もまた両性イオン性を示す。タンパク質の総電荷がゼロになるような緩衝液のpHを**等電点（pI）**といい，それより高いpHの緩衝液中ではタンパク質は陰イオンとなり，低いpHでは陽イオンとして振る舞う。したがって，適当なpHの緩衝液とイオン交換体を用いることで，タンパク質を精製することができる。イオン交換体は陰イオン交換体と陽イオン交換体に大きく分けることができ，さらに交換基の性質によって弱イオン交換体と強イオン交換体に分類することができる。陰イオン交換体には，弱陰イオン交換体であるジエチルアミノエチル（DEAE）と強陰イオン交換体であるトリエチルアミノエチル（TEAEまたはQ）などがある。陽イオン交換体には，弱陽イオン交換体のカルボキシメチル（CM）と強陽イオン交換体のスルホプロピル（SP）がある。イオン交換体の交換基は緩衝液のpH変化に対応して解離度が変化するが，その変化の程度が大きいものを弱イオン交換体という。すなわち，弱イオン交換体はpHによってイオン交換容量（タンパク質の結合容量）が著しく変化する。一方，強イオン交換体はpHが変化してもイオン交換容量は一定である。例えば，pH 5以下の緩衝液中ではCM交換体はプロトン化され電荷を持たないので，低いpHでも電荷を保持できるSP交換体を用いる。同様に，強陰イオン交換体であるQは2〜10のpH範囲で十分に荷電している（表2-4）。通常，タンパク質の等電点よりもpHが1〜2高い緩衝液で陰イオン交換体を使用し，1〜2低いpHの緩衝液では陽イオン交換体を用いるが，タンパク質の安定性を考慮に入れて緩衝液のpHを決定する。イオン交換体に結合したタンパク質は一般に塩濃度勾配法を用いて溶出される。すなわち，緩衝液中に含まれる塩がイオン交換体に結合しているタンパク質と入れ代わり再結合を防ぐことによりタンパク質が溶出される。

表 2-4 イオン交換基の構造

| 名称（略号） | イオン交換基の化学構造 | |
|---|---|---|
| スルホプロピル（SP） | $-O-(CH_2)_3-SO_3H$ | 陽イオン交換基 |
| カルボキシメチル（CM） | $-O-CH_2COOH$ | |
| ジエチルアミノエチル（DEAE） | $-O-(CH_2)_2-N\begin{matrix}CH_2CH_3\\CH_2CH_3\end{matrix}$ | 陰イオン交換基 |
| トリエチルアミノエチル（Q, TEAE） | $-O-(CH_2)_2-\overset{CH_2CH_3}{\underset{CH_2CH_3}{N^+-CH_2CH_3}}$ | |

## 2-4-2 ゲルろ過法

　試料分子の大きさによって分離する方法である。多数のポア（細孔）を有している球状ゲルの充填されたカラムに，大きさの異なる分子を入れると，小さな分子はゲルポアへ速やかに浸透してカラム中に保持され，大きい分子はゲルポア内へ侵入することができずカラムのボイドボリューム（カラム体積から充填されているゲル体積を除いたもの）へ排除される。したがって，分子量の大きいものは早く溶出され，小さいものほど遅く溶出される。試料中の分画したいタンパク質の分子量（サイズ）に適したカラムを選択し使用する（表2-5）。

## 2-4-3 疎水法

　試料分子を高塩濃度の溶液中におくと，溶液中のイオンが試料分子の親水基と相互作用することにより試料分子の溶解性が低下する。その結果，試料分子とカラム担体の疎水性官能基との疎水結合が促進される。溶液の塩濃度を減少させると試料分子の疎水性が低下するため，カラムに結合した試料分子はカラムから溶出される。疎水結合は温度が高いほど強くなるので，再現性のある精製条件を得るためには，温度管理が必要である。疎水性官能基の代表的なものを表に示す（表2-6）。

## 表 2-5　代表的なゲルろ過カラム

| メーカー | 担体の種類 | カラム名称 | 分画範囲<br>（球状タンパク質）(Da) | 用途 |
|---|---|---|---|---|
| GE ヘルスケア | Superdex<br>（デキストランを共有結合した架橋アガロースビーズ） | Superdex Peptide | $100 \sim 7{,}000$ | 低分子物質，ペプチドなどの分画，糖鎖分析 |
| | | Superdex 75 | $3 \times 10^3 \sim 7 \times 10^4$ | ペプチド，タンパク質の分画（高分解能） |
| | | Superdex 200 | $1 \times 10^4 \sim 6 \times 10^5$ | タンパク質，モノクローナル抗体の精製 |
| | Superose<br>（高度に架橋されたアガロースビーズ） | Superose 6 | $5 \times 10^3 \sim 5 \times 10^6$ | タンパク質，ポリヌクレオチドなどの分子量の推定 |
| | | Superose 12 | $1 \times 10^3 \sim 3 \times 10^5$ | |
| | Sephacryl<br>（アリルデキストランを N, N'-メチレンビスアクリルアミドを用いて共有結合で架橋した複合ゲル） | Sephacryl S-100 HR | $1 \times 10^3 \sim 1 \times 10^5$ | ペプチドや低分子タンパク質の分画 |
| | | Sephacryl S-200 HR | $5 \times 10^3 \sim 2.5 \times 10^5$ | タンパク質，モノクローナル抗体，低分子の血清タンパク質（アルブミンなど）の分画 |
| | | Sephacryl S-300 HR | $1 \times 10^4 \sim 1.5 \times 10^6$ | 血清タンパク質，モノクローナル抗体の分画 |
| | | Sephacryl S-400 HR | $2 \times 10^4 \sim 8 \times 10^6$ | 高分子タンパク質，多糖類，核酸，DNA フラグメント，プラスミドの分画 |
| | Sephadex<br>（デキストランをエピクロロヒドリンで架橋したビーズ状ゲル） | Sephadex G-10 | $\sim 700$ | タンパク質，ペプチド，オリゴヌクレオチドおよび多糖の分画 |
| | | Sephadex G-15 | $\sim 1.5 \times 10^3$ | |
| | | Sephadex G-25 | $1 \times 10^3 \sim 5 \times 10^3$ | |
| | | Sephadex G-50 | $1.5 \times 10^3 \sim 3 \times 10^4$ | |
| | | Sephadex G-75 | $3 \times 10^3 \sim 8 \times 10^4$ | |
| | | Sephadex G-100 | $4 \times 10^3 \sim 1.5 \times 10^5$ | |
| | Sepharose<br>（アガロースからなるビーズ状ゲル） | Sepharose 2B | $70 \sim 40{,}000$ | タンパク質複合体，多糖などの高分子量物質の分画 |
| | | Sepharose 4B | $70 \sim 20{,}000$ | |
| | | Sepharose 6B | $10 \sim 4{,}000$ | |
| バイオ・ラッドラボラトリーズ | バイオゲル P<br>（アクリルアミドを N, N'-メチレンビスアクリルアミドを用いて共有結合で架橋したビーズ状ゲル） | バイオゲル P-2gel | $100 \sim 1{,}800$ | Sephadex G-15 同等品 |
| | | バイオゲル P-6gel | $1{,}000 \sim 6{,}000$ | Sephadex G-25 同等品 |
| | | バイオゲル P-30gel | $2{,}500 \sim 40{,}000$ | Sephadex G-50 同等品 |
| | | バイオゲル P-60gel | $3{,}000 \sim 60{,}000$ | Sephadex G-75 同等品 |
| | | バイオゲル P-100gel | $5{,}000 \sim 100{,}000$ | Sephadex G-100 同等品 |
| 東ソーバイオサイエンス | TSK-GEL<br>（硬質の球状シリカ系充填剤） | G-2000SW | $5{,}000 \sim 150{,}000$ | 低分子タンパク質およびペプチド分析用 |
| | | G-3000SW | $10{,}000 \sim 500{,}000$ | タンパク質の分画 |
| | | G-4000SW | $20{,}000 \sim 7{,}000{,}000$ | 高分子タンパク質，核酸の分画 |

GE ヘルスケア・ジャパン　ライフサイエンスカタログ，Gel Filtration Principles and Methods（Pharmacia Biotech），バイオ・ラッドラボラトリーズ　ライフサイエンス事業部総合カタログ　2010/2011，東ソーバイオサイエンス（計測分野）ホームページ参照

## 表 2-6 疎水性官能基の構造

| 名称 | 官能基の化学構造 |
| --- | --- |
| Ether | $-(OCH_2CH_2)_nOH$ |
| PPG（ポリプロピレングリコール） | $-(OCH_2CH(CH_3))_nOH$ |
| Isopropyl | $-O-CH-(CH_3)_2$ |
| Phenyl | $-O-C_6H_5$ |
| Butyl | $-O-(CH_2)_3-CH_3$ |
| Hexyl | $-O-(CH_2)_5-CH_3$ |
| Octyl | $-O-(CH_2)_7-CH_3$ |

### 2-4-4 アフィニティー法

　タンパク質は，細胞内の物質と特異的に相互作用することで生命活動を支えている。アフィニティー法は，この特異的相互作用を利用した分離方法である。リガンドとなる物質をカラム担体に固定化し，リガンドと結合するタンパク質を特異的に吸着させることで精製を進める。リガンドと担体の固定化法を図 2-24 に示す。以下に代表的なアフィニティーカラムを示すが，他にも

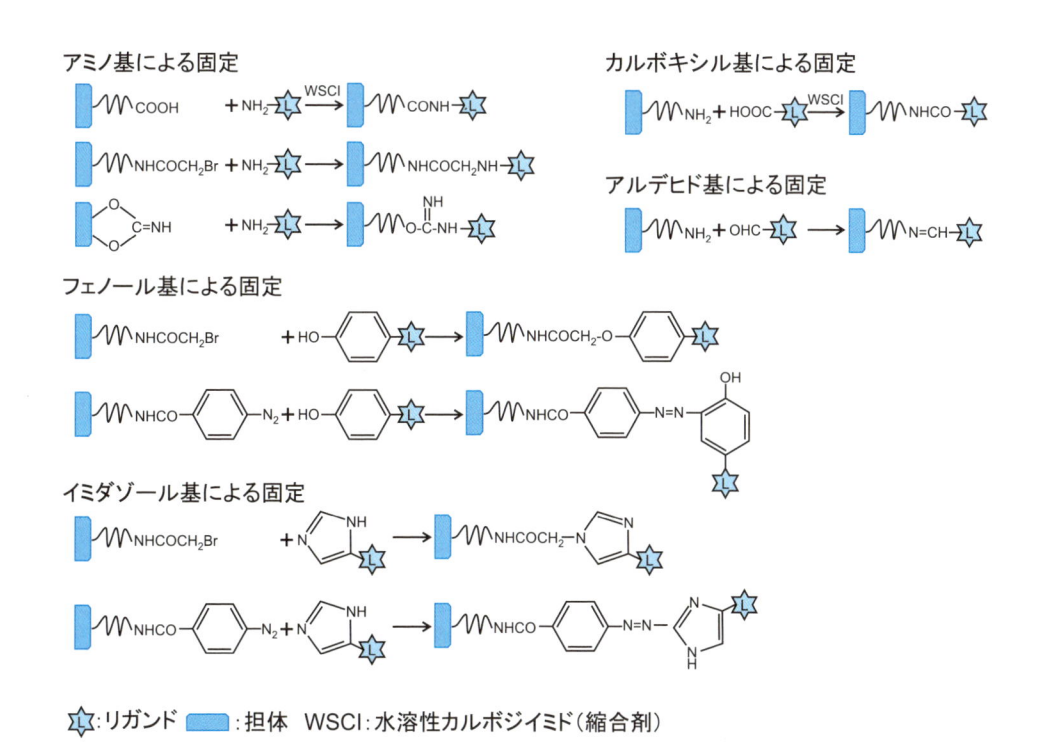

図 2-24　アフィニティーカラムにおけるリガンドと担体の固定化法

様々なアフィニティーカラムが開発され市販されている。

**プロテインAカラム・プロテインGカラム**：プロテインAは黄色ブドウ球菌由来，プロテインGは連鎖球菌由来のタンパク質である。これらのタンパク質は細胞壁に産生され，抗体のFc領域に結合することによって免疫による自身の排除を回避する。この性質を利用して抗体IgGの精製に用いられる。

**DNAセルロースカラム**：セルロースにDNAを固定化したDNAセルロースカラムは，主にDNAに結合するタンパク質の精製に用いられる。固定化させるDNAとして，サケ精子や仔牛胸腺由来ゲノムDNAが挙げられる。オリゴdTが固体化されたカラムは，poly(A)が付加されているmRNAの精製に用いられる。

**ヘパリンカラム**：ヘパリンは，D-グルクロン酸，L-イズロン酸とD-グルコサミンが結合した硫酸化の高いムコ多糖であり（図2-25），小腸，肺に多く，血管壁付近の肥満細胞内や内皮細胞表面にも存在する。ヘパリンには抗血液凝固活性があり，これは，血液凝固因子を阻害するアンチトロンビンIIIの活性を促進することに起因している。さらに，繊維芽細胞増殖因子などの成長因子，フィブロネクチンなどの細胞外マトリクスタンパク質や，リポタンパク質リパーゼなどの酵素を含め，広範囲の生体分子と相互作用する。したがって，カラムに固定化されたヘパリンはこれら生体分子のアフィニティーリガンドとして機能する。陰イオンである硫酸基をもつヘパリンは，アフィニティーリガンドとしてのほかに陽イオン交換体としても機能するため，ポリアニオンである核酸に相互作用するタンパク質の精製にも用いられる。

**色素カラム**：シバクロンブルー（Cibacron Blue）F3GAは青色を呈する色素であり，ADP-リボース類縁体として振る舞うため，プリンヌクレオチドに親和性のある酵素は，一般的にこの色素に結合できる。したがって，AMP，ATP，NAD$^+$，NADP$^+$（図1-27）などとの結合部位をもつ酵

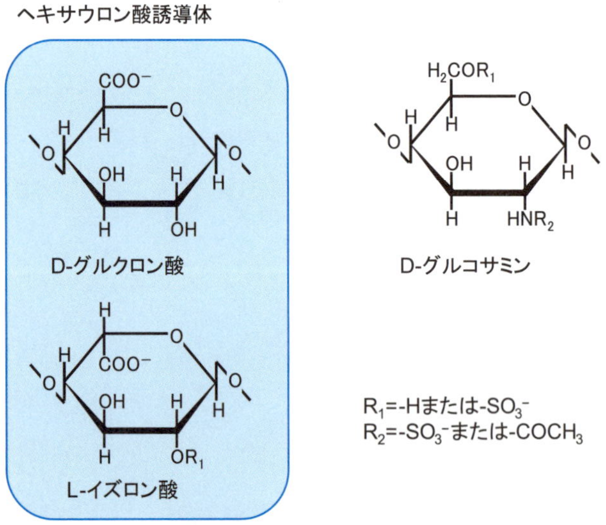

**図2-25　ヘパリンの構造**
ヘパリンはヘキサウロン酸誘導体とD-グルコサミンの繰り返しからなるムコ多糖である。L-イズロン酸とD-グルコサミンには，図のようにN-硫酸，O-硫酸，N-アセチル置換体がみられる。

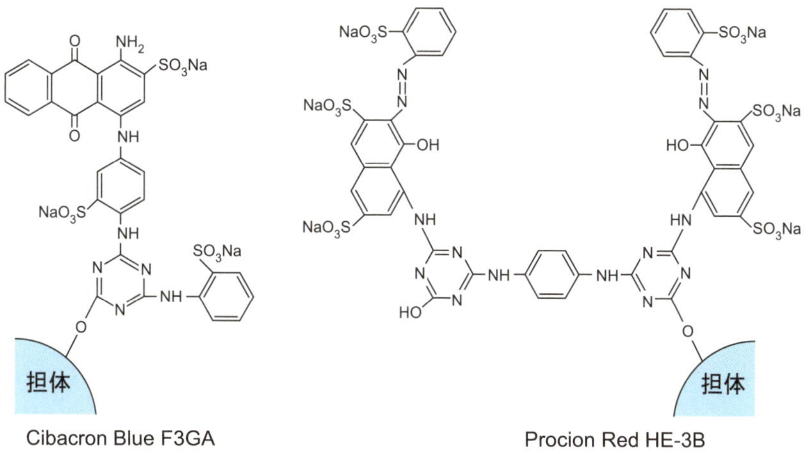

**図 2-26　カラムに固定化された色素**

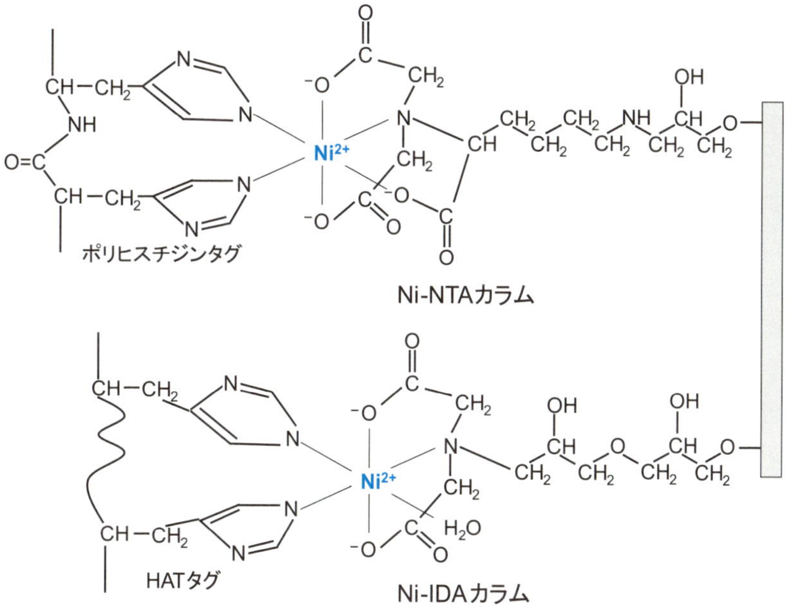

**図 2-27　固定化金属イオンカラム**
　ヒスチジンが 6 個つながったポリヒスチジンタグが標的タンパク質の N 末端または C 末端側に付加された融合タンパク質は，固定化金属カラムに吸着することができる。HAT タグの配列は N 末端側から KDHLIHNVHKEEHAHNK の配列を持つ。このタグもポリヒスチジンタグと同様に固定化金属カラムに結合することができる。
（GE Healthcare Affinity Chromatography Principles and Methods, p.88, Fig.48, QIAGEN QIAexpress Detection and assay handbook, p.9, Fig.1 参照）

素の精製・分離に用いられる。**プロシオンレッド（Procion Red）HE-3B** は赤色を呈する色素であり，$NAD^+$ や $NADP^+$ 結合タンパク質の精製・分離に用いられるが，$NADP^+$ 結合タンパク質に対

して，より選択的特異性を示す（図 2-26）。

**固定化金属イオンカラム**：固定化金属イオンカラムを用いた精製を固定化金属イオンアフィニティークロマトグラフィー（Immobilized Metal ion Affinity Chromatography（IMAC））という（図 2-27）。担体には，Iminodiacetic acid（IDA）が修飾されており，2 価の金属イオンの溶液をカラムに通すことで金属イオンがカラムに固定化される。IMAC は，組換えタンパク質の精製に威力を発揮する。すなわち，2 価の金属イオンに相互作用できる**ポリヒスチジンタグ**（ヒスチジンが 6 つ繋がったペプチド）を標的タンパク質の N 末端あるいは C 末端側に付加した融合タンパク質をつくらせ，固定化金属イオンカラムに結合させることで容易に精製が可能となる。ポリヒスチジンと標的タンパク質の融合部にはエンテロキナーゼの認識部位が存在するので，精製後にポリヒスチジンを切り離すこともできる。ニッケル，コバルト，亜鉛，マグネシウム，カルシウムなどがカラムに固定化する金属イオンとして選択できる。カラムからのタンパク質の溶出には，EDTA などのキレート剤，イミダゾールまたは低 pH の緩衝液を使用する。金属イオンのカラム担体への結合をより強化するために，担体を Nitrilotriacetic acid（NTA）で修飾しニッケルイオンを結合させた Ni-NTA カラムが市販されている。固定化金属イオンカラムに結合できるタグには，ポリヒスチジンの他に HAT（Histidine affinity tag）**タグ**がある。このタグは，ニワトリの乳酸デヒドロゲナーゼ由来であり 19 残基のアミノ酸からなる。タグを通して均一に電荷が分布しているため，強い塩基性を示すポリヒスチジンタグよりも封入体を形成しにくいという長所がある。HAT タグもエンテロキナーゼにより標的タンパク質から切り離すことができる。

**グルタチオン固定化カラム**：**グルタチオン S-トランスフェラーゼ（GST）**の基質であるグルタチオンを固定化したカラムである（図 2-28）。標的タンパク質と GST の融合タンパク質は，グルタチオンと高い親和性を持つため，容易にアフィニティー精製ができる。GST と融合することにより標的タンパク質の溶解度を高めることを目的によく利用される。グルタチオンの溶液で洗浄することによりカラムから溶出する。トロンビンやファクター Xa などのプロテアーゼ切断部位が融合部に設計されているので精製後 GST を標的タンパク質から切り離すことができる。

**その他 - インパクトシステム**：インテインと CBD を使ったシステム IMPACT（Intein Mediated Purification with an Affinity Chitin-binding Tag）**システム**とは，インテインとキチン結合ドメイン（CBD，Chitin Binding Domain）を利用したアフィニティー精製法のことである。担体にキチンが固定化されたカラムを用いる。**インテイン**はタンパク質へ翻訳された後，自己触媒反応により取り除かれる介在配列のことであり，インテインが取り除かれる過程を**タンパク質スプライシング**という。標的タンパク質と融合した CBD にはタンパク質スプライシングを起こす配列が挿入されており，固定化キチンカラムに結合させた後，還元剤である DTT（ジチオトレイトール）を添加することによって標的タンパク質のみが切り出され溶出される（図 2-29）。プロテアーゼを使用せずにタグを標的タンパク質から切り離すことができる点が他のアフィニティータグによる精製法と異なる。

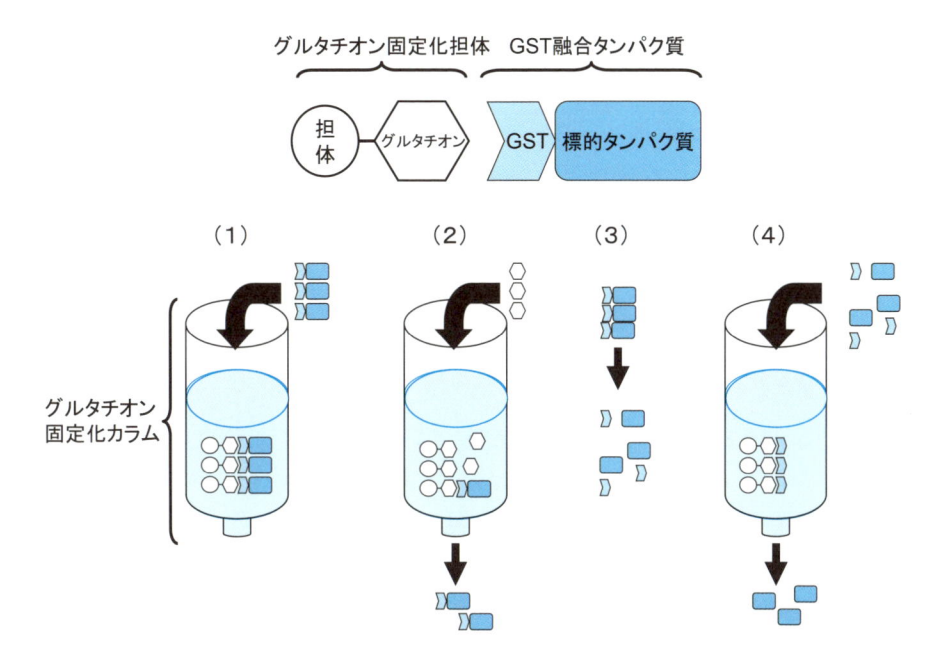

**図 2-28　グルタチオン固定化カラム**
(1) グルタチオン固定化カラムへ GST 融合タンパク質を含む細胞抽出液を添加すると GST 融合タンパク質のみが特異的にカラムに吸着し，その他のタンパク質はカラムの外へ流れ出る。
(2) グルタチオンをカラムへ添加し，GST 融合タンパク質を溶出させる。
(3) GST 融合タンパク質をプロテアーゼ処理する。
(4) プロテアーゼ処理サンプルをグルタチオン固定化カラムへ添加すると標的タンパク質のみを取得することができる。

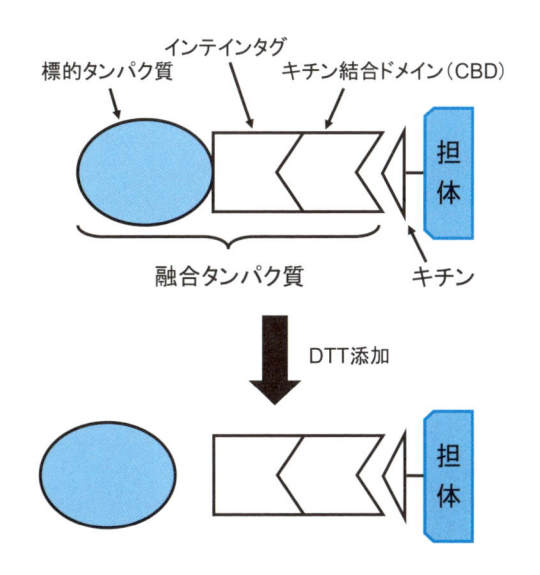

**図 2-29　インパクトシステム**
タンパク質スプライシングを利用してインテインタグから標的タンパク質を切り出すシステム。還元剤 DTT の添加により標的タンパク質が切り出される。

### 2-4-5　その他のクロマトグラフィー法

**ヒドロキシアパタイト**：ヒドロキシアパタイトは $Ca_{10}(PO_4)_6(OH)_2$ の化学式で表されるカルシウムイオンとリン酸イオンが規則正しく並んだ六方晶系の構造をした無機物である。骨の無機成分や骨のエナメル質と同じ成分なので生物学的・生理学的には不活性であり化学的にも安定な物質であるが，酸性領域（pH5.5 以下）では，カルシウムが溶出する。EDTA のようなキレート剤はカルシウムに結合して分子構造を破壊するので，使用は避けるべきである。タンパク質との結合様式はカチオンであるカルシウムイオンとアニオンであるリン酸イオンとの親和性に基づいているため，両性イオン交換体と類似の吸着と溶出の挙動を示す。酸性タンパク質から塩基性タンパク質まで幅広く吸着するが，効果的にタンパク質をカラムから溶出させるには適切な緩衝液を選択すべきである。酸性タンパク質を溶出させるにはリン酸イオンが最適である。ヒドロキシアパタイト中のカルシウムイオンとの親和性がほとんどない塩化物イオンでは，酸性タンパク質をヒドロキシアパタイトから置換・溶出させる効果をほとんど望めない。標的タンパク質が塩基性タンパク質の場合，1 価の陽イオンを使用できるが，カルシウムイオンが最も効果的である。

**マルチモーダル弱陽イオン交換体**：イオン交換性の他に水素結合や疎水性相互作用などの選択性を有するリガンドを担体に修飾しており，その結果，高い塩濃度でもタンパク質をカラムに吸着・保持することが可能となる（図 2-30）。

**二官能基強・弱酸性陽イオン交換体**：リン酸が官能基として担体に結合したものであり，陽イオン交換性をもち，さらに各種金属イオンや ATP に依存性を示しリン酸基と相互作用するタンパク質に対して親和性を示す。官能基が 2 価のためイオン交換容量が大きい（図 2-31）。

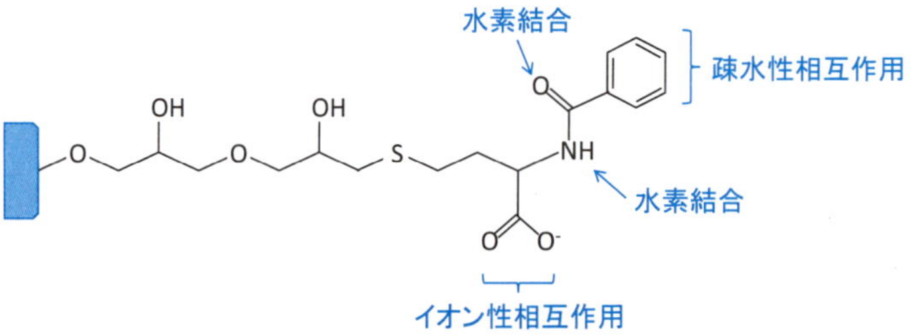

**図 2-30　マルチモーダル弱陽イオン交換体**
　水素結合，疎水性相互作用，イオン性相互作用などの選択性を有するリガンドが担体に修飾されている。GE ヘルスケアより CaptoMMC という名称で販売されている。
（GE ヘルスケア・ジャパン　ライフサイエンスカタログ　2010-2011　3-72 参照）

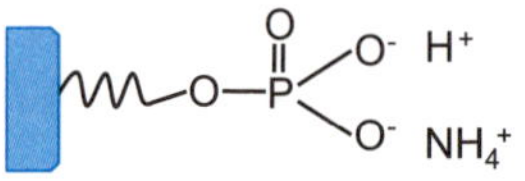

**図 2-31　二官能基強・弱酸性カチオン交換体**
　官能基としてリン酸が担体に修飾されている。リン酸基と相互作用し各種金属イオンや ATP に依存性を示すタンパク質に対して親和性を示す。ワットマンより P11 という名称で販売されている。
（ワットマン　ラボラトリー製品総合カタログ 2006 p130 参照）

## 参考文献

1) Ronaghi, M., Pyrosequencing Sheds Light on DNA Sequencing, *Genome Res*., 11: 3-11 (2001)
2) Margulies M., *et al*., Genome sequencing in microfabricated high-density picolitre reactors, *Nature*, 437(7057):376-80 (2005)
3) Poinar H.N., *et al*., Metagenomics to paleogenomics: large-scale sequencing of mammoth DNA., *Science*. 311(5759):392-4 (2006)
4) Guo J., *et al*., Four-color DNA sequencing with 3'-O-modified nucleotide reversible terminators and chemically cleavable fluorescent dideoxynucleotides. *Proc Natl Acad Sci USA*. 105(27):9145-50. (2008)
5) Shendure, J., Hanlee, J. Next-generation DNA sequencing, *Nature Biotechnology*, 26, 1135-1145 (2008)
6) Harris, T.D., *et al*., Single-Molecule DNA Sequencing of a Viral Genome, *Science*, 320, 106-109 (2008)
7) Korlach, J., *et al*., Selective aluminum passivation for targeted immobilization of single DNA polymerase molecules in zero-mode waveguide nanostructures, *Proc Natl Acad Sci USA*., 105(4):1176-81 (2008)
8) 菅野純夫, 蛋白質核酸酵素, 54(10), 1233-1237 (2009)
9) 森下真一,「次世代高速シークエンサーの特徴と情報処理」, 蛋白質核酸酵素, 54(10), 1239-1247 (2009)
10) 中村祐輔,「ゲノム医療を知る（改訂新版）」, 羊土社 (2009)
11) マイクロプレップ,「セラミックハイドロキシアパタイトガイドブック」, バイオラッド
12) 泉美治ら,「生物化学実験のてびき2 タンパク質の分離・分析法」, 化学同人 (1985)
13) ロバート K.ら, 塚田欣司訳,「新・タンパク質精製法 理論と実際」, シュプリンガー・ジャパン (1995)
14) バイオ・ラッドラボラトリーズ, ライフサイエンス事業部総合カタログ」(2010/2011)
15) GEヘルスケア・ジャパン,「ライフサイエンスカタログ」(2010-2011)
16) GEヘルスケア・ジャパン (http://www.gelifesciences.co.jp/)
17) ワットマン, ラボラトリー製品総合カタログ (2006)
18) 野島 博,「ゲノム工学の基礎」, 東京化学同人 (2003)
19) クロンテック (http://clontech.takara-bio.co.jp/)
20) New England Biolabs Japan (http://www.nebj.jp/)
21) 岡田雅人ら 編,「改定第3版 タンパク質実験ノート」, 羊土社 (2004)
22) 長谷俊治ら 編,「タンパク質をつくる」, 化学同人 (2009)
23) E. E. Connら, 田宮信夫ら訳,「第5版 生化学」東京化学同人 (1988)
24) 西方敬人,「バイオ実験 イラストレイテッド ⑤タンパクなんてこわくない」, 秀潤社 (1997)
25) 高橋健治ら 編,「新化学実験講座1 タンパク質I」, 東京化学同人 (1990)

# 3章　微生物の遺伝子操作技術

　動物や植物個体から特定の生理活性物質を分離精製するのは容易ではない。例えばインシュリンは51個のアミノ酸からできた小さなタンパク質であるが，糖尿病患者にとってなくてはならない。遺伝子操作技術が開発されるまではインシュリンはブタやウシの膵臓から抽出されてきた。動物由来のインシュリンはヒト・インシュリンと化学構造上に差があるので患者によっては敏感に反応し，拒絶される場合もあった。現在ではヒト・インシュリンを微生物で生産することができる。この場合，もとの生物から抽出したタンパク質を**天然タンパク質**（Natural protein）と，DNA組換え技術により大腸菌などから得られたものを**組換えタンパク質**（Recombinant protein）として区別する。組換えタンパク質を高効率に発現，精製するためには遺伝子のクローニング，構造解析，特異的変異導入など微生物を利用した遺伝子操作技術が必要になる。本章では微生物を用いた遺伝子操作の原理について述べる。

## 3-1　細菌を利用する遺伝子操作技術

　糖やアミノ酸などを生産する発酵産業では多くの微生物が用いられている。特定の産物の生合成効率を高めるために，代謝経路の一部が強化されていたり，不要な代謝経路が破壊されていたりする。また，外来生物種の遺伝子が組み込まれている場合もある。今日では様々な微生物で遺伝子の改変が可能になったが，実験系の基礎は大腸菌において確立された。ここでは大腸菌を用いて開発された遺伝子操作技術の概要を紹介したい。

### 3-1-1　宿主ベクター系について

　組換えDNA分子が移入される細胞を**宿主**（host）と呼ぶ。また，宿主に異種DNAを運び，当該細胞内（ここでは大腸菌）で増殖可能なDNAのことを**ベクター**（vector）という。ベクターにはウイルスが用いられるが，細菌を宿主とする場合では具体的には**プラスミド**（plasmid）と**バクテリオファージ**（phage）が利用される。

### 3-1-2　プラスミドベクターを用いたクローニング

　**プラスミド**とは宿主染色体とは独立して自律複製し，宿主細胞の分裂に際しても安定に分配される染色体外遺伝因子をいう。一般に数kbpの環状の二本鎖DNAからなり，染色体に対して複数個存在する。染色体に対して何個存在するかを**コピー数**（copy number）というが，プラスミドのコピー数は数コピー（低コピープラスミド）から数百コピー（多コピープラスミド）まで幅

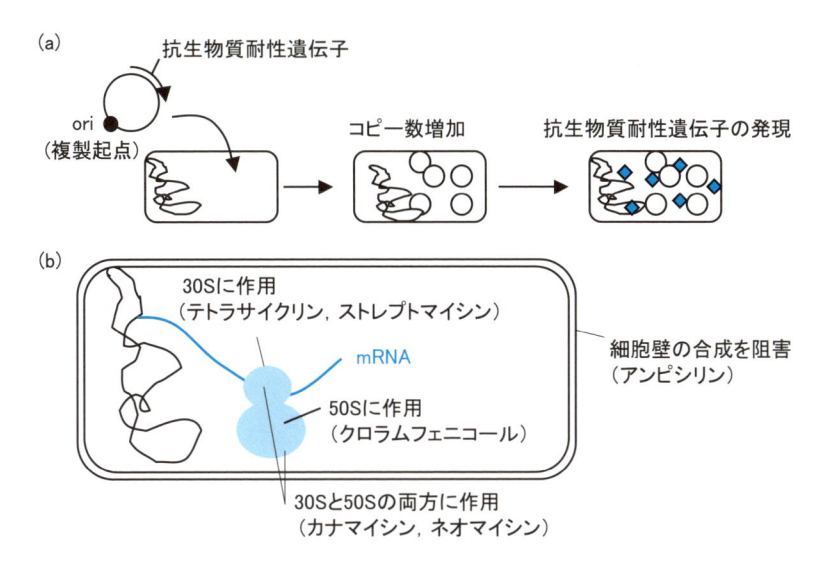

**図 3-1 細菌の抗生物質耐性**
(a) プラスミドによる抗生物質耐性の獲得　プラスミドが宿主に入ると，複製されてコピー数が上昇する。同時にプラスミドにコードされる抗生物質耐性遺伝子が発現し，抗生物質が分解される。抗生物質に対して耐性となる細胞はプラスミドの入った細胞である。抗生物質耐性は，プラスミドが入ったことの目印（マーカー）となることから薬剤耐性マーカーと呼ばれている。(b) 遺伝子操作に利用される主な抗生物質の作用点　抗生物質には様々な作用点がある。主な抗生物質の作用点を示す。

広い。プラスミドに特定の遺伝子が挿入されると，その遺伝子のコピーが多数作られることになる。つまり遺伝子クローン（同じものを意味する）ができる。特定の遺伝子をプラスミドに入れて，大腸菌でコピーを多数作らせることが**遺伝子のクローニング**である。特に複数の宿主細胞に入り，自律複製してクローンをつくるプラスミドベクターを**シャトルプラスミド**あるいは**シャトルベクター**（shuttle vector）という。これまで大腸菌と枯草菌，大腸菌と酵母で機能するようなベクターが開発されている。シャトルベクターにはそれぞれの宿主で複製できるように，複製調節領域が存在する。微生物を宿主とする場合は，プラスミドが感染している細胞の区別を特定の抗生物質に対する耐性で行うことが多い。そのため，多くのプラスミドは**抗生物質耐性遺伝子**をもっている。抗生物質耐性遺伝子は抗生物質に作用し，無毒化する。これまでにアンピシリン，クロラムフェニコール，テトラサイクリン，カナマイシンなど様々な抗生物質を分解する抗生物質耐性遺伝子が見出されている。例えば$\beta$ラクタマーゼはアンピシリンなど$\beta$ラクタム系抗生物質の$\beta$ラクタム環を破壊し，抗生物質の効力を消失させる。**$\beta$ラクタマーゼ**の遺伝子をもつプラスミドが入った大腸菌はアンピシリンが入った培地でも生育でき，プラスミドをもたない大腸菌と区別される（図3-1）。

### (1) プラスミド抽出の原理

プラスミドは遺伝子工学で最も使われるベクターである。特に大腸菌を宿主とするプラスミドベクターは，宿主細胞の生育が早く，容易に分取できることから多用されている。ここでは大腸菌を宿主とするプラスミドを抽出する原理について触れたい。先に述べたようにプラスミドは染色体とは独立に複製される低分子の**レプリコン**であり，染色体に対して複数のコピーが存在する。

特にコピー数が多いプラスミドを多コピープラスミド，高コピープラスミドと呼ぶことが多い。プラスミドDNAが染色体DNAから分離できるのは，多コピーで低分子であるという性質をもち，かつ超らせん構造（スーパーコイル構造またはcovalently closed circular DNAと呼ばれる）をもつからである。プラスミドDNAは染色体DNAに比べて分子量が小さい（大腸菌染色体は4,671 kbであるのに対し，pUC18は2.7 kbである）。プラスミドを有する細菌を溶菌し，pHを高くすることでDNAは変性し，一本鎖になる。再びpHを下げると，染色体のような高分子の核酸は細胞膜とともに不溶性になるのに対し，プラスミドのような低分子核酸は可溶性のまま再び二本鎖に戻る。また，超らせん状態の顕著な核酸分子は変性しにくく，一本鎖にもなりにくい。この性質を利用してpHの急激な変化を与えることで細胞内からプラスミドだけを可用性画分に分けることができる。

　一連の作業について少し具体的に述べよう。一般的には3種類の溶液を使用する。溶液1は細胞を懸濁するためのもので，細胞壁を破壊するためにリゾチームをいれることもある。溶液2は水酸化ナトリウムとドデシル硫酸ナトリウム（SDS）の混合液で，溶液3は酢酸ナトリウムである。溶液1で懸濁された細胞に溶液2を加えると，界面活性剤であるSDSが膜に作用し，溶菌させる。このとき，含まれる水酸化ナトリウムにより溶液のpHが上昇し，二本鎖DNAは一本鎖化される。この状態で溶液は透明になる。ここにさらに溶液3を添加すると急激にpHが下がり，一本鎖DNAは再び二本鎖に戻ろうとするが，染色体のDNAはプラスミドDNAに比べて分子量が大きく，凝集しやすい。一方，プラスミドは再び二本鎖DNAに戻る。ここでは中和反応が進むので，塩が作られ沈殿が現れる。このとき染色体DNAの多くは塩とともに凝集・沈殿してしまう。またスーパーコイル構造のDNAはpH変化で大きく変性しないため，可溶性状態のまま留まる。遠心分離により，沈殿を除き，上澄みを回収すればそこにはプラスミドDNA，糖，RNAそして可溶性タンパク質が分画される。この溶液をフェノールなどの溶媒で処理するとタンパク質が変性して除かれる。その後，エタノールを添加することにより，核酸が沈殿してくる。この沈殿を水に溶解しRNA分解酵素（RNase）で処理すると主にプラスミドDNAだけを得ることができる。糖を除くために，フェノール処理の後，イソプロパノールで核酸のみを特異的に沈殿させる操作を加える場合があるが，この操作を行わなくても充分な純度のプラスミドは得られる。上記の一連の操作はアルカリ溶液を使用することからをアルカリ法，あるいはプラスミドのアルカリ抽出法と呼ばれる。一連の作業を行うための試薬はキットとして販売されている。

### （2）　コンピテントセルを利用した形質転換

　外来DNAを取り込む能力をもつ細胞をコンピテントセル（コンピテント細胞）という。大腸菌を塩化カルシウムで処理すると，外部のDNAを取り込む性質（competence）を獲得する。この方法は1970年にMandelとHigaによって確立された方法で，最も利用されている形質転換法である。カルシウム処理した細胞（細胞壁が部分的に壊れたスフェロプラスト状態になる）にプラスミドDNAを加えると核酸は負電荷を帯びているため$Ca^{2+}$が仲立ちとなり，DNAは細胞膜表層に集められる。この状態の細胞に細胞が死滅しない程度の熱ショックを与えると，膜タンパク質の構造変化により表層に固定されていたプラスミドDNAの一部が細胞内へと取り込まれる。細胞を栄養培地で培養すると，プラスミドを取り込んだ細胞と取り込んでいない細胞が混じっ

て増殖するが，培地にプラスミドを含む細胞を選択的に生育させるための薬剤を添加することで，プラスミドをもつ大腸菌（形質転換体という）のみを選別することができる。この薬剤には前述した抗生物質が用いられる。遺伝子操作には様々な抗生物質が選択マーカーとして利用される（図3-1）。クロラムフェニコールのように遺伝子の発現段階（翻訳）に作用する抗生物質を選択マーカーとして，利用するときは，まずクロラムフェニコールを含まない培地で大腸菌を培養した後，クロラムフェニコールを含む選択培地に塗布しなければならない。クロラムフェニコール耐性遺伝子は，この抗生物質を無毒化する酵素（クロラムフェニコールアセチル基転移酵素）をコードしているが，この酵素が十分に発現していない細胞はクロラムフェニコールを含む培地には生育しない。そこで抗生物質によっては選択圧力をかける前に，非選択圧力下で，耐性獲得に必要な酵素を発現させる作業が必要になる。一方，抗生物質アンピシリンは作用点が細胞壁の合成段階なので，このような作業は必要なく，コンピテントセルを，熱処理後直ちにアンピシリンを含む選択培地に塗布しても良い。アンピシリンを無毒化する酵素（βラクタマーゼ）は，遺伝子の発現が抑えられることなく発現し，アンピシリンを破壊する。プラスミドの選択マーカーにアンピシリンがよく用いられるが，それはこのように操作が簡略化できるからである。

### (3) コピー数の制御と不和合性

プラスミドは染色体DNAに対して複数コピー存在する。表3-1に現在利用されているプラスミドのレプリコン（自律複製単位）を示す。遺伝子組換え実験で多用されているプラスミドpETやpUCなどはプラスミドColE1に由来する。このプラスミドの複製に関与するメカニズムを図3-2に示す。ColE1系レプリコンのコピー数は次に述べる2種類のRNAと調節タンパク質で制御されている。複製開始点（*oriV*）近傍からは2つのRNA（RNA I，RNA II）が合成される。RNA II は *oriV* 上流に存在するプロモーターから転写され *oriV* の下流で終結する。転写されたRNA II 分子はリボヌクレアーゼH（RNaseH）の作用を受けるが，この一部分がDNA複製の際のプライマーとして機能する。一方，RNA I はRNA II とは逆向きの転写により合成され，RNA II とは塩基対を形成しハイブリッドになる。RNaseH はRNAとDNAのハイブリッドには作用するが，RNA同士のハイブリッドには作用しない。つまり，RNA I とRNA II のハイブリッドができると複製のためのプライマーが合成されないことになる。RNA I，RNA II ともにヘアピン構造を取りうる（図3-2）。RNA I とRNA II のハイブリッド形成はヘアピン構造の形成を経由してなされるが，このヘアピン構造の安定化を支えるタンパク質因子がRom（RNA one inhibition modulator）であり，その遺伝子は *oriV* から約600塩基離れたところにある。Romは63アミノ

表3-1 プラスミドベクターに利用されているレプリコン

| プラスミド | レプリコン | コピー数 |
|---|---|---|
| pBR322とその誘導体 | pMB1 | 15 − 20 |
| pUCベクター | pMB1 | 500 − 700 |
| pACYCとその誘導体 | p15A | 10 − 12 |
| pSC101とその誘導体 | pSC101 | 〜5 |
| ColE1 | ColE1 | 15 − 20 |

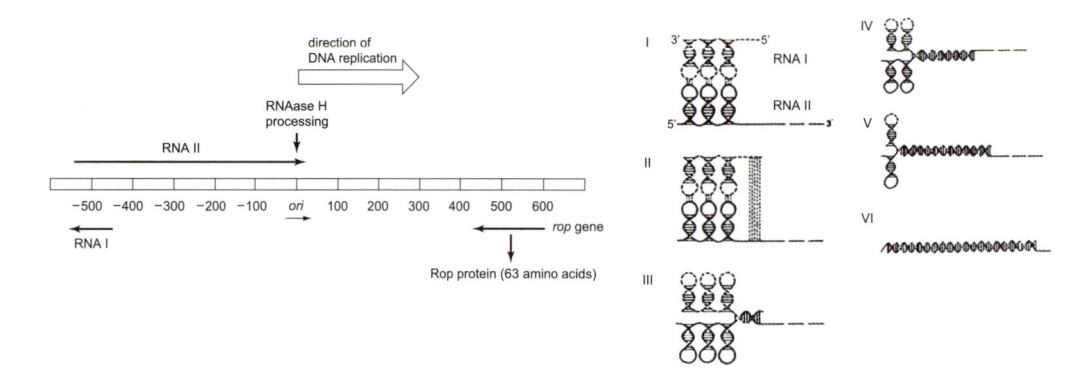

**図3-2　ColE1系プラスミドのコピー数調節**

多くのプラスミドベクターの複製起点は ColE1 に由来する。最初に合成される2種類の RNA である RNA Ⅰ，RNA Ⅱのうち，複製のプライマーとして利用されるのは RNA Ⅱで RNAaseH（RNA 分解酵素H）による切断を受け，機能的なプライマー分子となる。ところが RNA Ⅰと RNA Ⅱは ⅠからⅥに示すように，安定な2本鎖を形成する。このため複製プライマーとして機能できる分子は限られ，このバランスによってプラスミドのコピー数が調節されている。

（J. Sambrook *et al*., Molecular Cloning A Laboratory Manual second edition, Cold Spring Harbor Laboratory Press（1989））

酸からなり，RNA Ⅰと RNA Ⅱのハイブリッド形成を安定化し，複製開始プライマーを作らせないことでコピー数を抑える。培地に翻訳阻害剤であるクロラムフェニコールを添加すると ColE1 プラスミドのコピー数は増加する。これは Rom タンパク質の発現減少に伴い，RNA Ⅰと RNA Ⅱのハイブリッド形成が低下し，それによって RNA Ⅱと DNA のハイブリッドが増え，RNaseH によって作られる複製に必要な RNA プライマーが増加するためである（RNaseH は RNA と DNA のハイブリッドのうち，RNA のみに作用し分解する。その際に作られる RNA 断片が複製の際に使われるプライマーになる）。このため Rom は Rop（Regulation of primer）とも呼ばれる。また *rom* 遺伝子に変異が生じてもプラスミドのコピー数は影響する。pUC 系のプラスミドでは RNA Ⅰの長さが野生型の RNA Ⅰよりも短い。これは，RNA Ⅰ遺伝子の1塩基上流が G から A に置換されているため，通常よりも3塩基下流から RNA Ⅰが合成され，それに伴い RNA Ⅰ・RNA Ⅱハイブリッドも不安定化される。その結果複製に使われるプライマーが多くなり，コピー数が増加する。また，1つの細胞内に同種，または近縁の2つのプラスミドが同時に保持されることはない。この現象はプラスミドの不和合性（incompatibility）といわれる。

**（4）α 相補性**

大腸菌のプラスミド pUC18（pUC19）は，遺伝子の組換え実験にもっとも頻繁に使われる多コピープラスミドである。β-ラクタマーゼをコードする遺伝子をもつことから，形質転換された大腸菌はアンピシリン耐性となる。pUC18 には外来の DNA がクローン化されたことを示す巧妙な仕掛けが付与されている。このプラスミドにはラクトースオペロンの制御領域下にβガラクトシダーゼ遺伝子（*lacZ*）の一部分を有し，誘導条件下（例えばラクトースのアナログである IPTG（isopropyl-β-D-thio-galactopyranoside）などの添加）でβガラクトシダーゼのアミノ末端部分ペプチド（α フラグメント）を発現する。残りのカルボキシ末端側の領域（ω フラグメント）

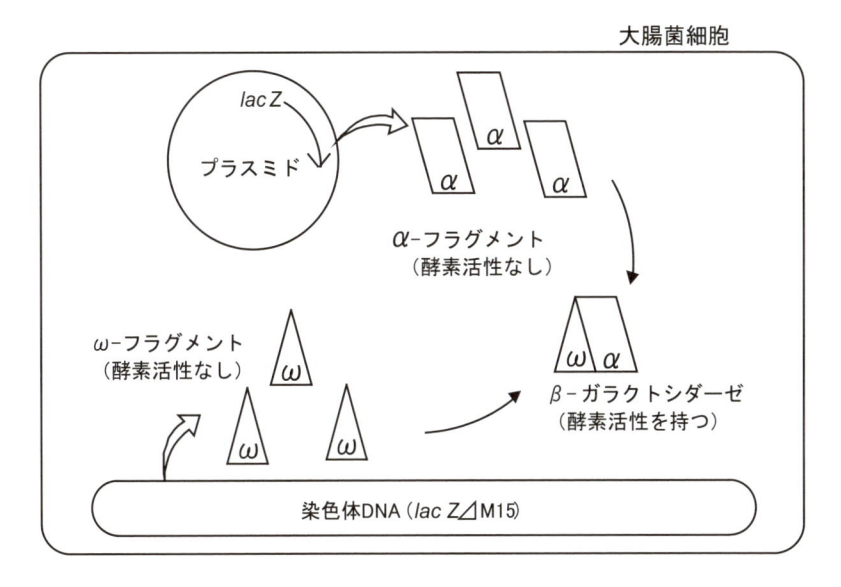

**図 3-3 α相補性による β-ガラクトシダーゼの形成**
β ガラクトシダーゼは α, ω という 2 つの断片で構成される。プラスミド（あるいはバクテリオファージ），あるいは染色体にはそれぞれ α 断片，ω 断片をコードする遺伝子があり，これらが細胞質中で発現し，合体して機能的な β ガラクトシダーゼとなる。

を発現する大腸菌（JM109 株など）に pUC18 が入るとお互いの欠けた部分が相補され，β ガラクトシダーゼが構成される（図 3-4）。この β ガラクトシダーゼの機能相補を特に α 相補性 (α-complementation) という。また，pUC18 の部分 lacZ 遺伝子には図のように，制限酵素の認識配列が組み込まれており（polycloning site または multiple cloning site と呼ばれている），この領域に外来 DNA 断片が挿入されると正常な α フラグメントは生産されない。その結果，β ガラクトシダーゼもつくられない。つまり，外来 DNA がクローン化されたプラスミドをもつ大腸菌は β ガラクトシダーゼの産生能がなくなるのである。X-Gal（5-bromo-4-chloro-3-indolyl-β-galactoside）は β ガラクトシダーゼの基質であり，分解されると青色色素を放出する。寒天培地に X-gal を入れておけば，外来 DNA のない pUC18 を有する大腸菌は X-Gal を分解し，コロニーは青くなる。一方，外来 DNA 断片の挿入があった場合，β ガラクトシダーゼは作られないので白色コロニーとなる。このように外来 DNA のクローン化をコロニーの色で選別できる。

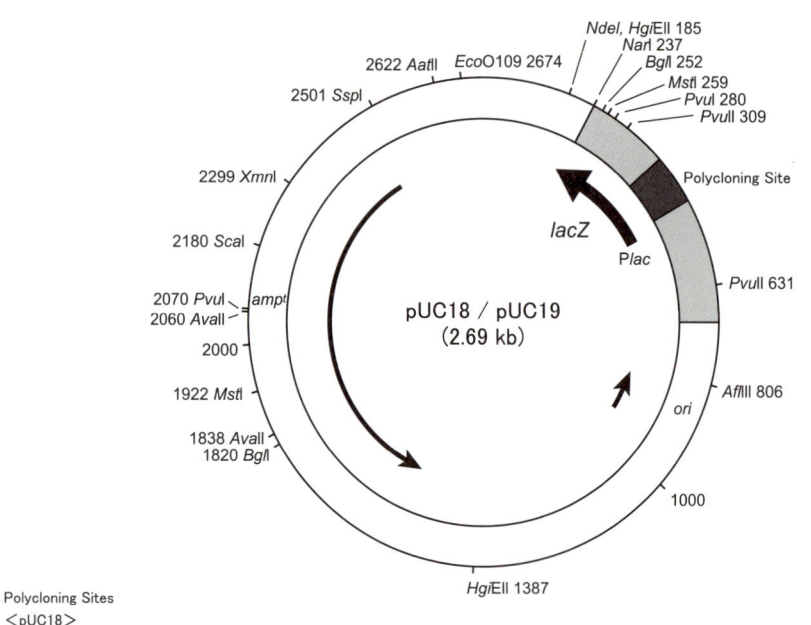

**図 3-4 プラスミド pUC18/pUC19 の構造**
プラスミド pUC18（pUC19）には β ガラクトシダーゼ遺伝子 *lacZ* の α 断片部分に，クローニングのための制限酵素部位が存在する．ここに外来 DNA が挿入されると β ガラクトシダーゼは発現しない．
(J. Sambrook *et al*., Molecular Cloning A Laboratory Manual second edition, Cold Spring Harbor Laboratory Press (1989))

## 3-1-3 バクテリオファージ（ファージ）を用いたクローニング

　1892 年，Iwanowski はタバコモザイク病の病原体が細菌濾過用のフィルターを通過し，光学顕微鏡でも観察できないことを発見したが，これがウイルスの発見の端緒となった．1915 年，Twort はウイルスの長期培養を行っていた際，細菌の集落が透明になる場合があることに気づいた．これは細菌が溶解したためであることが分かった．これとは独立に細菌のウイルスを発見した Felixd' Herrelle は 1917 年，「バクテリオファージ」という名前をつけた．これは細菌（bacteria）を食べる（ラテン語で phagos）という意味である．バクテリオファージは現在細菌に感染する DNA ウイルスあるいは RNA ウイルスであることが分かっている．ウイルスは核酸とこれを包みこむカプシドタンパク質からなる複合体である．図 3-5 は一般的によく知られている T4 ファージの構造を示す．T4 ファージの大きさは宿主大腸菌の 1/10 に相当し，約 200 nm である．頭部，尾部，尾部繊維から構成されており，頭部は正三角形のタンパク質のシート 20 枚からなり，二

本鎖 DNA を格納している。ゲノムサイズは約 160 kb である。宿主に感染時以外，尾部繊維は折りたたみ構造をとり機械的な障害を回避していると考えられている。この単純な構造を活用し，1952 年に Hershey と Chase は放射能ラベル実験を行った。放射能の検出によりウイルスが感染時にタンパク質部分を宿主の外に残し核酸だけが宿主内に挿入することを突き止め，遺伝子の実体が核酸であることを証明した。その後，1953 年，Wyatt と Cohen が，ファージ DNA の合成は宿主への感染後約 6 分という短い間に始まり，その後溶菌するまで直線的に増えることを示し，遺伝子増幅ツールとしてファージの潜在力を予見した。およそ 20 年後，1974 年に Murray らは λファージ DNA 上に制限酵素認識部位を導入することに成功し，外来 DNA を組込み大腸菌へ高効率で導入することが可能なλファージクローニングベクター系が確立した。その後導入断片長の容量が大きな M13 ファージベクターや P1 ファージベクターなどが開発された。

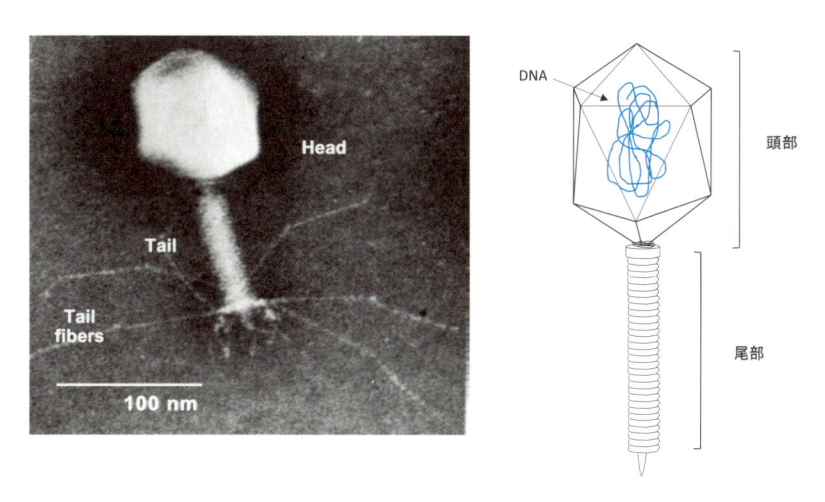

図 3-5 λファージの構造

### （1） ファージの生活環

λファージの生活環を図 3-6 に示す。λファージの生活環には溶菌経路と溶原経路がある。ファージには感染後宿主内で増殖し最終的に完全に溶菌させて宿主を死滅させるビルレントファージと，自身のゲノムを宿主ゲノムに安定に統合，あるいはプラスミドとして宿主内に存在させるだけで，溶菌を起こさないテンペレートファージに分類される。テンペレートファージにおけるこの現象は溶原化と呼ばれる。λファージはテンペレートファージとしてよく知られる。大腸菌に感染した線状ファージ DNA は環状となり，宿主大腸菌の染色体に部位特異的組換えによって組み込まれる。このような状態のウイルス染色体をプロファージと呼び，宿主大腸菌はプロファージを保持したまま増殖する（溶原サイクル）。しかし紫外線や放射線のような外界の刺激によりプロファージは宿主染色体から遊離し，溶菌サイクルへ移行することが知られている。これはファージが宿主と共に死ぬ前に別の正常な大腸菌細胞へと逃げ出す機会を得るための戦略と考えられる。

感染と生活環の制御については詳細な分子メカニズムが調べられている。λファージの感染は大腸菌の外膜上のマルトース輸送タンパク質に尾部が結合し，頭部のλDNA が大腸菌内に注入

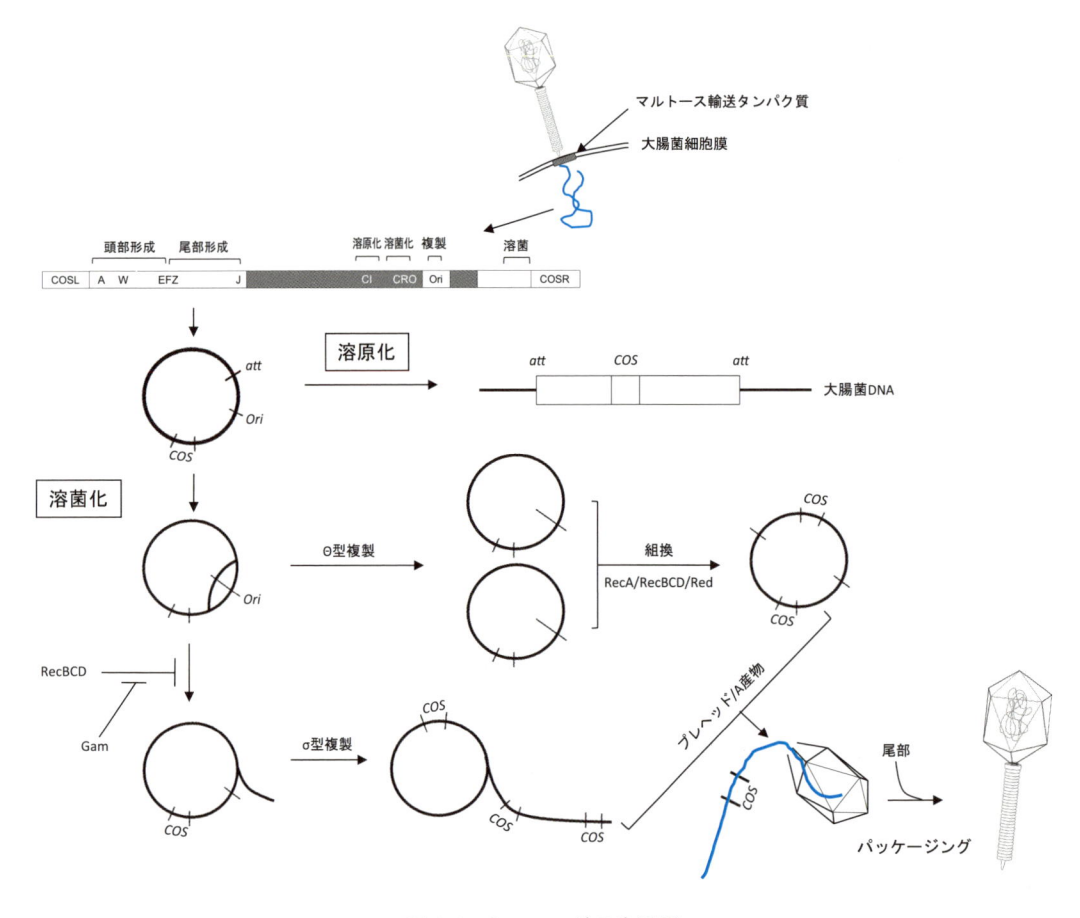

**図 3-6　λ ファージの生活環**
ファージは感染すると，宿主細胞の染色体に組み込まれて溶原化サイクルとなる。宿主細胞が複製阻害剤や紫外線の照射など，生育に影響を及ぼすようなストレスを受けると溶菌化サイクルへ移行する。まず宿主の染色体 DNA を切断し，そこでできたヌクレオチドを基質にしてファージの DNA を合成する。宿主細胞によってファージの頭部，尾部などが作られ，パッケージングを経てファージ粒子が完成する。やがて宿主を溶菌し，別の宿主細胞を求めて移動する。

されることで開始される。直鎖である λDNA の両端には付着端と呼ばれる 12 塩基の互いに相補的な一本鎖 DNA が存在し，各端を *cosL*，*cosR* 部位と呼ぶ。λDNA は菌体内でこの付着端により環状化する。環状 λDNA はまず，通常の θ 型 DNA 複製を両方向に起こす。その後，λ 遺伝子産物 GAM タンパク質が蓄積されると，エキソヌクレアーゼ V（大腸菌遺伝子 *recB*，*recC*，*recD* オペロン産物複合体, RecBCD）を阻害し，ローリングサークル型複製（σ 型 DNA 複製）が始まる。その結果，約 50 kb の λDNA が連なった直鎖状重合体が作られる。ここから頭部と尾部を構成するタンパク質が合成され，タンデムに連なった λDNA は順次 1 単位ずつパッケージング前の頭部（プレヘッド）に組み込まれる。すなわちタンデムに並んだ λDNA の *cosL* 配列部分から組込みを開始し，次の *cos* 配列部位（*cosL* と *cosR* が結合した部分）で *cosL* と *cosR* 間を切断し，最終的に両 *cos* 配列に挟まれた λDNA が 1 つとして組み込まれる。この過程は λ 遺伝子 A の産物

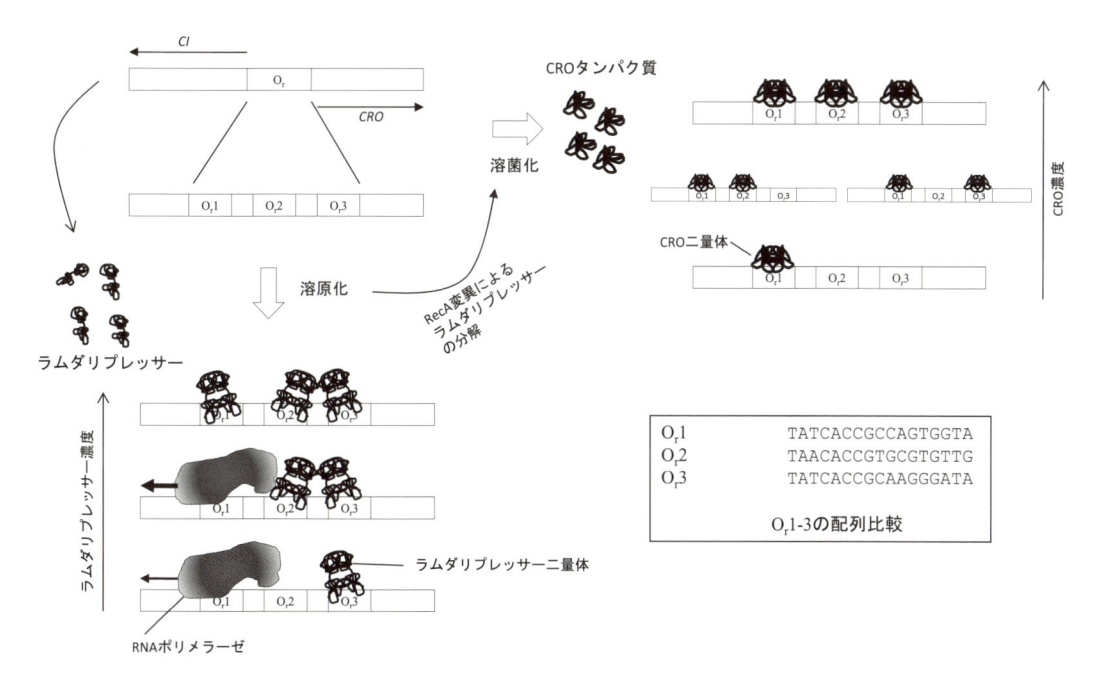

**図 3-7　ラムダリプレッサーの転写調節**

($\lambda$-terminase）によって行われる．A 産物の働きはタンデム重合した $\lambda$DNA だけでなく，RecA と RecBCD，あるいは $\lambda$ 遺伝子産物 Red によって環状に結合した 2 つの $\lambda$DNA に対しても同様に働く．大腸菌内にファージ粒子が蓄積されると溶菌によって次の大腸菌へと感染する（図 3-6）．

　溶原経路に入ると，環状 $\lambda$DNA は大腸菌のゲノム DNA の *gal* 遺伝子の近傍に相同組換えにより組み込まれる．その後，大腸菌 DNA の一部として複製されファージ粒子を形成することはない．このプロファージ状態の維持は $\lambda$ 遺伝子 *cI* の産物であるラムダリプレッサー *cI*（*cI* リプレッサ）が行う（図 3-7）．ラムダリプレッサーは C 末端でホモダイマーを形成する DNA 結合タンパク質で，*cI* 遺伝子のプロモーター近傍の結合領域（Or 領域：3 つの類似したシスエレメント Or1, Or2, Or3）に順次濃度依存的に結合し，Or1 および Or2 が *cI* リプレッサーに占有されている状態で最も *cI* の転写活性が高い．ラムダリプレッサーの活性化にはさらに $\lambda$ 遺伝子 *cII*, *cIII* の産物および大腸菌タンパク質 Hfl が複合的に関与し，それぞれの量的バランスで調節されることが分かっているが，*cI* 産物は自らの転写を活性化するのでプロファージにより *cI* リプレッサータンパク質が作られている限りファージの増殖は抑えられ，多重感染に対しても耐性となる．一方，紫外線照射などにより大腸菌タンパク質 RecA（プロテアーゼ）が活性化されると *cI* リプレッサーの C 末端領域と，DNA 結合に預かるヘリックス－ターン－ヘリックス構造を有する N 末端領域の間が切断される．ダイマー形成能力を失った *cI* リプレッサーは Or 領域に結合する能力を極端に低下させる．Or 領域は *cI* の相補鎖側にコードされている $\lambda$ 遺伝子 *cro* のプロモーター機能も兼ねており，*cI* リプレッサーが外れた Or から *cro* の転写が起る．CRO タンパクはラムダリプレッサーの N 末端領域に良く似たヘリックス－ターン－ヘリックス型の DNA 結合タンパク質で，Or3 との親和性が高いため RNA ポリメラーゼによる *cI* 遺伝子の転写を阻害すると同時に，溶菌

に必要なλ遺伝子の発現を促進する。

(2) *in vitro* パッケージング

λファージをクローニングベクターとして使用するときには，感染や溶菌には不要な部位（図3-8，影付き部分）に外来DNAを導入する。λファージは*cos*配列間の距離が37〜52 kbであるDNAでないとパッケージングされない（自分自身のゲノムサイズより25％短いDNA（37 kb）から約5％余分のDNA（52 kb）は粒子内に包み込むことができる。）。このため，導入DNA断片長に厳密な制限がある。さらに長いDNAを導入したい際は直鎖二本鎖DNAであるP1ファージベクターや一本鎖環状DNAであるM13ファージベクターなどが使用される。λファージでは構成単位である頭部や尾部を別々に混合することで試験管内（*in vitro*）にてファージの粒子形成を行うこともできる。この行程を特に *in vitro* パッケージングという。パッケージングにはλ遺伝子A〜Jが関与する。*A*遺伝子の欠損ではファージの頭部と尾部タンパクはできるがプレヘッドへのDNA組み込みが起きない。一方，*E*遺伝子の欠損ではプレヘッドの構築が阻害されるが，パッケージングに必要なタンパク質Aは存在する。*A*，*E*それぞれの欠損ファージが感染した大腸菌からタンパク質を抽出し，これらとλファージベクターを混合するとパッケージングが開始され，ファージ粒子が形成される（図3-9）。試験管で人工的に構築されたファージ粒子は宿主の感染に用いられ，クローンは溶菌プラークから単離される。

λファージにはDNAクローニングを効率化するために様々な改良が加えられている。*in vitro* パッケージングでも，クローニングされるDNAの長さの制約を考えなければならない。ただし，適当な長さを持ったDNA（配列は問わない）であれば両端に*cos*部位があればよい。挿入型ベクターは，DNA断片を挿入してもベクターとしての機能を失わない領域に特異的な制限酵素の認識部位（クローニング部位）を人為的に設計したものである。例えばλgt10ベクターは挿入型ベクターであり，*cI*遺伝子DNA内に制限酵素*Eco*RIのクローニング部位がある（図3-10）。*cI*遺伝子にコードされている*cI*リプレッサーが，オペレーターに結合することによりプロモーターは不活性化され，このベクターでは大腸菌は溶菌しない。クローニング部位にDNA断片が挿入されることによって*cI*遺伝子は機能しなくなり，このファージが感染した大腸菌は溶菌し透明なプラークを形成する。このような，クローン化断片の挿入されたベクターを選抜する方法を*cI*選択と呼び，外来DNAを効率よくファージベクターへクローニングする方法の1つとなっている。置換型ベクターは，複製起点，ファージ粒子構成タンパク質遺伝子，DNA複製と感染細胞の溶解に必要な酵素遺伝子がコードされている領域以外の置き換え可能な領域に，あらかじめ別

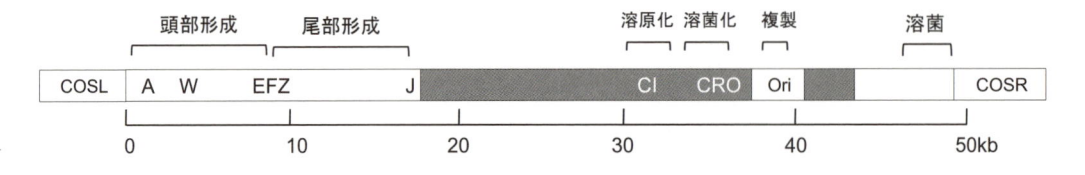

**図3-8 λファージの遺伝子構造**

ファージの組換えと組込みに必要な領域は増殖には必須ではなく，この領域を他のDNAと置き換えることは可能である。

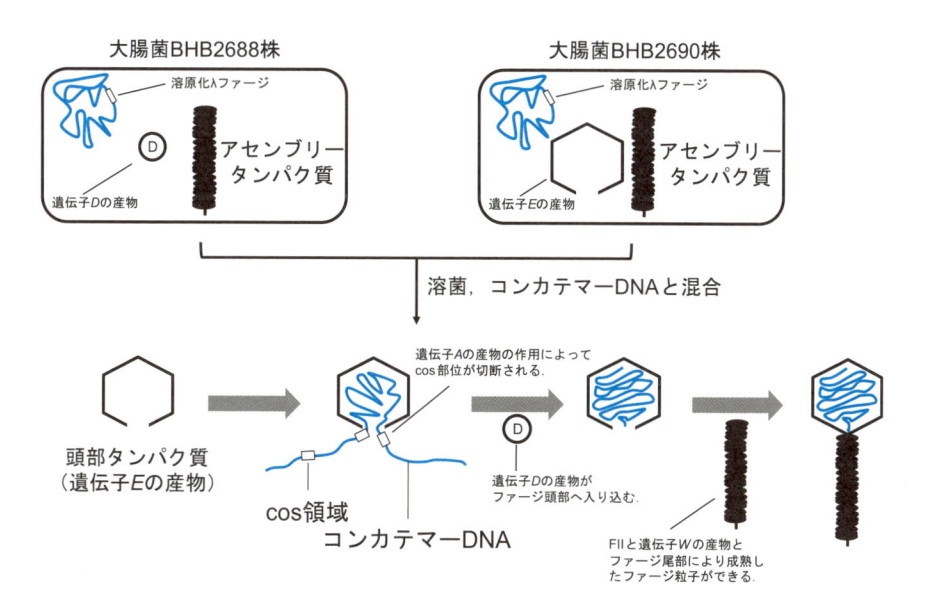

**図 3-9 λファージ粒子の in vitro パッケージング**

大腸菌 BHB2688 株〔N205 recA⁻, (λimm434 cIts, b2, red3, Eam4, Sam7)/λ〕にはλファージが溶原化しており，このファージは培養温度の変更により溶菌性サイクルへの移行が誘導される（λimm434 cIts）。しかし，主要な外殻タンパク質をコードしている遺伝子 E にアンバー変異（Eam4）が導入されているためファージ頭部が作られず，さらに，遺伝子 S にもアンバー変異（Sam7）が導入されているため溶菌せず，ファージの構成分子はすべて大腸菌内にとどまる。大腸菌 BHB2690 株〔N205 recA⁻, (λimm434 cIts, b2, red3, Dam15, Sam7)/λ〕についても同様に培養温度の変更によりファージ粒子の構成成分が細胞内に蓄積するが，遺伝子 D にアンバー変異（Dam15）が導入されているため，パッケージングが起こらない。これら2種の細胞抽出液と cos 部位を含むコンカテマー DNA を混合することにより感染能をもつファージ粒子ができる。真核細胞由来の DNA を用いる場合は，大腸菌 BHB2690 株の代わりにメチル化 DNA への制限を排除した大腸菌 NM759 株〔W3110 recA56, Δ(mcrA) e14, Δ(mrr-hsd-mcr), (λimm434 cIts., b2, red3, Dam15, Sam7)/λ〕を用いると良い。

の DNA 断片（stuffer; スタッファー）を挿入しているものである。置換型ベクターは**挿入型ベクター**よりも大きな DNA を挿入することができる。cI 選択のような DNA 断片が挿入されたファージを効率よくクローニングための系が置換型ベクターにも導入されている。Charon34，Charon35 などでは，スタッファー領域内にβガラクトシダーゼの C 末端側（α断片）をコードする遺伝子（lacZ）が配置されており（図 3-10），大腸菌ホスト染色体内にβガラクトシダーゼ N 末端側（ω断片）遺伝子（lacZ Δ M15）が存在する場合に培地に X-Gal（5-bromo-4-chloro-3-indolyl-β-galactoside）があると，青色プラークを形成する。スタッファー領域が外来 DNA と置き換わったベクターは，透明のプラークを形成するので識別できる。λファージは，P2 ファージが溶原化した大腸菌へ感染することができない。しかし，red, gam 遺伝子を欠失したλファージは P2 ファージ溶原菌内で良好に増殖する。この現象を利用した選別方法を Spi（sensitive to P2 interference）選別という。すなわち，スタッファー領域に red と gam 遺伝子を配置することで，その領域が外来 DNA へと置換された（red と gam 遺伝子が除かれた）ベクターだけが P2 ファージ溶原化大腸菌内で増殖しプラークを形成することができる。P2 ファージは自身の持つ old 遺伝子産物の影響

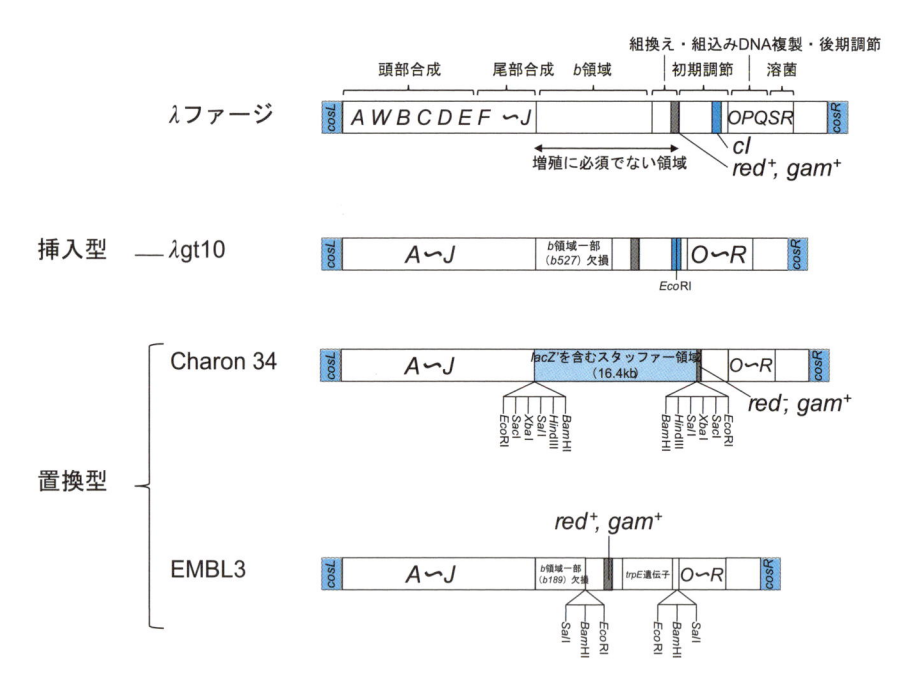

**図 3-10　挿入型と置換型 λ ベクター**

挿入型ベクター λgt10 は，〜6 kb の外来 DNA を挿入することができ，cI 選択が可能である。Charon 34 ベクターは lacZ' を含むスタッファー領域をもち，α 相補による選別が可能である。Charon 35 は Charon 34 とほぼ同じ構成であるが，スタッファー領域が Charon 34 のものより短い（15.6 kb）。Charon 34 と Charon 35 ベクターは 9〜21 kb の外来 DNA を挿入することができる。Spi 選別が可能な置換型ベクターとして EMBL3 を挙げる。クローニングサイトの 3 種類の制限酵素を利用して DNA 断片（7〜20 kb）を置換・挿入することができる。

により recBCD 株内で増殖できない。宿主が P2 ファージの子孫を形成する前に致死的になる。λ ファージの gam 遺伝子産物がエキソヌクレアーゼ V（すなわち RecBCD）を阻害するが，この状態が recBCD 株と類似しているためにこのような現象が起きると推測されている。

これまで述べてきたように λ ファージベクターは，プラスミドに比べて大きなサイズの DNA 断片を挿入でき，プラークの形成により挿入断片の有無を確認できるため，ゲノム DNA のライブラリーのような大きな DNA 断片のクローニングに適している。しかしファージベクターにクローニングした後はプラスミドベクターのほうが扱いやすい。このため，ヘルパーファージ（ファージを完成させるために足りない構成成分を供給するためのファージをいう）の感染によりファージからプラスミドを *in vivo* で切り出すことのできるシステム（λZAPII）が開発された。

(3)　他のファージベクター

上記に紹介した以外にも改良型ファージベクターが開発されている。以下に主なものを紹介する。

**バクテリオファージ M13 ベクター**：バクテリオファージ M13 ベクターは f1，fd ファージと同じく繊維状ファージの 1 つである。パッケージングされる DNA 長に対する構造的な制約はないが，DNA 長が長くなれば挿入された DNA は不安定になる。M13 ファージは F 繊毛をもつ大腸

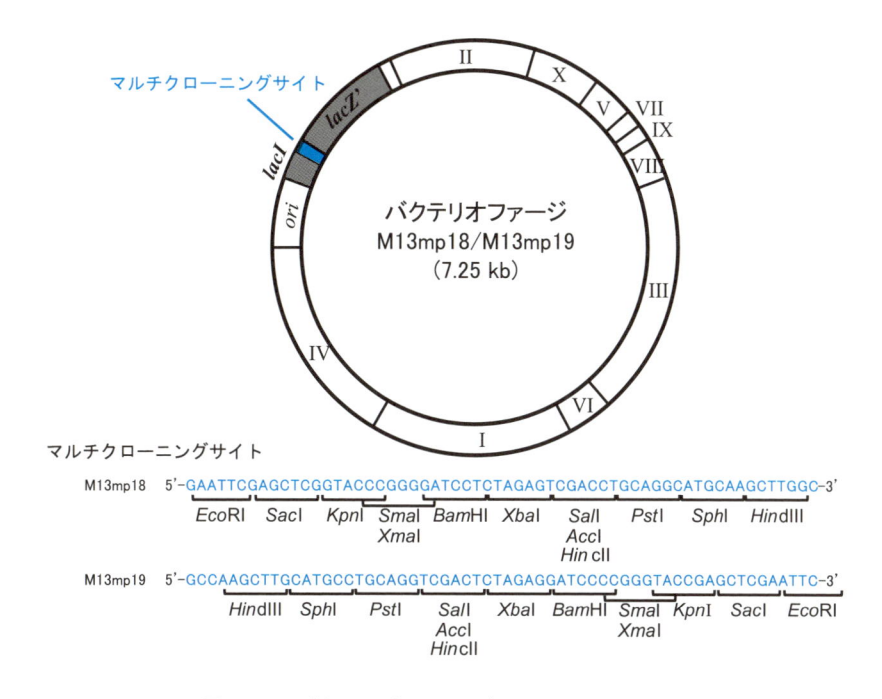

図 3-11　バクテリオファージ M13mp18/M13mp19
遺伝子をローマ数字で表している。I, III, IV, VI, VIII, IX, キャプシドタンパク質；II, V, X, 複製関連タンパク質；VII, 機能未知の遺伝子
(J. Sambrook *et al*., Molecular Cloning A Laboratory Manual second edition, Cold Spring Harbor Laboratory Press (1989) Fig. 4.4)

菌のみに感染でき，宿主大腸菌を殺さずに細胞外へ出てくる。ファージ粒子の中には一本鎖環状DNA（約 6.4 kb）が含まれる。一本鎖の DNA が得られることから塩基配列決定や部位特異的変異導入実験の鋳型を得るために用いられてきた。M13 ベクターは宿主内では二本鎖環状 DNA (replication form; RFII) として細胞あたり数百コピー存在するので，二本鎖環状 DNA を調製したい場合は菌抽出液からプラスミド DNA を調製する方法で取得する。野生型 M13 ファージを改変して約 7.2 kb の M13 ベクター（M13mp18, M13mp19）が作製されている（図 3-11）。これは α 相補性を利用して外来 DNA の挿入をプラークの色で識別できるような工夫がなされている。

**コスミドベクター**：コスミドは，λ ファージのパッケージに必要な *cos* 領域をプラスミドに付加した混成ベクターである。外来 DNA 断片をコスミドベクターではさみ込み *in vitro* パッケージング法によりファージ粒子を完成させ大腸菌に感染させる。大腸菌内に送り込まれた DNA は環状化し，プラスミドとして細胞内で増殖・維持される（図 3-12）。λ ファージは 37 〜 52 kb の範囲にある DNA を内包することができるので，コスミドベクターの全長が 5 kb なら 32 〜 47 kb の DNA 断片を挿入・クローニングすることができる。このようにコスミドベクターは，大きい外来 DNA 断片をクローン化できるファージの利点とプラスミドの扱いやすさを生かした混成ベクターであり，真核生物の遺伝子ライブラリーを構築するのによく用いられる。コスミドベクターを改良したものにシャロミドと呼ばれるベクターがある。pBR322 を由来とする 2 kb の DNA 断片を繰り返し連結したスペーサーをコスミドベクターへ挿入している。繰り返し回数の異なる

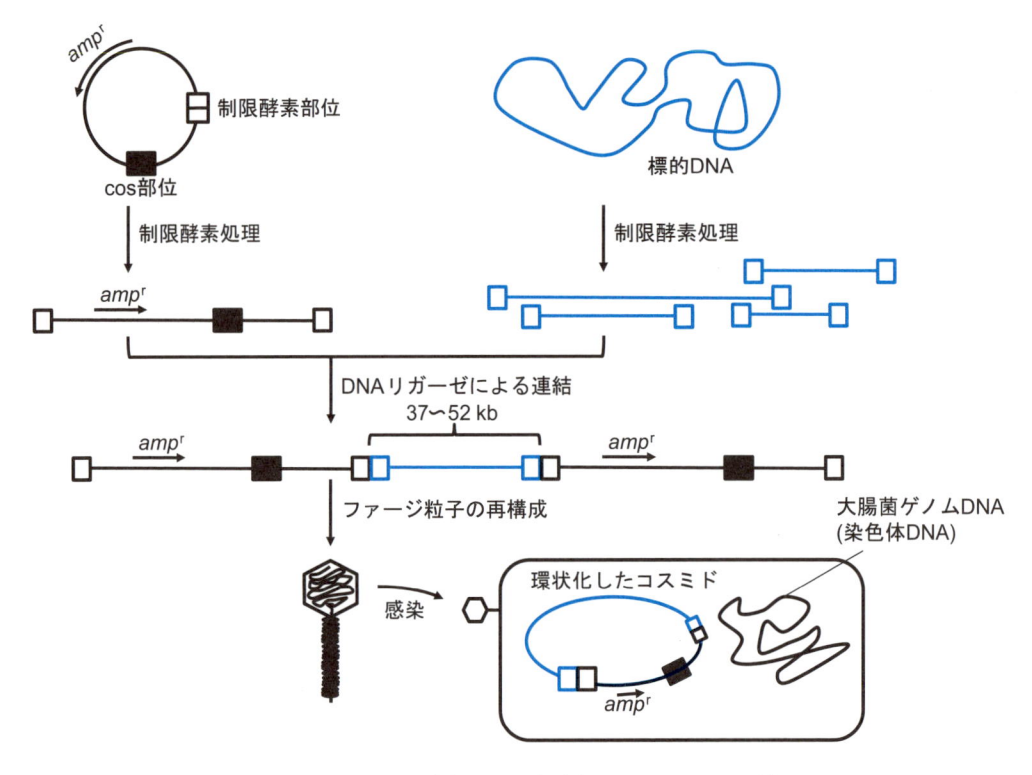

**図 3-12 コスミドを利用した遺伝子のクローニング**
コスミドはファージのように *in vitro* パッケージングを行うことができる。ひとたび感染すると，プラスミドと同様に振る舞い複製され同時に宿主に抗生物質耐性（ここではアンピシリン耐性）を付与する。

シャロミドを選択することで挿入断片の長さの範囲を 2 kb から 45 kb まで選ぶことができる。しかし，繰り返し配列が存在するので宿主大腸菌は組換えの起こらない宿主（recA$^-$株）の使用が望ましい。

　**ファージミドベクター**：M13 または f1 ファージの一本鎖 DNA の生成に必要な複製起点（IG 領域）を組み込んだプラスミドベクターを**ファージミド**という（図 3-13）。F 繊毛を持つ大腸菌を宿主として用い，さらにヘルパーファージを感染させると環状一本鎖 DNA が合成されファージ粒子として培養液中から回収できる。宿主大腸菌は溶菌せず増殖できる。

### （4）ファージを利用した封じ込めレベルのレベルダウン

「遺伝子組換え生物等の使用等の規制による生物の多様性の確保に関する法律」（**カルタヘナ法**）では，取り扱う供与核酸および宿主の危険度を 4 つのクラスに分類し，DNA 組換え実験の際にはその危険度に応じた適切な物理的封じ込めと生物学的封じ込めを行うことを義務づけている。**物理的封じ込め**とは実験室における拡散防止措置（P1 から P4 の 4 段階）のことであり，最も封じ込めのレベルが高いのは P4 である。**生物学的封じ込め**とは，生物学的に安全性の高い宿主ベクター系を用いることで組換え体の環境への拡散・伝播を防止することである。生物学的封じ込めには B1 と B2 の 2 段階があり，B2 が最も封じ込めのレベルが高い。それぞれの区分において

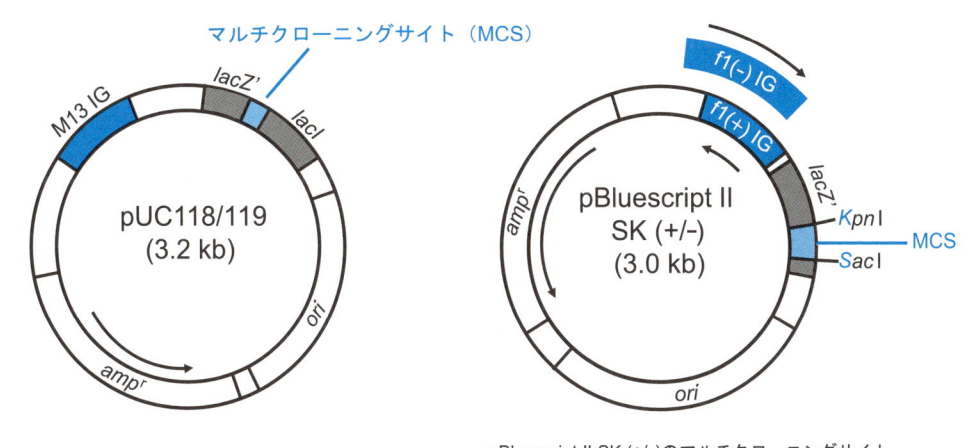

**図3-13 ファージミドベクター**

pUC118とpUC119のマルチクローニングサイトの配列はそれぞれM13mp18, M13mp19と同じである。pBluescript IIには,IG領域の挿入が順（＋）方向のもの（f1（＋）IG）と,逆（－）方向のもの（f1（－）IG）があり,さらに,それぞれについてマルチクローニングサイトが順方向（SK）,逆方向（KS）に配置されたものが作製されている。

(J. Sambrook *et al.*, Molecular Cloning A Laboratory Manual second edition, Cold Spring Harbor Laboratory Press (1989) 1.14)

pBluescript II SK (+/-)のマルチクローニングサイト

5'-GAGCTCCACCGCGGTGGCGGCCGCTCTAGAACTAGTGGATCC
　　*Sac*I　　　　　　　　　　　　　　　*Xba*I　　*Spe*I　*Bam*HI

CCCGGGCTGCAGGAATTCGATATCAAGCTTATCGATACCGTCGAC
*Sma*I　　*Pst*I　*Eco*RI　　　　*Hind*III　　　　　　*Sal*I
*Xma*I　　　　　　　　　　　　　　　　　　　　　　　　　　*Acc*I
　　　　　　　　　　　　　　　　　　　　　　　　　　　　　　*Hinc*II
CTCGAGGGGGGGCCCGGTACC-3'
*Xho*I　　　　　　　　　　*Kpn*I

　使用されるべき宿主ベクター系(認定宿主ベクター系)が定められている。宿主を大腸菌とした場合，B1に区分される宿主ベクター系のうち，「EK1」は「*Escherichia coli* K12株，B株，C株及びW株又はこれら各株の誘導体を宿主とし，プラスミド又はバクテリオファージの核酸であって，接合等により宿主以外の細菌に伝達されないものをベクターとするもの」と定められている。法律ではバクテリオファージは生物として扱うことになっている。さらに，認定宿主ベクター系のうちB2に区分されるものを特定認定宿主ベクター系といい，宿主を大腸菌とした場合，EK2の系が定められている。法律では「*Escherichia coli* K12株又はこの誘導体のうち，遺伝的欠陥を持つため特殊な培養条件下以外での生存率が極めて低い株を宿主とし，プラスミド又はバクテリオファージの核酸であって接合等により宿主以外の細菌に伝達されないもののうち，宿主への依存性が特に高く，他の細胞への伝達性が極めて低いものをベクターとするものであって，ベクターが移入された宿主の数が特殊な培養条件下以外において24時間経過後1億分の1以下になるもの」と定められている。危険度の高い生物由来の核酸を取り扱う場合，生物学的封じ込めのレベルをB2にすれば，物理的封じ込めのレベルを下げることができる。詳しくは，「カルタヘナ法」を参照されたい。

　生物学的封じ込めB2に区分される特定認定宿主ベクター系には,宿主および使用するベクターがそれぞれ定められている。大腸菌DP50 *supF* [F⁻ *dapD8 lacY1 glnV44*(=*supE44*) Δ(*gal-uvrB*)47

$tyrT58$($=supF58$) $gyrA29$($Nal^r$) $tonA53$ $\Delta$($thyA57$) $hsdS3$($r_K^-$ $m_K^-$)]株は，環境中の生存率を低くする3つの変異が導入されている。テトラヒドロジピコリン酸スクシニルトランスフェラーゼを欠損しているため（$dapD8$変異），特殊なアミノ酸であるジアミノピメリン酸を合成できない。ジアミノピメリン酸は細胞壁ペプチドグリカンの成分であり環境中にはほとんど見あたらないため，万一漏れ出たとしても生存の可能性は極めて低い。また，DNA複製に必須であるチミジンを合成できず（$\Delta$($thyA57$)変異），生育にチミジンを要求する。$gal$遺伝子から$uvrB$遺伝子までの領域を欠損しているため（$\Delta$($gal$-$uvrB$)変異），ラクトースを栄養源として利用できず紫外線にも弱い。このようなDP50 $supF$株での使用が指定されているベクターのうち，$\lambda$gtWES$\lambda_B$ベクターには，それぞれファージ頭部の合成とファージ粒子の成熟に関与する遺伝子$E$と遺伝子$W$，さらに溶菌に関与する遺伝子$S$の3つにアンバー変異（それぞれ$Wam403, Eam1100, Sam100$）が導入されている。そのため，宿主にはサプレッサー変異（$supE$または$supF$）が導入されている必要がある。特にS変異（$Sam7$または$Sam100$）をもつベクターの場合はDP50 $supF$株のような$supF$変異株を使用する必要がある。遺伝子$S$産物が合成されない場合，宿主は溶菌せずファージ粒子は宿主内に蓄積される。ギリシャ神話にあるスティクス川（三途の川）の渡し守の意味を持つ"Charon"ベクターは大きなDNA断片をクローニングするために開発された置換型ベクターである。Charon 4Aベクターには，$cos$部位を認識・切断する$\lambda$ターミナーゼサブユニットをコードする遺伝子$A$とファージ頭部の合成に関与する遺伝子$B$にアンバー変異（それぞれ$Aam32, Bam1$）が導入されており，Charon 21Aには遺伝子$W$と遺伝子$E$にアンバー変異（それぞれ$Wam403, Eam1100$）が導入されている。これらのCharonベクターを使用する場合は，宿主がサプレッサー変異株（$supE$または$supF$）である必要がある。CharonシリーズのベクターのうちCharon 4AやCharon 21Aのように，末尾にAの文字が付加されているものにはアンバー変異が導入されている。特定認定宿主ベクター系（B2）では，DP50 $supF$株はファージベクターの宿主として，大腸菌$\chi$1776[F$^-$ $fhuA53$ $dapD8$ $minA1$ $glnV44$($=glnV44$) $\Delta$($gal$-$uvrB$)40 $minB2$ $rfb$-2 $gyrA25$($Nal^r$) $thyA142$ $oms$-2 $metC65$ $oms$-1($tte$-1) $\Delta$($bioH$-$asd$)29 $cycB2$ $cycA1$ $hsdR2$($r_K^-$ $m_K^+$) $mcrB1$]株はプラスミドベクターの宿主として指定されている。$\chi$1776株は環境中の生存率を低くする3つの変異が導入されている他に，プラスミドの接合伝達を著しく低下させた変異を持たせている（$\Delta$($gal$-$uvrB$)40, $rfb$-2変異）。

(5) ファージの組換えシステムを利用したDNA加工技術；Gateway$^®$法

 組換えDNA技術は遺伝子のクローニングおよびその機能を研究する上で重要である。DNA断片を1つのベクターからもう1つの別のベクターに移し換える場合，従来の制限酵素とリガーゼを使用する方法から，近年のPCRを基本とする方法へと進展してきた。Gatewayクローニング法は，巧妙な*in vitro*組換え反応を用いた技術であり，遺伝子のクローニングにおいて従来にない高い融通性，効率および正確性で組換え操作を可能とする画期的なシステムである。このシステムを用いることで，1段階の反応でいろいろなタンパク質発現系のベクターに，1個または複数の遺伝子をクローニングすることが可能である。

 Gatewayクローニング法は部位特異的*in vitro*組換え反応を利用したものであり，制限酵素やリガーゼを用いる作業は必要としない。Gatewayクローニング法では，$\lambda$ファージDNAと大腸菌

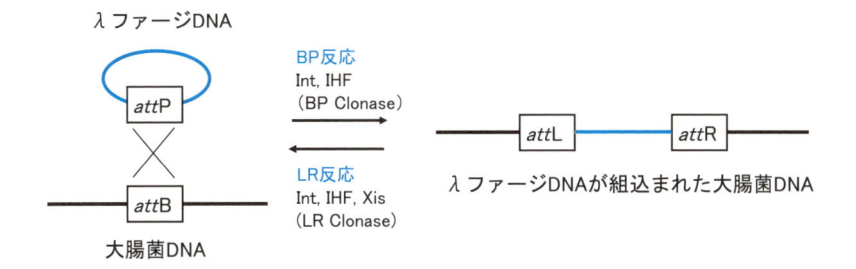

## 3-1 細菌を利用する遺伝子操作技術

attB 25bp, attP 233bp, attL 100bp, attR 124bp

attB1 AGCCTGCTTTTTTGTACAAACTTGT　　attP1 + attB1 ⇄ attL1 + attR1
attB2 ACCCAGCTTTCTTGTACAAAGTGGT　　attP2 + attB2 ⇄ attL2 + attR2

図 3-14　λファージ DNA と大腸菌 DNA の組換え反応

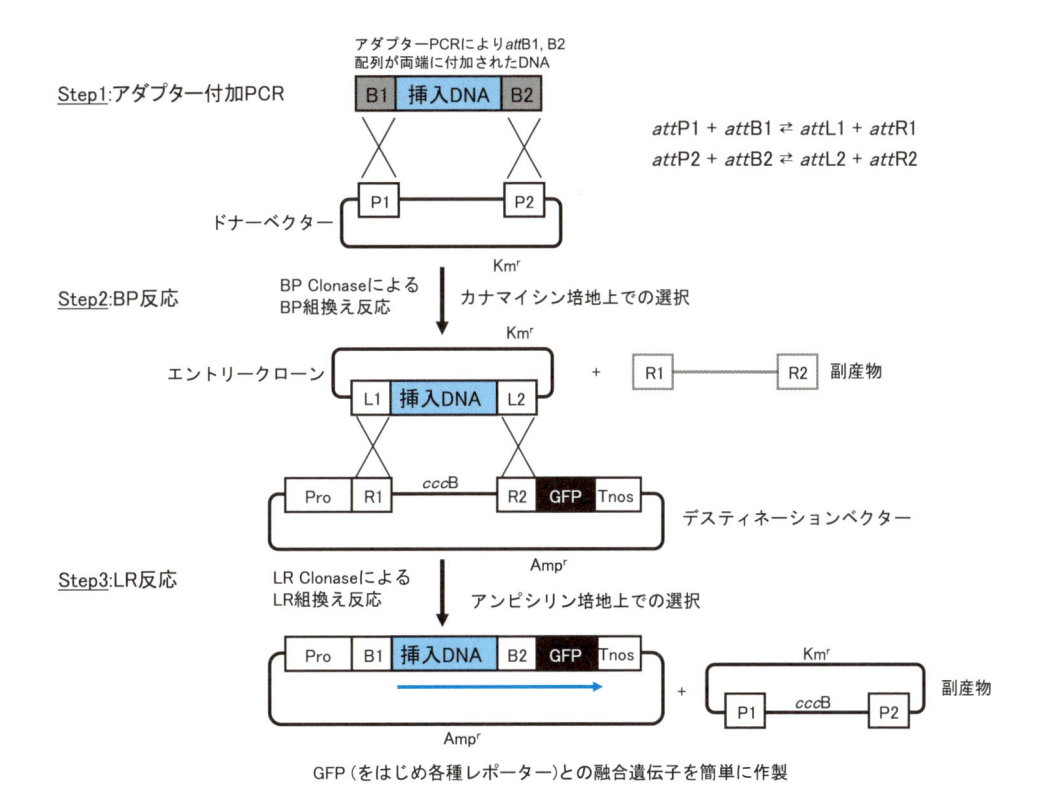

図 3-15　Gateway クローニング技術によるプラスミド構築

DNA との**部位特異的組換え反応**を利用し，組換え配列である *att* 配列と反応に必要なタンパク質混合液（Clonase）を用いて，*in vitro* 組換え反応によりベクターへのクローニングを行うことができる。λファージの組込み時には，ファージの *att*P 配列（233 bp）と大腸菌の *att*B 配列（25 bp）との組換え反応により，*att*L 配列（100 bp）と *att*R 配列（124 bp）が生じる。逆にλファー

77

ジ切り出し時には，*att*L 配列と *att*R 配列との組換え反応により *att*P 配列と *att*B 配列が生じる。前者の反応を BP 反応（*att*B x *aat*P），必要なタンパク質混合液（λファージ部位特異的組換えに関与する酵素, Int（Integrase）と IHF（Integration Host Factor）タンパク質）を BP Clonase と呼び，後者の反応を LR 反応（*att*L x *aat*R），必要なタンパク質混合液（λファージ部位特異的組換えに関与する酵素, Int, IHF, および Xis（Excisionase）タンパク質）を LR Clonase と呼ぶ（図 3-14）。実際のシステムでは，塩基配列がわずかに異なる 2 種類の *att* 配列（例えば *att*B1 と *att*B2）が用いられ，同じ番号の *att* 配列の組み合わせで反応が進行するため，方向性を維持したクローニングも可能である（図 3-15）。

Gateway クローニング法では，まずエントリークローンの作製を行い，その後エントリークローンとデスティネーションベクターの LR 反応により目的の発現クローンを得る（図 3-15）。デスティネーションベクターの *att*R1-*att*R2 間に通常の大腸菌の生育を阻害する *ccd*B（control of cell death）遺伝子を組み込んでおくことにより，未反応のベクターではコロニーが形成されないようにすることが可能であり，目的の組換えクローンを効率的に回収することができる。特筆すべきこととして，*att* 配列に対するフレームの合わせ方が統一されているため，どのデスティネーションベクターに移した場合でも自動的に挿入遺伝子とフレームが合うようになっている。よって，一旦作製されたエントリークローンは，挿入方向とリーディングフレームを維持したまま，どのタイプのデスティネーションベクターへも移し換えが可能である。そのため，精製や検出に用いる融合タグを付加したタンパク質発現クローンを容易に作製することができる。エントリークローンの作製には複数の方法が用いられているので簡単に説明する。

**PCR 法を用いる方法**：25 bp の *att*B 配列を含むアダプタープライマーを用いて PCR により増幅した DNA を，ドナーベクター（*att*P1 と *att*P2 部位を持つ）と BP クロナーゼを用いて組換え反応（PCR クローニング）させる。*att*B1 と *att*B2 配列を 5' 末端に含むアダプタープライマーで PCR 増幅した DNA は，ドナーベクターとの BP 組換え反応により一定方向に組込まれ，エントリークローンを作製することができる。目的のエントリークローン（*att*L1, *att*L2 部位を持つ）は，Km（カナマイシン）選択培地で 90％以上の高効率で選択可能である。

**制限酵素を用いる方法**：PCR 法で制限酵素部位を付加し，制限酵素切断により目的遺伝子断片を調整する。従来の制限酵素-リガーゼ系を用いて，*aat*L1 と *aat*L2 配列の間に制限酵素部位持つエントリーベクターに目的 DNA を組込む。

**TOPO ベクターを用いる方法**：平滑末端を生じる PCR 法により，目的遺伝子を増幅する。TOPO クローニングテクノロジー（インビトロジェン社）を活用し，PCR 産物と pENTR/D-TOPO ベクターを混合し反応させる。

デスティネーションベクターおよび関連酵素などに関しては，数多くの種類がインビトロジェン社から販売されている。その種類はクローニング用，タンパク質発現用（細菌，酵母，昆虫，哺乳類細胞，植物など），タグ・レポーター融合用，アンチセンス用，*in vitro* 用，RNAi 用など多種多彩である。

## 3-2 真核微生物（酵母）の遺伝子操作

　出芽酵母や分裂酵母を代表とする酵母を用いた解析・研究が大きく発展してきた理由の1つは，宿主-プラスミドベクター系の開発により，容易に宿主細胞内にDNAを導入し安定に保持することが可能である点である．以下に，酵母のプラスミドベクター系および酵母遺伝子のエピトープタギング法について述べる．

### 3-2-1　酵母のプラスミドベクター系

　酵母で用いられるベクターは，大腸菌と酵母の両方で増殖および選択が可能なシャトルベクターである必要がある．シャトルベクターは，大腸菌における複製開始点（ori），大腸菌における選択マーカー，酵母における自律複製配列（autonomously replicating sequence: ARS），および酵母における選択マーカーの4つの要素を兼ね備える必要がある．以下に，代表的な実験室酵母である出芽酵母および分裂酵母のプラスミドベクター系について説明する．

#### （1）出芽酵母のプラスミドベクター系

　出芽酵母で一般的に用いられるプラスミドベクターは，酵母内での存在様式の違いから大まかにYIp（染色体への組み込み），YCp（低コピー数），およびYEp（高コピー数）の3種類に分類

**表 3-2　出芽酵母のプラスミドベクター**

| プラスミド | 酵母複製起点 | 酵母選択マーカー | プロモーター，その他の配列 |
|---|---|---|---|
| 染色体組み込み（YIp）型ベクター | | | |
| YIp5 | | URA3 | |
| YIplac128 | | LEU2 | |
| pRS303 | | HIS3 | |
| pRS304 | | TRP1 | |
| pRS305 | | LEU2 | |
| pRS306 | | URA3 | |
| 低コピー（YCp）型ベクター | | | |
| YCp50 | ARS1, CEN4 | HIS3 | |
| pRS313 | ARSH4, CEN6 | TRP1 | |
| pFL36 | ARS1, CEN6 | LEU2 | |
| 高コピー（YEp）型ベクター | | | |
| pRS423 | 2 μm | HIS3 | |
| pRS424 | 2 μm | TRP1 | |
| pRS425 | 2 μm | LEU2 | |
| pRS426 | 2 μm | URA3 | |
| pRp7 | ARS1 | TRP1 | |
| pRp12 | ARS1 | URA3, TRP1 | |
| タンパク質発現用ベクター | | | |
| pBM272 | ARS1, CEN | URA3 | GAL1 プロモーター |
| pYES2/NT | 2 μm | URA3 | 6His, V5 |
| pTB152 | | kanMX6 | 3HA, 6His |
| pTB154 | | TRP1 | 3HA, 6His |
| pSMF38T | 2 μm | TRP1 | Suc2 シグナル配列 |

可能である（表3-2）。出芽酵母細胞内での選択マーカーには一般的に，*LEU2, URA3, HIS3, ADE2, TRP1* などの代謝系遺伝子が主に用いられており，宿主の栄養要求性変異がプラスミドの保持するマーカー遺伝子によって相補されたものを形質転換体として選択する。また近年，ジェネティシン（G418）（*kanMX*），ハイグロマイシンB（*hphMX*），オーレオバシジン（*aur*）などの抗生物質耐性マーカーも用いられている。

- YIp（yeast integrating plasmid）ベクター（染色体への組み込み型）

酵母における選択マーカーを有するが，ARS配列を持たない。よって，相同組換えによってプラスミドが染色体DNAに挿入されたものだけを形質転換体として取得可能である。相同組換えの標的とする配列をYIpベクターにクローン化し，その配列中の1ヵ所でプラスミドDNAを切断後，形質転換することで標的配列中にYIpプラスミドを組み込むことができる。このような性質を利用して，染色体DNAに点変異，欠失変異，およびエピトープタグなどを導入するのに利用されている。

- YCp（yeast centromere plasmid）ベクター（低コピー型，セントロメア型）

酵母染色体のセントロメア配列（CEN）を持つため，極めて安定に分配維持される。プラスミド上のCEN配列が染色体上のセントロメアと同様に機能するため，細胞分裂時にプラスミドは安定に分配され，しかも低コピー数（1〜2コピー）で保持される。よって，プラスミドから発現させたタンパク質量が，本来細胞内に存在するタンパク質量に近い状態で解析を行うことが可能である。

- YEp（yeast episomal plasmid）ベクター（高コピー型）

天然の出芽酵母に存在する2 μmプラスミド由来の*ARS*配列を有するプラスミドで，染色体DNAとは独立に自律複製することができ，細胞内のコピー数も20〜40コピーと高く維持される。安定性を向上させるために，2 μmの安定性に寄与する*STB*配列を導入したベクターもある（pRS426）。

- タンパク質発現用ベクター

ガラクトース培地で転写が誘導される*GAL1*や*GAL10*プロモーター，無機リン酸濃度の低い培地で転写が誘導される*PHO5*プロモーター，グルコース培地で強い発現量を示す*ADH1*プロモーターなどがよく用いられている。また，発現タンパク質にシグナル配列を付加することで分泌可能としたものや，タンパク質の発現確認や精製を容易にするためのエピトープタグとの融合タンパク質として発現できるようにしたものなどがある。

その他に，タンパク質間相互作用を検出する酵母 two-hybrid 法のためのプラスミドベクターや巨大DNA断片をクローニング可能とする酵母人工染色体（yeast artificial chromosome: YAC）ベクターなども豊富にある。

### （2） 分裂酵母のプラスミドベクター系

分裂酵母のプラスミドベクターは出芽酵母に比べればあまり整備されていないのが現状である。分裂酵母のセントロメアは出芽酵母のものに比べれば巨大なため，出芽酵母のYCpベクターのような低コピー数ベクターの使用例は少なく，通常染色体への組み込み型を除けば多コピーベ

表 3-3　分裂酵母のプラスミドベクター

| プラスミド | 酵母複製起点 | 酵母選択マーカー | プロモーター |
|---|---|---|---|
| **染色体組み込み型ベクター** | | | |
| pJK148 | | leu1+ | |
| pJK210 | | ura4+ | |
| pIA | | ade6+ | |
| pIL2 | | ScLEU2 | |
| pRIP1/s | | sup3-5, ScLEU2 | |
| **高コピー型クローニング用ベクター** | | | |
| pDB248X | Sc 2 μm | ScLEU2 | |
| pAL-KS/SK | ars1 | ScLEU2 | |
| pAU-KS/SK | ars1 | ScURA3 | |
| pDBlet | ars3002 × 2 | ura4+ | |
| pFL20 | ars1 | ScURA3 | |
| **タンパク質発現用ベクター** | | | |
| pREP1, 41, 81 | ars1 | ScLEU2 | nmt 1+ ＊1 |
| pREP2, 42, 82 | ars1 | ura4+ | nmt 1+ ＊1 |
| pART1 | ars1 | ScLEU2 | adh1 |
| pCL-X | ars1 | ScLEU2 | SV40 |
| pCMVL-X | ars1 | ScLEU2 | CMV |
| pAUR224 | ars1 | aur1+ | CMV |
| pTl1M5 | ＊2 | neoR | inv1 |

＊1 nmt1 プロモーターに変異を加え、段階的に発現を弱めたもの（pREP41, 42 は少し発現を弱めたもの，pREP81, 82 はかなり弱めたもの）

＊2 このプラスミドは ars を持たないため、pAL7 などの ars を持つベクターと co-transformation する必要がある。

クターである。分裂酵母における自律複製配列として，出芽酵母の 2 μm プラスミド由来の ARS 配列や分裂酵母自身の ars1 などが用いられている。2 μm プラスミド由来の ARS 配列を持つベクターは，分裂酵母内でのコピー数は 5 〜 10 コピーと比較的少なく，ars1 配列を持つベクターのコピー数は 15 〜 80 コピーと比較的高い。一般的に，分裂酵母で用いられるベクターは不安定であり，細胞増殖の際にプラスミドが重合したり，プラスミド自体が脱落したりすることがある。しかし近年，比較的安定で低コピー数のベクターも報告されてきている（表 3-3）。

　分裂酵母における選択マーカーとしては，代謝系遺伝子である出芽酵母由来の LEU2（分裂酵母の leu1 変異を相補）や URA3（分裂酵母の ura4 変異を相補），分裂酵母の ura4+, ade6+, his3+, arg12+, sup3-5 遺伝子などが用いられている。出芽酵母 LEU2 遺伝子は分裂酵母の leu1 変異を 1 コピーで相補するのに対して，出芽酵母 URA3 遺伝子は分裂酵母の ura4 変異を相補するには数コピー必要である。この性質を利用して，プラスミドのコピー数を上げることができる。出芽酵母の場合と同様に，近年，ジェネティシン（G418）（kanMX），ハイグロマイシン B（hphMX），オーレオバシジン（aur）などの抗生物質耐性マーカーも用いられている。

・染色体組み込み型ベクター

　出芽酵母の YIp ベクターに相当するもので，使用方法も大体同じである。使用されるマーカー

は $ura4^+$, $ade6^+$, $his3^+$, $arg12^+$, sup3-5 遺伝子（pRIP1/s など）などである。sup3-5 は tRNA の変異遺伝子であり，ade6-704 変異を抑圧する。sup3-5 は多コピーで存在すると細胞に毒性を示すことから，染色体 DNA にプラスミドベクターが組み込まれたものを選抜することが可能である。

・高コピー型ベクター

代表的な高コピー型ベクターである pAL-KS は分裂酵母の ars1 を複製起点に，出芽酵母の LEU2 遺伝子を選択マーカーとして持つ。pAU-KS は LEU2 の代わりに出芽酵母の URA3 遺伝子をマーカーとして持つ。出芽酵母の 2 μm プラスミド由来の ARS 配列を持つプラスミドも用いられている（pDB248X）。しかし，ars1 を持つベクターのコピー数が数十コピーなのに比べて，2 μm プラスミド由来の ARS 配列を持つベクターは分裂酵母内でコピー数が低い（数コピー）。これら高コピーベクターは，プラスミドの安定性が良くないため，stb(stable) 配列を持たせたり，ars を 2 コピー持たせたりすることにより，安定性を向上させたベクターも用いられている（pFL20, pDBlet など）。

・タンパク質発現用ベクター

分裂酵母においても任意の遺伝子を過剰発現したり，発現レベルを制御可能なプロモーターを持つベクターもいくつか開発されている。分裂酵母で最も一般的に使用される発現用プラスミドベクターは pREP 系ベクターである。pREP 系ベクターはチアミン（ビタミン B1）合成に関与する nmt1 遺伝子のプロモーターを利用している。nmt1 プロモーターは，培地中にチアミンが存在するときは発現が抑制され，存在しないときは発現が誘導される。よって，培地中のチアミン濃度に依存した発現制御が可能である。元々の nmt1 プロモーター（pREP1, 2）は非常に強力であるが，TATA box に段階的に欠失変異を入れプロモーター強度を段階的に弱めたプロモーターも作製されている（pREP41, 42, 81, 82）。shut-off 実験などには，最も発現量の弱い nmt1 変異プロモーターを持つ pREP81 や pREP82 がよく用いられる。pREP 系ベクターを基に，抗体認識エピトープタグとの融合タンパク質として発現させる様々なプラスミドも開発されている（pSLF123/173, pDS472/473 など（表 3-4））。その他に，SV40 初期プロモーターや $adh1^+$ プロモーターなどが恒常的なプロモーターとしてよく用いられている。特に高発現可能なアルコールデヒドロゲナーゼ（$adh1^+$）プロモーターを有した pART1 ベクターなどは多用されている。$adh1^+$ プロモーターは非常に強力である（SV40 初期プロモーターの 5〜20 倍）。また，グルコース存在下で発現抑制が可能な $fbp1^+$ プロモーターも利用可能である。また，SV40 初期プロモーターやサイトメガロウイルス（CMV）プロモーターなど高等生物のプロモーターがそのまま利用できる点は，出芽酵母にはない大きな利点である。

### 3-2-2 PCR 法を用いた酵母遺伝子の破壊およびエピトープタギング法

酵母の宿主-プラスミドベクター系の大きな特徴の 1 つは，逆遺伝学的解析が容易であることである。実験室酵母として活用されている出芽酵母や分裂酵母では，一倍体細胞と二倍体細胞を使い分けることが可能で思いのままに目的の遺伝子を破壊することができる。また。クローン化した遺伝子を改変したり，抗体認識エピトープタグを付加し，その後宿主染色体に再び戻して人為的突然変異体やエピトープタギング株をつくることで，その遺伝子の機能に迫ることも可能で

ある。真核生物のモデル系の中で，酵母は最も逆遺伝学が進んでおり，他のモデル生物系への応用を考える上でも重要な情報を提供している。

### (1) PCR法を用いた酵母遺伝子の破壊法

相同組換えを利用した**遺伝子破壊法**は，染色体上の目的の遺伝子を特異的に破壊し，その細胞の表現型を観察することで，その遺伝子の持つ細胞内機能を調べる常法である。一般的に，出芽酵母は相同組換えの頻度が極めて高く，目的の形質転換体を容易に得ることが可能である。分裂酵母は出芽酵母に比べると相同組換えの頻度がかなり落ちるが，基本的に同様の手法が適用できる。古典的な遺伝子破壊法では，まず標的遺伝子をベクターにクローン化し，制限酵素部位を利用してオープンリーディングフレーム（ORF）領域の大部分を選択マーカーと置換する。その後，選択マーカーと置換した断片をベクターから切り離して宿主細胞に導入し，相同組換えにより遺伝子破壊株を得る，という手間も時間もかかる方法であった。それに対して，PCRを用いた直接遺伝子破壊法（PCR法）は，選択マーカー配列の両端に目的とする遺伝子領域と相同的な80塩基前後の長さの配列（出芽酵母の場合は50塩基程度の長さ）を付加するように設計したプライマーでPCR増幅させ，そのPCR産物をそのまま直接宿主細胞に導入する。それにより，プライマーに存在する配列と相同的な配列領域での相同組換えにより遺伝子破壊株を得るという方法である（図3-16）。PCR法は従来の古典的な方法に比べ，遺伝子組換えの過程を全く行わずに直接遺伝子破壊が行える点で極めて効果的な手法である。また，従来の方法では標的遺伝子に選択マーカーを挿入する際に，利用できる制限酵素部位の有無により挿入部位が制限されるという問題点があった。さらに，ORF領域全体を除去するような完全破壊株を作ることも困難であった。

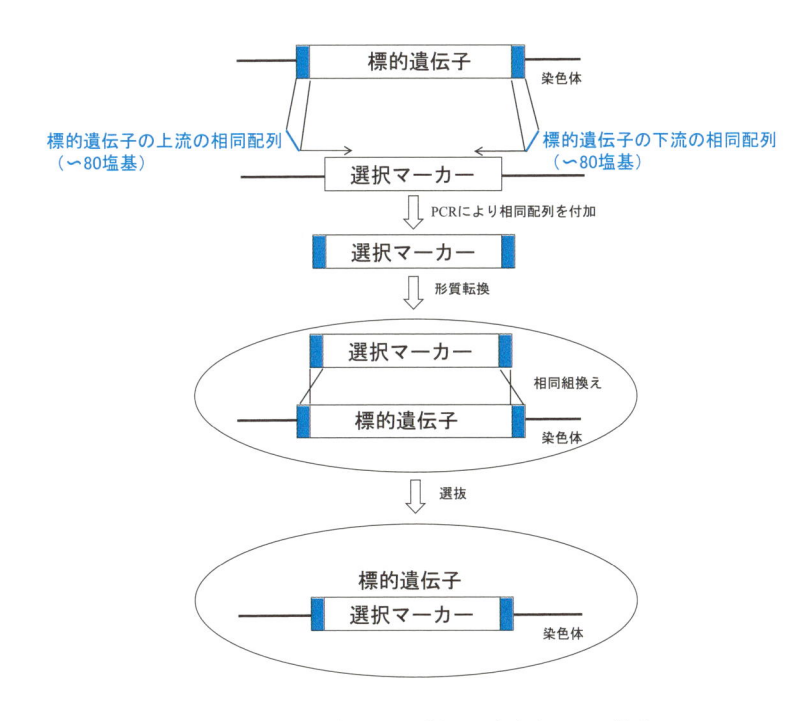

図3-16　PCR法を用いた遺伝子破壊法（1段階法）

しかし，PCR法では原理的には選択マーカーの挿入部位を自由自在にデザイン可能であり，完全破壊株の設計も容易にできるという大きな利点がある。

　出芽酵母に比べて相同組換え効率の低い分裂酵母の場合は，相同的な配列が80塩基前後だけでは相同組換え効率が低いことや，精度の高い長いプライマーを設計することによるコスト増大などが問題点として挙げられる。しかし，これらの問題点は以下に述べる2段階法の導入により大幅に改善された。

### (2) PCRを用いた酵母遺伝子のエピトープタギング法

　ここでは，PCR産物を用いた**エピトープタギング**法を分裂酵母での実施例をもとに説明する。この手法も上述のPCR法を用いた酵母遺伝子の破壊法と同様に，最初に出芽酵母で開発され，その後分裂酵母にも適用された。相同組換え効率の高い出芽酵母ではより効果的にこの手法を用いることが可能である。目的のタンパク質への**抗体の認識部位（エピトープタグ）**の付加（表3-4），あるいはGFP(Green Fluorescence Protein)等の**リポータータンパク質**の付加，といったいわゆるエピトープタギング法は，そのタンパク質の生化学的な機能の解析や細胞内での挙動を理解する上で極めて有効な手法である。特に，目的とするタンパク質に対する力価の高い抗体が得られない場合や特異的抗体の入手が困難な場合には，エピトープタグの付加は有効な手段である。また，短時間かつ安価に抗体認識部位の付加ができるので，市販の力価の高いタグ抗体を用いることができる。抗体の認識部位としては，HA, Myc, FLAG, GST, His, GFP, Pk, V5抗体に対するものが一般的によく用いられている。従来のタギング法では，まず標的遺伝子をベクターにクローン化し，ORF領域のN-末端またはC-末端にフレームを合わせて抗体の認識部位を付加して，その後相同組換えを利用し，染色体上の遺伝子を抗体の認識部位を付加した遺伝子で置換する。それに対してPCRを用いたタギング法では，抗体の認識部位と選択マーカーを含む領域をPCR法で増幅し，そのPCR産物で宿主酵母細胞を直接形質転換し，相同組換えによってタギング株を得る方法である（図3-17）。ここでは，プライマーのコストや相同組換え効率の問題を改善した2段階法で記述する。2段階法では，1段階法における長いプライマーによるPCR反応の代わりに，まず1段階目のPCR反応として，一方にマーカーと相同的な20塩基程の配列を持たせたプライマーにより約250～500塩基対程の領域を左右2カ所増幅する（図3-17）。2段階目として，1段階目のPCR産物をメガプライマーとして数サイクルPCR反応させ，その後外

表3-4　エピトープタグ付加ベクター

| プラスミド | 元となるプラスミド | エピトープタグの種類 | 酵母選択マーカー |
|---|---|---|---|
| pSLF172/173 | pREP4 | 3HA | $ura4^+$ |
| pDS472/473 | pREP4 | GST | $ura4^+$ |
| pREP41Pk-N | pREP41 | Pk | $ScLEU2$ |
| pFA6a-3HA-kanMX6 | | 3HA | $kanMX6^+$ |
| pFA6a-13myc-kanMX6 | | 13myc | $kanMX6^+$ |
| pFA6a-GST-kanMX6 | | GST | $kanMX6^+$ |
| pFA6a-GFP(S65T)-kanMX6 | | GFP | $kanMX6^+$ |

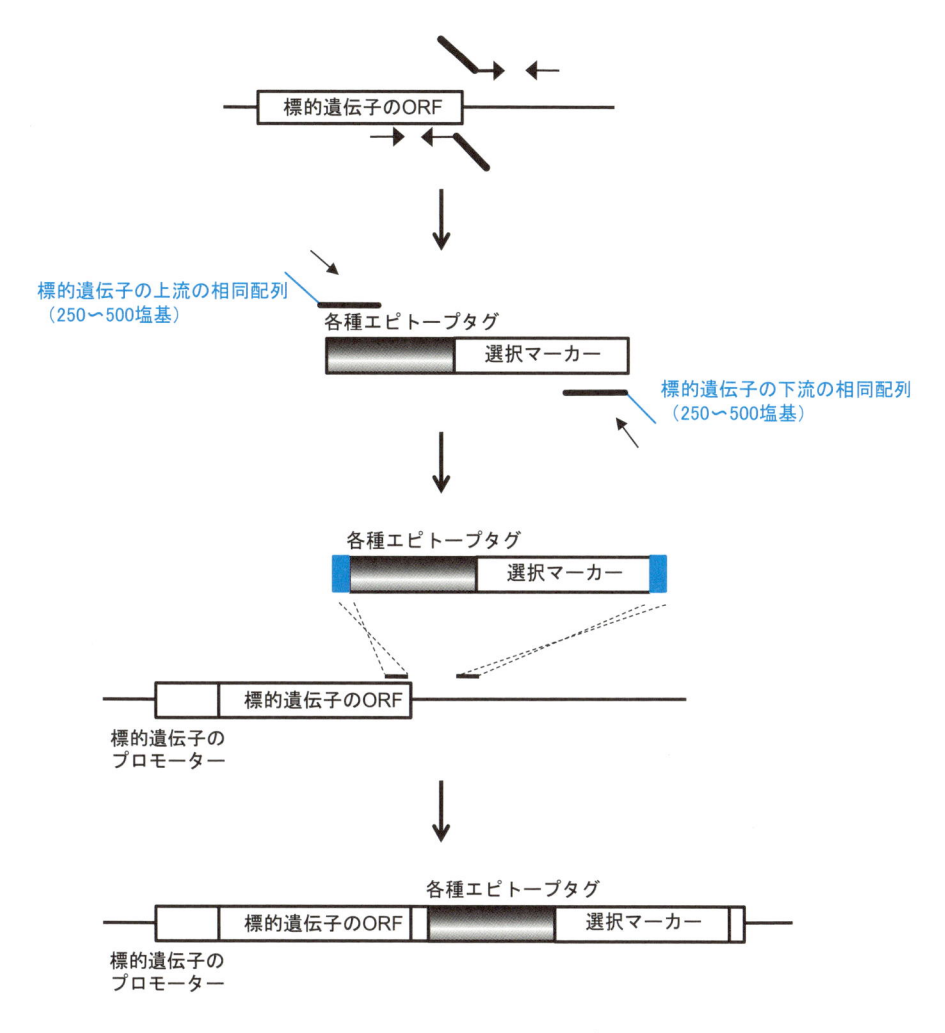

図 3-17　PCR 法を用いたエピトープタギング法

側のプライマーにより全体を増幅する。結果として，作製コストの高い長いプライマーを使うことなしに，相同的な領域をタギングカセットの両側に約 250 〜 500 塩基対程保持した PCR 断片を得ることができ，相同組換え効率も格段によくなる。

### 参考文献

1) 野島　博,「ゲノム工学の基礎」, 東京化学同人 (2002)
2) 吉倉　廣監修, 遺伝子組換え実験安全対策研究会編著,「よくわかる！研究者のためのカルタヘナ法解説－遺伝子組換え実験の前に知るべき基本ルール－」, ぎょうせい (2006)
3) Birge, E.A., 高橋秀夫・宍戸和夫訳,「バクテリアとファージの遺伝学　分子生物学・バイオテクノロジーの基盤」, シュプリンガー・フェアラーク東京 (2002)
4) Walhout, A. J., Temple, G. F., *et al.*, *Methods in Enzymol.*, 328, 575-592, (2000)

5) 五島直樹ら, 実験医学, 18, 2716-2717 (2000)

6) 中川 強, 遺伝子医学, 6, 143-147 (2002)

7) インビトロジェン社ホームページ (http://www.invitrogen.co.jp/)

8) 大隅良典・下田 親編, 「酵母のすべて」, シュプリンガー・ジャパン (2007)

9) Maundrell, K., *Gene*, 123, 127-130 (1993)

10) Bahler, J., *et al.*, *Yeast*, 14, 943-951 (1998)

11) Krawchuk, M. D. and Wahls, W. P., *Yeast*, 30, 1419-1427 (1999)

12) 野島 博, 「遺伝子工学の基礎」, 東京化学同人 (1996)

13) 安藤忠彦・坂口健二編, 「微生物学基礎講座8 遺伝子工学」, 共立出版 (1987)

14) Malacinski, G. M., 川喜田正夫訳, 「分子生物学の基礎 第4版」, 東京化学同人 (2004)

15) R.W. オールド, S.B. プリムローズ共著, 関口睦夫 監訳, 作見邦彦ら共訳「遺伝子操作の原理［原著第5版］」, 培風館 (2002)

16) Brown, T. A., 西郷薫監訳, 「ブラウン分子遺伝学 第3版」, 東京化学同人 (2007)

17) Curtiss, R. III, *et al.*, *Recombinant Molecules: Impact on Science and Society*, 45-56, (1977)

# 4章　植物の遺伝子操作技術

　植物と一言で言ってもその対象は非常に多岐にわたる。シロイヌナズナやイネなどの高等植物はもとより，シアノバクテリア，クラミドモナスに代表される植物プランクトンも，葉緑体や光合成の進化などの基本的な植物生理のモデルとして汎用され，ゲノムプロジェクトとともに多くの重要な知見がこれまでに得られている。そのため，これらの細胞に遺伝子を導入する手法も多様に存在し，それぞれが有効に利用されている。植物の細胞をDNA断片導入によって形質転換する場合，一般的にその物理的障害となるのが，堅く，化学的にも安定な細胞壁の存在であろう。この細胞壁についても，その組成は多様であり，セルロースのようなポリマー繊維もあれば，珪藻などのように酸化ケイ素の重合体でできている場合もある。そのため，形質転換法の多くはこの細胞壁をいかに突破するかという点に特徴がある。一方で，高等植物細胞は生活環の全期間を通じ，全能性を有する幹細胞であることが古くから知られている。このため，DNA断片を導入する対象は組織のどの部分を切り取って行っても基本的に完全な分化が可能であり，遺伝子導入技術上の有利な点である。これら以外にも多くの植物種でゲノムプロジェクトが完了しており，今後の遺伝子機能解析ツールとして，植物の遺伝子操作技術の必要性が高まっている。

## 4-1　カルスとプロトプラストの利用

　植物組織培養は，1902年にHaberlandtによりその試みが初めて行われた。1930年代には，トマト根端組織の安定な継代培養がWhiteによって報告されている。一方，茎切片では根のような持続培養が難しく，根とシュート組織の分裂制御機構が違っていると考えられた。分化した植物シュート組織に細胞分裂を誘導する物質の探索は1940年代から活発に行われ，様々な物質が試された。中でもココナツミルクの作用は非常に強く，オーキシンと10〜20%程度のココナツミルクを加えた培地でカルスが形成することが報告された。後にこのココナツミルクにはゼアチンと呼ばれるサイトカイニンの一種が含まれていることが分かった。また，タバコの髄の組織切片の脱分化を試みた実験では，ニシンの精子DNAをオートクレーブしたものにも同様の細胞分裂誘導活性が見出された。この原因物質がDNAの分解産物として同定され，カイネチンと名づけられた。これらのカルスからはさらに茎葉，根器官などの器官形成が起こることもSkoogらによって見出され，培地中のカイネチンとインドール酢酸の含有比によって，根器官や茎葉器官が分化することが分かった。さらに，根器官と茎葉器官は同一カルスから同時に出ることはなく，これらの分化運命付けはカイネチン濃度に厳密に依存していた。その後，タバコ以外の植物，特にイネ，コムギなどの穀類のカルスからの植物個体再生，器官分化には，サイトカイニン類の効果よ

りも，培地中のオーキシン濃度を下げることのほうがより効果的であることが判明している。経験則的に様々な種，器官，組織および生育段階によっても脱，再分化誘導条件や効率が異なっていることが分かっているが，これらホルモン作用の詳細な分子機構はあまり分かっていない。

　植物組織培養の1つとして，植物組織から単独の細胞を遊離させる方法がある。1892年にKlerckerは，原形質分離させた細胞の端をカミソリで切断し，そこからプロトプラストを絞り出した。得られたプロトプラストは相互に融合することもあった。しかし，この方法ではプロトプラストを十分得ることができず，植物プロトプラストの調整法はその後1960年代に至るまで確立されなかった。1960年にCockingは，木材腐朽菌 *Myrothecium verrucaria* の培養ろ液よりセルラーゼを主成分とする粗酵素液を抽出し，トマト根端細胞に作用させてプロトプラストを得た。その後TatebeおよびNagataらが市販のセルラーゼを用いて同様の現象を確認し，1971年タバコプロトプラストから初めて植物体再生に成功した。その後，プロトプラストが異種起源の植物のプロトプラストとも細胞融合を起こすことや，外来DNAを取り込むことが分かり，タバコを中心にプロトプラストの利用技術が開発された。現在では，難しいとされていた単子葉植物や木本性植物でもプロトプラストの培養系が確立され，細胞融合や遺伝子組換えに用いられている。

　植物細胞壁はセルロース微繊維が縦横に走った基本構造にザイログルカンや種によってはアラビノキシランがその隙間に詰め込まれており，あたかもセルロースの鉄筋にヘミセルロースのコンクリートを持った構造体のようになっている。"コンクリート"を構成する成分にはこのほかにエクステンシンタンパク，フェノール化合物およびペクチン質（単にペクチンともいう）も含まれる。ペクチンはガラクツロン酸の重合体で分子内にカルボニル基を多量に有するため中性pHではカルシウムなど様々な2価金属イオンとキレートして複雑な網目構造を取る。このため，セルロース繊維を強化するだけでなく細胞壁と細胞壁の隙間を埋めてつなぐ働きも担っている。したがって，細胞壁を除去する為にはセルロースやペクチンなどをそれぞれ単独に溶解しても不十分であり，いくつかの酵素を組み合わせることが必要である。通常，1%（w/v）程度のセルラーゼと0.1%（w/v）程度のペクチナーゼの混合液を用いれば細胞壁の分解は1～2時間で十分可能である。こうして得られた裸の細胞がプロトプラストである。

　植物プロトプラストの作製段階で，一部のプロトプラストが自発的に細胞融合することが認められていたが，この現象を促進する細胞融合剤を精力的に探索した結果，無機イオン（硝酸ナトリウム法，塩化カルシウム-高pH法）などが一定の効果を持つことが分かった。しかし1974年にKao，Wallinらにより分子量1,500～6,000のポリエチレングリコール（PEG）が極めて高効率にプロトプラストを細胞融合させることが報告された。PEGは，細胞膜脂質二重層の流動性を高めることにより細胞膜中のタンパク質を集合させる作用を持つと考えられている。その結果，細胞膜上に膜タンパク質がまばらな領域が作られ，隣接した細胞膜同士がこのような領域で密着すると，脂質二重層の配向性を熱力学的に安定化している極性がこの部分で変化する為，リン脂質の配向性が変わってしまう。PEGはまた，細胞と細胞の間にある水分子を排除して細胞同士を密着させる作用も有していると考えられているが，融合そのものはPEG中に添加されているフェノール誘導体や重金属イオン等によることが示唆されている。一方，電気刺激によるプロトプラスト融合法も開発されている。プロトプラスト懸濁液を電解場に置くとプロトプラスト最外

表 4-1　体細胞雑種の作成例

ジャガイモ（*Solanum tuberosum*）＋トマト（*Lycopersicon esculentum*）
チョウセンアサガオ（*Datura innoxia*）＋ベラドンナ（*Atropa belladonna*）
タバコ（*Nicotiana tabacum*）＋サルメンバナ（*Salpiglosis sinnata*）
ニンジン（*Daucus carota*）＋イワミツバ（*Aegopodium podaguraria*）
ニンジン（*Daucus carota*）＋パセリ（*Petroselium hortense*）
シロイヌナズナ（*Arabidopsis thaliana*）＋アブラナ（*Brassica campestris*）
オレンジ（*Citrus sinensis*）＋カラタチ（*Poncirus trifoliata*）

膜上に分極が起るためプロトプラストが相互につながり，ここに高電圧刺激を与えるとプロトプラストの融合が起こる事が Chida らによって報告された。この方法では電気刺激により DNA 断片もプロトプラストに取り込まれることが分かり，エレクトロポレーション法としても応用されている。

　これまでに，以下の数種の属の異なる植物間の体細胞雑種が得られている。また，属間の雑種より，同属中の種間の細胞融合による体細胞雑種のほうが容易に得られる。タバコ属（*Nicotiana* 属）の中では，幾種類もの組合せで体細胞雑種を作製することができる（表 4-1）。

## 4-2　遺伝子の導入

　植物細胞への遺伝子導入法は多岐にわたる。何らかの形で細胞壁を突破する手法が古くから開発されてきたが，高等植物では近年，高等植物特異的な寄生菌の感染システムを利用した効率の良い遺伝子導入法が開発され，ポストゲノム研究にも多用されている。また，植物は独自の DNA を持つプラスチド（葉緑体）という大型のオルガネラを有するが，このゲノムへの遺伝子導入も可能である。多くの場合，プラスチドの遺伝情報は母性遺伝し，花粉として飛散しない。また，葉緑体ゲノムのコピー数は非常に多く，タンパク生産力も極めて高いため，葉緑体への遺伝子導入は応用価値の高い技術であると考えられている。この節では植物の遺伝子導入技術として一般化している代表的手法を紹介する。

### 4-2-1　アグロバクテリウムを利用する形質転換

　根頭癌腫病（crown gall disease）は古くから双子葉植物の核果類に起こる病気として知られていた。この病気は根と茎の境目の根茎移行部（crown）に腫瘍が形成されるもので，この病原菌がグラム陰性の土壌細菌の一種である *Agrobacterium tumefaciens*（本菌は分類学上，*Rhizobium radiobactor* に改称されている。ただ，アグロバクテリウムという名称が慣用的に使われており，本書でもこの名称を用いる）であることが 20 世紀初頭に判明していた。この感染症の発症機作は 1970 年代になって明らかとなったが，興味深いことにこの感染や発症は細菌の生産する毒素などによるものではなく，細菌が菌体内に保持する 200 kb の巨大なプラスミドが何らかの仕組みで植物ゲノムに組み込まれることによるものであった。このプラスミドは tumor-inducing プラ

スミドあるいは Ti プラスミドと呼ばれ，感染の成立の過程でこの中の transferred DNA（T-DNA）領域が植物宿主の核ゲノムに移動し，安定に統合されることが分かった。これまでに，Goodner ら（2001）と Wood ら（2001）により 2 種の Ti プラスミド（pTi-SAKURA と pTiC58）の全塩基配列が明らかにされている。T-DNA は別の遺伝子領域の助けで植物に移行するが，植物細胞の腫瘍化に必要なホルモンや，オパイン（図 4-1）というアグロバクテリウムしか利用できない特殊なアミノ酸の合成に必要な遺伝子群をコードしている。植物に利益となる代謝系は含まれておらず，根粒菌のような相利共生ではない。近縁の *A. rhizogenes*（現在では本菌は分類学上，*Rhizobium rhizogenes* に改称されている）も Ti プラスミドと極めて機能的に類似した感染系を有しており，このプラスミドを root-inducing プラスミドあるいは Ri プラスミドと呼ぶ。

　*A. tumefaciens* の自然界での感染プロセスは，植物の傷口からアセトシリンゴンなどに代表されるフェノール化合物が分泌されることから始まる（図 4-2）。これが細菌の植物細胞への誘引や細胞壁への取り付きなどの一連の連鎖反応を誘導する。アセトシリンゴンはさらに Ti プラスミドにコードされている virulence（*vir*）遺伝子群の発現を誘導する。*virA* 遺伝子は菌体内で構成的に発現しており，この産物（図 4-2 中，A）はアセトシリンゴンの存在を感知する細胞壁タンパク質である。*virA* 産物はアセトシリンゴン存在下で自己リン酸化し，もう 1 つの構成的 *vir* 遺伝子である *virG* の産物（図 4-2 中，G）をリン酸化する。リン酸化型 *virG* 産物は，アセトシリンゴン等に対して細胞の正の走化性を誘発する。また，この過程でバクテリアの染色体にコードされる複数の遺伝子がバクテリアの細胞同士の集合や植物細胞壁への取り付きを補助する。また，Ti プラスミドにコードされたトランスゼアチンが宿主植物細胞内に移動し，細胞分裂の促進を行うと考えられている。

　リン酸化型 G はさらに他の *vir* 遺伝子群の転写を活性化する。発現誘導された *virD* オペロンの産物 D2 は T-DNA の端にある 25 bp の繰り返し配列を認識し，この境界部位にニックを入れ，T-DNA のボトムストランドにあたる一本鎖化した T-DNA 領域（T-ストランド）を生産する。T-ストランドは，*virE2* プロダクト（図 4-2 中，E）がストランド全体に，および *virD2* のプロダクト（図 4-2 中，D2）がストランドの 5' 領域に結合することで DNase による分解から守られ，菌体内に蓄積する。T-ストランドの植物細胞への移行は *virB* の産物（図 4-2 中，B）により仲介され，これはバクテリアの接合におけるプラスミドの移行に類似した過程を経ていると考えられている。一方，T-ストランドの植物ゲノムへの統合過程はあまり良く分かっていないが，転写活性を持つ DNA 領域に対して優先的に組換えを起こして統合して行く。

　T-DNA の挿入コピー数は通常少ないが，連なって複数の挿入が起こる事例が認められている。T-DNA の転写はバクテリア由来のプロモーターに制御されるが，この活性は植物の成長物質の軽微な変化も受容する。T-DNA には *iaaM*，*iaaH*，*ipt* と呼ばれる遺伝子があり，*iaa* 遺伝子は細胞伸長因子であるオーキシン，および *ipt* 遺伝子は細胞分裂促進因子であるサイトカイニンの合成に関与する。また，この他にもオーキシンやサイトカイニンレベルの調節を不能化する遺伝子も存在する。このようにホルモンバランスを錯乱することで感染部位の腫瘍化を促す酵素が T-DNA より生産されるが，この他にも，T-DNA には極めて巧妙な感染戦略を担保する遺伝子群が含まれている。すなわち，オパインと総称される特殊なアミノ酸と糖誘導体

図 4-1　オパインの構造

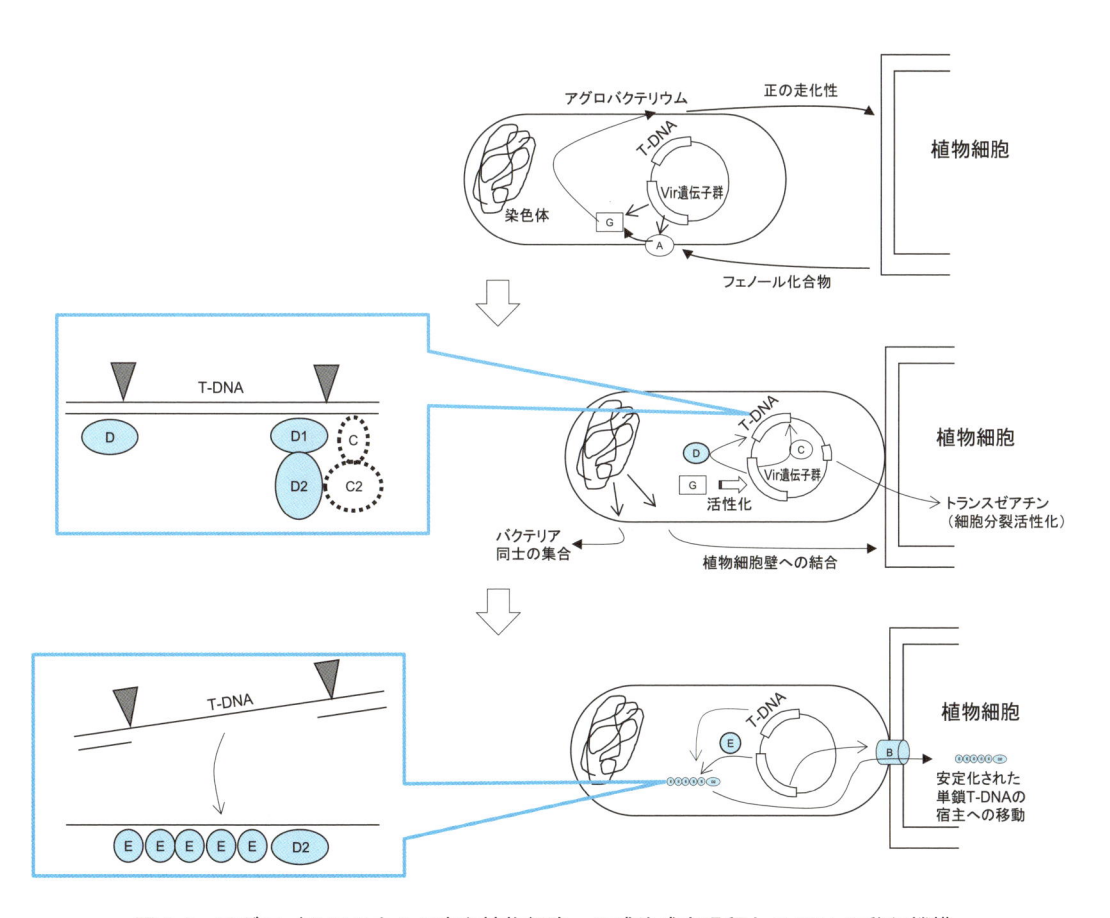

図 4-2　アグロバクテリウムの宿主植物細胞への感染成立過程と T-DNA の移行機構

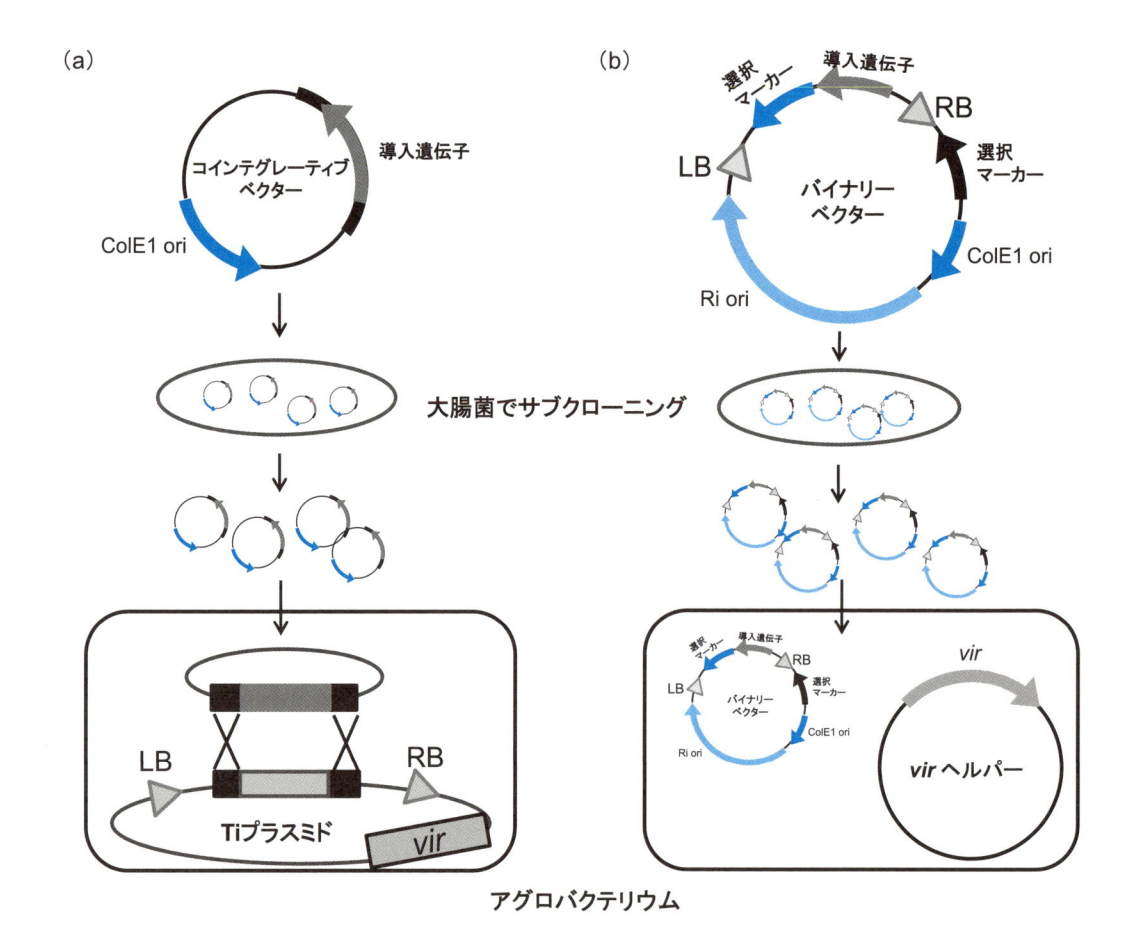

図4-3 コインテグレーティブベクターおよびバイナリーベクターを利用した遺伝子の移入

(ノパリン，オクトパイン，アグロシノパインなどが知られる。（図4-1））を合成し分泌するための遺伝子群，およびこれらを代謝して資化するための遺伝子群である．例えば，ノパリン型のTiプラスミドを例にとると，ノパリン合成酵素およびノパリン分泌タンパク質の遺伝子が存在し，さらにノパリンをオルニチンに代謝するための，ノパリン酸化酵素，アルギナーゼ，オルニチンシクロデアミナーゼがコードされている．このようにしてノパリンは感染部位においてのみ，炭素源および窒素源として利用が可能となる．

　T-DNAの統合が起こった植物ゲノム部位は25 bpのボーダー配列に標識され，遺伝子の移行統合には*vir*遺伝子群が関わり，T-DNAはこの機能自体には全く関与しない．すなわち，T-DNA部位を任意の配列に置き換えれば，外来遺伝子の植物宿主への挿入が行えるわけである．このような目的のために開発されたのが，コインテグレーティブベクターあるいはバイナリーベクターと呼ばれるプラスミドである．アグロバクテリウム細胞が本来持っているTiプラスミドは巨大でコピー数も少なく，大腸菌内で複製されない．さらにT-DNA内に有用な制限酵素サイトもなく，実験的に操作することが難しい．そのため最初はコインテグレーティブベクターと呼ばれる，大

腸菌でのみ複製可能な起点を持つ小さなプラスミドに，外来遺伝子およびその両端にボーダー配列周辺の配列を挿入して，これを大腸菌で増幅しアグロバクテリウムに導入する方法がとられた。コインテグレーティブベクターの外来遺伝子はアグロバクテリウム内のT-DNA領域と相同組換えしてTiプラスミドに移り，導入ベクター自体はやがて消失する（図4-3(a)）。その後，T-DNAと*vir*は同じアグロバクテリウム細胞内に共存さえしていれば，別々のレプリコン上にあっても問題なく機能することが1983年にHoekemaら，およびFramondらによって示された。バイナリーベクターはこの原理に基づいて開発されたものである。基本的にバイナリベクターはボーダー配列に挟まれたT-DNA領域とその他の選抜マーカーおよび複製起点のみから構成される10 kbp程度のプラスミドである。T-DNA部分は外来配列に置き換えられる。この周辺には植物内ではたらくプロモーター，ターミネーター，および選抜マーカーがある。ボーダー配列の外には大腸菌およびアグロバクテリウムのいずれにおいても機能する複製起点と選抜マーカー遺伝子を持ち，大腸菌内で増幅後，アグロバクテリウム細胞に導入することによって，細胞内に安定に保持される（図4-3(b)）。その後の植物への感染および外来配列の植物ゲノムへの挿入は，アグロバクテリウム細胞内の別のレプリコン（*vir*ヘルパー）に保持されている*vir*遺伝子によって行われる。

### 4-2-2　パーティクルガンの利用

　パーティクルガンを用いた形質転換法はマイクロプロジェクタイル（Microprojectiles）法，パーティクルボンバートメント（particle bombardment）法とも呼ばれる。1987年にKleinらは無傷なタマネギの表皮細胞にDNAやRNAを導入し，その遺伝子発現を確認した。植物の形質転換ではすでにアグロバクテリウム法やエレクトロポレーション法などの方法が確立されていたが，宿主になる細胞種は制限されており，また微細藻類などに対する遺伝子導入法も非常に限られていた。しかし，このパーティクルガンを用いた技術は微細な弾丸を直接細胞に撃ち込む原理によっており，DNAの細胞への移動という導入初期段階における様々な障壁に左右されにくい方法といえる。このため対象とする細胞は広範にわたり，さらに，1990年に葉緑体ゲノムに対しても導入に成功するなど，ゲノムを保有するオルガネラの形質転換にも有効であることが分かった。海洋性珪藻類などに対してはこの手法が唯一最も有効な形質転換法として使われており，強固で特殊な細胞壁を有する生物種での有効性が実証されている。現在では植物だけでなく，マウスやサルなどの哺乳類や真菌など幅広い生物種で応用が可能になっており，遺伝子導入系の確立していない細胞種に対しては，非常に有効な技術であるといえる。しかし反面，形質転換効率の悪さや導入遺伝子が多コピーになってしまうなどの問題も指摘されている。初期の手法は火薬を爆発させることによる衝撃波を利用した方法であったため，銃の使用許可を必要としたが，現在では高圧ガスによる衝撃波発生法が主流となり，簡便に使用できるような装置が市販されている。

　本方法の原理は極めて単純である。金やタングステンなどの1 μm前後の金属微粒子（マイクロキャリア）の表面にDNAやRNAを付着させ，細胞に直接撃ち込むものである。生物によっては金とタングステンで形質転換効率が全く異なる場合もあるが，その理由は不明である。撃ち込まれた金属微粒子に付着したDNAが核や葉緑体に取り込まれ，ゲノムに組み入れられることにより形質転換される。また，RNAを打ち込んだ場合やDNAが安定にゲノムに保持されない場

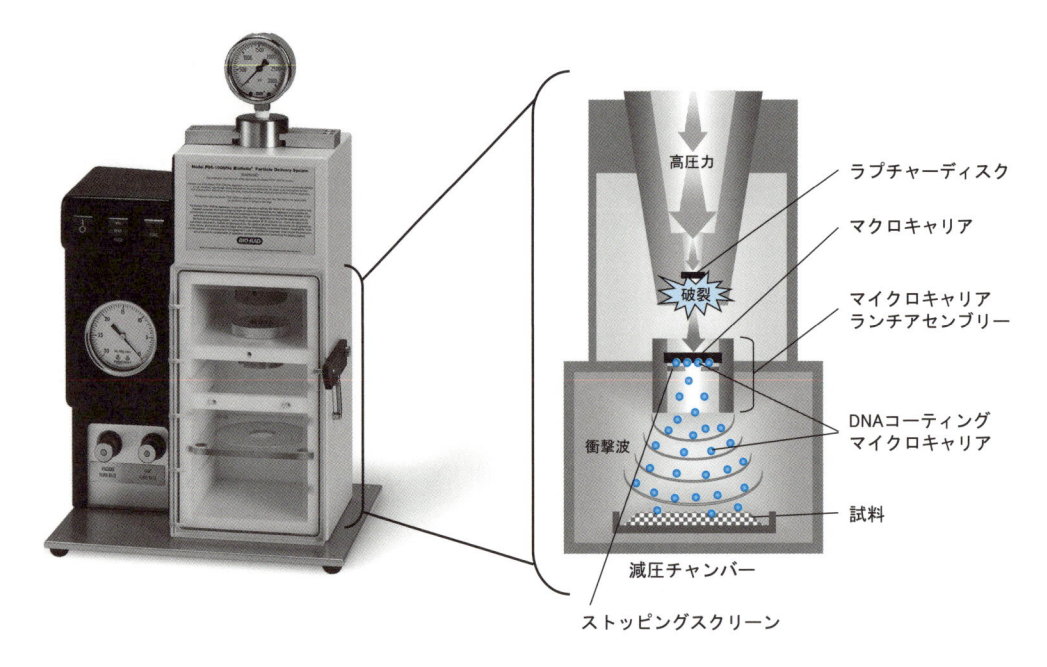

図 4-4　PDS-1000/He とその作動模式図
（左：バイオ・ラッドラボラトリーズ㈱提供）（右）矢印はヘリウムガスの流れを示す

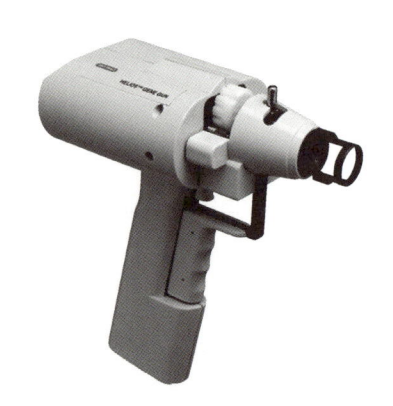

図 4-5　Helius Gene Gun
（バイオ・ラッドラボラトリーズ㈱提供）

合でも，これらに由来する一過的な発現を観察することができる。現在，ライフサイエンス研究用には Bio Rad 社の PDS-1000/He がもっとも普及しており，ヘリウムの圧力を用いて目的の細胞へマイクロキャリアを効果的に加速して撃ち込む（図 4-4）。マイクロキャリアに対する空気抵抗を抑えるために宿主細胞は減圧されたチャンバー内に置く。この上部には空気銃の機能を持つシリンダーが設置されてあり，ここにヘリウムガスを送る。シリンダーの射出口には**ラプチャーディスク**と呼ばれるプラスチックディスクがセットされて隔壁となっているが，この隔壁はラプチャーディスクの種類によって定められた圧力がかかると破裂するようになっている。破裂に

よって生じたヘリウムガス衝撃圧力がマイクロキャリアランチアッセンブリーに伝わる。ここには，DNA等を付着したマイクロキャリアを均等に塗布したプラスチック膜である**マクロキャリア**があり，マクロキャリアは圧力によって下方へ吹き飛ばされる。シリンダーの試料チャンバーへの連絡口にセットされている金網（**ストッピングスクリーン**）上でこのマクロキャリアは止まり，マイクロキャリアだけが衝撃波に乗って試料チャンバー下方へ向かって射出される仕組みとなっている。現在は同じ原理を利用したハンディタイプの装置も利用できる（図4-5）。

### 4-2-3　エレクトロポレーション法

**エレクトロポレーション**（electroporation）法は，目的の細胞に対して電気パルスを与えて一過的に原核・真核細胞の膜を破断し膜孔（electropore）を生じさせ，その穴からプラスミドDNAを導入する物理的原理を応用した遺伝子導入法である（図4-6）。キュベット内に懸濁した標的細胞に厳密にコントロールした電気パルスを与えることにより，細胞懸濁液に溶解した核酸を標的細胞内へ導入する。1976年にヒト赤血球に$^3$HラベルしたSV40 DNAを電気パルスで導入できることが示されたのが最初の報告例である。植物の分野では，プロトプラストへの遺伝子導入法として広く用いられはじめ，イネへのGUS遺伝子，トウモロコシへの*NPT II*遺伝子，*Brassica naps*への*NPT II*遺伝子の導入によるトランスジェニック植物の報告例が有名であり，現在もなおプロトプラスト培養の可能な植物種においては有力な遺伝子導入法として頻繁に用いられている。一方欠点として，プロトプラスト化する際に細胞壁を取り払ってしまうため植物には負担が大きく，品種改良などにより生物学的に弱くなってしまっているものには適用が難しい。穀物では，アグロバクテリウム法がうまく機能しない例も多く，またパーティクルガン法でも形質転換の成功率が低いという問題があり，これらの両手法は穀物の遺伝子改良には向いていない。よって，穀物の遺伝子改良においてエレクトロポレーション法は極めて有効な手法となっている。

植物へのエレクトロポレーション法による遺伝子導入では，植物の懸濁培養細胞から単離したプロトプラスト細胞（細胞壁を取り除いた細胞）を用いる。そのためには懸濁培養細胞の維持やプロトプラストの単離などの操作が必要となる。しかし，一度に大量の細胞を取り扱うことがで

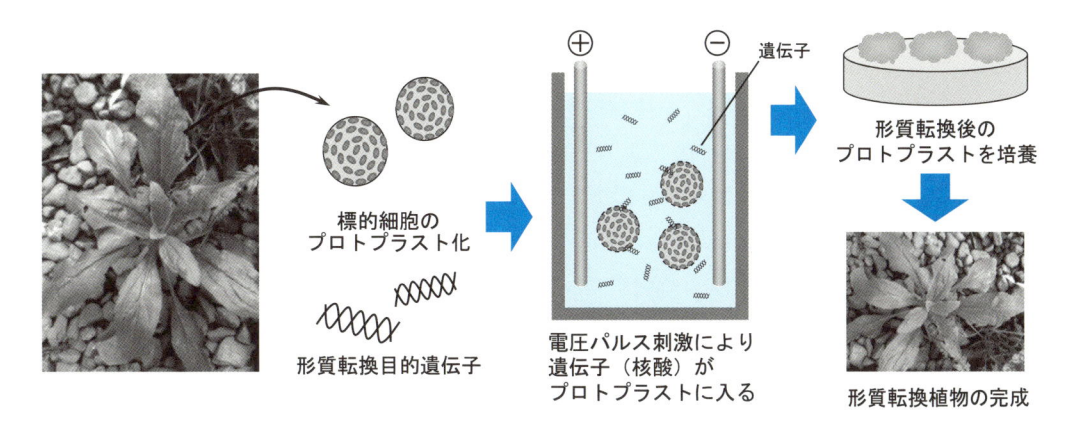

図4-6　エレクトロポレーション法の概略

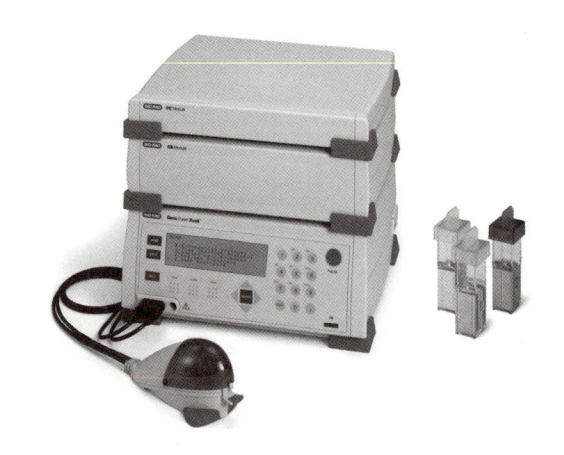

図 4-7　エレクトロポレーションの装置（Gene Pulser Xcell）
（バイオ・ラッドラボラトリーズ㈱提供）

きるため，特に一過性の遺伝子発現を調べる場合は集団の平均値をとることができる利点がある。エレクトロポレーション法では一度に多くの DNA 分子を細胞に導入することができるが，ほとんどは数日のうちに細胞内で分解されるため，核ゲノム内に安定的に導入される外来遺伝子の割合は極めて低い。専用の機器として，ジーンパルサー（Bio-Rad 社）などがよく用いられている。

### 4-2-4　ガラスビーズ法

　細胞壁を有する微生物を対象とした，高分子物質（DNA など）の細胞への導入法は，コンピテントセル法に代表される化学処理の他に，パーティクルボンバートメント法などに代表されるような細胞への物理的破砕力を限定的に加える方法が知られている。後者の手法は細胞壁の貫通という，DNA 導入の第一段階において，種を選ばず効果が期待できるという点で非常に優れているが，これを行う装置が高価で，導入効率も決して高くないことなどの問題があった。限定的な細胞破砕処理により，十分修復可能な細胞壁および細胞膜への一過的ダメージを与える方法は恐らくすべて，DNA 等の高分子を一過的に透過させる手段として有用と考えられる。1988 年に Costanzo と Fox はガラスビーズの衝突力を使って，出芽酵母に DNA を取り込ませることに成功した。ガラスビーズと DNA および出芽酵母をごく少量の等張緩衝液中で混合し，ボルテックスミキサーで短時間攪拌するこの手法では，一定の範囲で酵母の生存率に反比例して形質転換効率が上昇した。この手法は通常の酵母形質転換法ほどの効率は無かったものの，その簡便性から様々な応用や，未確立系の形質転換法開発段階での有効利用が考えられた。1990 年に Kindle は，それまで DNA 導入が困難で有効な方法が確立していなかった真核藻類にこの手法を応用し，緑藻 *Chlamydomonas reinhardtii* を高効率で形質転換することに成功した。Kindle は平均分子量 6,000 のポリエチレングリコール（PEG）を攪拌時に混入すると，PEG は終濃度 5％程度まで直線的に形質転換効率を上昇させることを見出した。

　ガラスビーズは古くから非常に有効な細胞破砕法として利用されてきたが，特に硬い細胞壁を

有する細胞の破砕に有効な方法である。酵母や多くの藻類はカロテノイドが重合したスポロポレニンという，物理的にも化学的にも非常に強靭な細胞壁成分を有しており，この手法が最も安価で高効率な破砕法として重用されてきた。この手法の原理は細胞壁に部分的なダメージを与えながら，PEG 等の，細胞膜流動モザイク構造に影響を与える薬剤を併用することにより巨大分子の膜透過性をコントロールする，極めて単純なものである。しかし，酵母を用いた Costanzo と Fox の報告では，ガラスビーズを用いないボルテックス攪拌によってもある程度の形質転換が確認されており，DNA の取り込みが，例えば，過熟して森の地面に落ちたヤマブドウ果が鹿などの有蹄類の蹄に踏みつけられた時に，果皮に付着した酵母に周囲の土壌に混在する DNA が容易に導入されうるだろう，と結論している。このアナロジーを借りれば，本手法は微生物が本来有している DNA の側方移動の仕組みを人為的に誘導しているものと考えられる。*C. reinhardtii* の場合では，導入された遺伝子は通常ゲノムに多コピー導入され，ある程度安定に保持される。

### 参考文献

1) Costanzo M. C., Fox T. D. Transformation of yeast by agitating with grass beads., *Genetics*, 120: 667-670（1988）

2) Kindle K. L. High-frequency nuclear transformation of Chlamydomonas reinhardtii., *Proc Natl Acad Sci USA*, 87: 1228-1232（1990）

# 5章　動物細胞と多能性幹細胞の利用

　動物細胞を利用する遺伝子操作技術は，近年目覚ましい進歩を遂げた．この章では基礎的な技術としてモノクローナル抗体の作成原理や，遺伝子導入法について触れ，さらに多能性幹細胞の利用技術，ノックアウトマウスの作製技術について触れる．

## 5-1　細胞工学的操作

　動物細胞は，微生物や植物の細胞には備わっていない能力をいくつか持っている．特にモノクローナル抗体の作製は動物細胞でしか為し得ない．また，動物細胞の遺伝子機能を知るためには，目的遺伝子の発現を増減させて影響を調べる．具体的には目的遺伝子の過剰発現，もしくは目的遺伝子に対する siRNA（small interfering RNA）を発現させて発現を抑制することで，その遺伝子の高発現もしくは低発現細胞株を樹立する．これらを行うには遺伝子導入技術が必要であり，リン酸カルシウム法，リポフェクション法，エレクトロポレーション法，ウイルス法等様々な遺伝子導入法が開発されている．本稿では，汎用性の高いリポフェクション法およびレトロウイルスを用いた遺伝子導入法についてその原理を中心に紹介する．

### 5-1-1　モノクローナル抗体の作製

　遺伝子産物に対する抗体を作製することで，遺伝子発現解析（ウエスタンブロッティング法や免疫組織染色法），遺伝子産物の複合体解析（免疫沈降法）が可能となり，抗体作製は遺伝子機能を解析する上で極めて重要な位置を占めている．抗体産生細胞は，抗原決定基（エピトープ）を認識しエピトープに対応した抗体を産出するが，1つの抗体産生細胞が産出する抗体は1種類である．1つの抗原を免疫した動物の血清から調製した抗体は，同じ抗原を認識する複数の抗体（ポリクローナル抗体）である．ポリクローナル抗体は，抗原を認識する複数の抗体の混合物なので，抗原との交差反応性が高いため免疫染色法や免疫沈降法に適しているが，非特異的な結合も起こりやすい．1975年，Köhler, Milstein は，抗体産生細胞を骨髄腫細胞（ミエローマ）と細胞融合させ，自律増殖能を持った融合細胞（ハイブリドーマ）を作製し，その後，目的の特異性をもった抗体を産生しているクローンのみを選別（スクリーニング）することで，単一の抗体を産生するモノクローナル抗体を作製する方法を開発した．抗体産生ハイブリドーマは，増殖能を持たない抗体産生細胞と増殖能を持つミエローマ細胞を *in vitro* で細胞融合させ，hypoxantine-aminopterin-tymidine（HAT）で選別することにより得ることができる．その作製の原理を図5-1に示す．

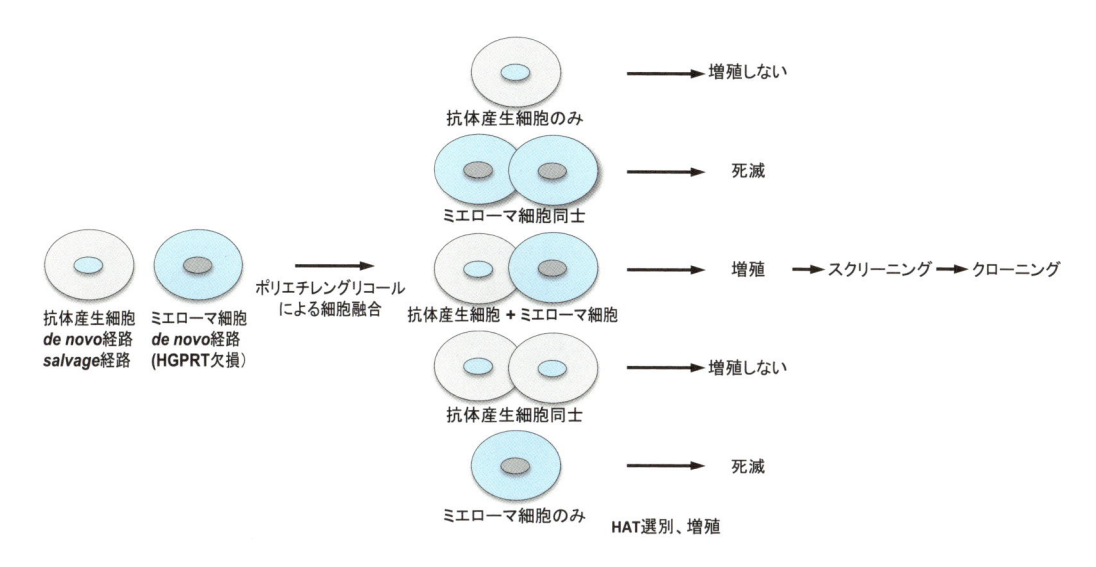

図 5-1　抗体産生ハイブリドーマ作製の原理

　細胞における核酸の合成は，*de novo* 経路と *salvage* 経路の 2 つ経路によって行われる。核酸（RNA，DNA）の単量体であるヌクレオチドは，プリン・ピリミジン塩基，5 炭糖であるリボースもしくはデオキシリボースとリン酸から構成されている。*de novo* 経路，*salvage* 経路は共にプリンヌクレオチドを合成する経路である。つまり，最終的には GTP，dGTP，ATP，dATP が合成される。DNA が合成されるとき，両経路ともにイノシン一リン酸（IMP）という物質を合成し，この IMP から GMP や AMP が合成される。*de novo* 経路とは新生合成経路とも呼ばれ，ペントースリン酸経路から供給される D-リボース-5-リン酸の 1'-OH 基がピロリン酸化され，5-ホスホリボシル-1a-二リン酸（PRPP）となる。さらに数段階の合成の後に IMP が合成される。一方で，*salvage* 経路は再利用経路とも呼ばれている。核酸は最終的にリボースと遊離塩基へと分解され，遊離塩基の大半は排泄されるが，一部は再利用され，*salvage* 経路でヌクレオチドへと変換される。*salvage* 経路では HGPRT（ヒポキサンチン・グアニンホスホリボシルトランスフェラーゼ）という酵素がヒポキサンチンを IMP に，グアニンを GMP に変換する。抗体産生細胞が *de novo* と *salvage* 経路の双方を持っているのに対して，ミエローマ細胞は hypoxanthine-guanine-phosphoribosyl transferase（HGPRT）欠損細胞であり，*de novo* 経路のみで核酸合成を行っている。この性質を利用して，*de novo* 経路を阻害する HAT 選別を行うことにより，抗体産生細胞とミエローマ細胞が融合したハイブリドーマのみが *salvage* 経路の働きにより生き残り，増殖することができる。この選別の後，ハイブリドーマの培養上清に抗原に対する特異的抗体が存在するかどうか検定し，検定陽性ハイブリドーマをクローニングすることでモノクローナル抗体の作製ができる。

## 5-1-2　リポフェクション法

　リポフェクション法は，陽性価電脂質から成る脂質二重膜小胞（リポソーム）と負に帯電した

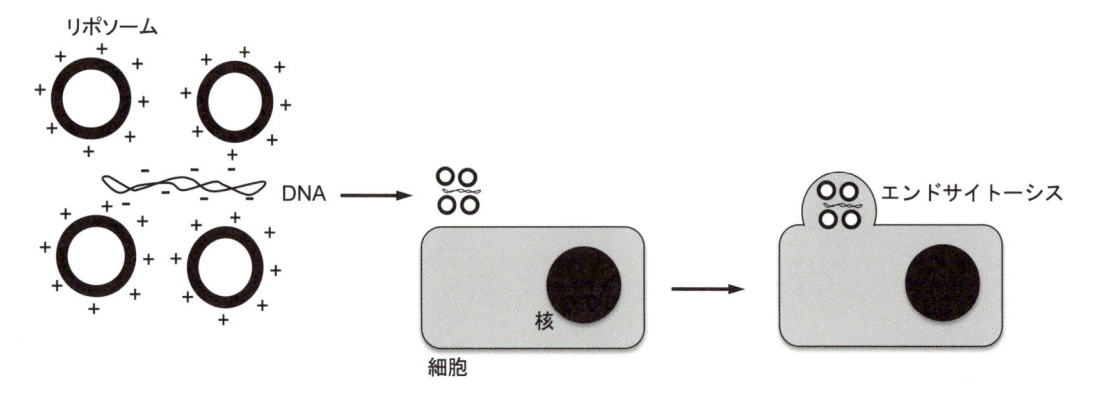

図 5-2　リポフェクション法の原理

DNAで複合体を形成させ，**エンドサイトーシス**によりDNAを細胞に取り込ませる方法である。陽性荷電脂質試薬は，水に溶解すると**脂質小胞（リポソーム）**を形成し，負に帯電したDNAに強固に結合して取り囲み，脂質-DNA複合体を形成する。全体的に正に帯電した脂質-DNA複合体は糖結合性のシアル酸残基等などにより負に帯電した細胞膜表面と結合し，エンドサイトーシスまたは膜融合により細胞内に取り込まれる。細胞内に取り込まれたDNAは最終的に核内に移行し，遺伝子発現を行う。現在様々な構造を持ったリポフェクション試薬が販売されているが，細胞の種類により適したリポフェクション試薬を選ぶ（図5-2）。

### （1）　安定発現細胞株の樹立

リポフェクション法による遺伝子導入後薬剤選別を行うことで，目的の遺伝子を安定的に発現する細胞株を樹立することができる。目的プラスミドを細胞に導入すると，細胞内でランダムに切断され，低い頻度ではあるがゲノムに散在して挿入される（**ランダムインテグレショーン**）。以前は，プラスミド内にネオマイシン耐性遺伝子が存在するプラスミド（図5-3(a)）などが用いられていたが，この場合目的遺伝子とネオマイシン耐性遺伝子が独立したプロモーターで発現す

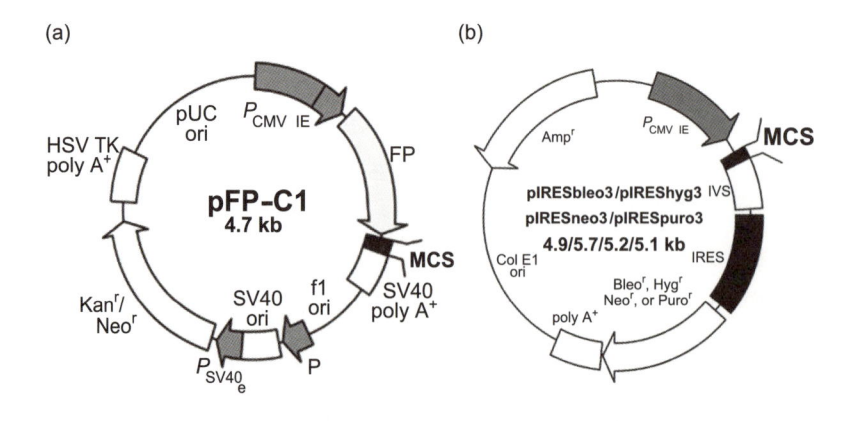

図 5-3　安定的高発現細胞株樹立に用いられるプラスミドの構造
（Clontech社のカタログより転載）

るため，導入したプラスミドが細胞内で目的遺伝子の発現ユニットとネオマイシン耐性遺伝子の発現ユニットが別々に切断され，ネオマイシン耐性遺伝子のみが挿入されるときに目的遺伝子が挿入されていないにも関わらず，ネオマイシン耐性を獲得し増殖する場合がみられた。このような現象を防ぐために，安定的発現細胞株を樹立する際にはIRES（Internal Rebosomal Entry Site: mRNA内部のリボソーム進入サイト）を利用したバイシストロン性発現ベクターを用いる場合が多い（図5-3(b)にバイシストロン性発現ベクターを示す。）。IRESを含む発現ベクターを用いると，1つのmRNAから異なる2種類のタンパク質を合成することが可能であり，目的遺伝子-IRES-薬剤耐性遺伝子の発現プラスミドを用いることで，薬剤選択遺伝子を発現する細胞のほぼ全てが，目的遺伝子を発現する細胞を樹立することができる。また，IRESの下流に蛍光タンパク質を挿入した発現ベクターを用いると，目的遺伝子が発現した細胞を可視化することもできる。薬剤選別後，1細胞由来のコロニーを形成して増殖するため，通常その細胞を実体顕微鏡を用いてクローニングする。導入したプラスミドはゲノムにランダムに挿入するため，何らかの遺伝子を破壊している可能性がある。したがって，遺伝子破壊による副作用の可能性を排除するために，必ず複数のクローンを選択して実験を行うことが重要である。つまり細胞をクローニングした際には，株間のちがいに注意を払う必要がある。

### (2) 誘導遺伝子発現系

転写因子の安定発現細胞株を樹立し，マイクロアレイなどで遺伝子発現解析を行うと，数多くの遺伝子の発現変化が観察されることがしばしばある。このような遺伝子発現変化は，導入した遺伝子産物の直接的な転写調節によるものだけでなく，間接的な作用による遺伝子発現変化も含まれている（図5-4）。したがって，導入した転写因子の機能を解析するためには，直接的な転写調節による遺伝子発現変化だけを抽出することが非常に重要である。

この直接的な標的遺伝子を抽出するための例として**グルココルチコイド受容体**（Glucocorticoid Receptor：GR）を利用した発現システムを紹介しよう。グルココルチコイド受容体は核内受容体であり，リガンド非存在下では細胞質に優位に存在するが，リガンドに結合すると核に移行する性質を持つ。この性質を利用して，目的転写因子とGRのリガンド結合領域の融合タンパクを安定的に発現する細胞を樹立することで，リガンド依存的に目的転写因子の機能制御を行うことが可能となる。このような細胞株を利用し，リガンド添加後の遺伝子発現変化を経時的に解析することで，目的転写因子の直接的な標的遺伝子を同定することが可能となる。他にも，テトラサイクリン調節性トランス活性化因子を利用して，テトラサイクリンの有無により標的遺伝子の発現を調節できる系もあり，研究の目的に応じて適した系を選択する。

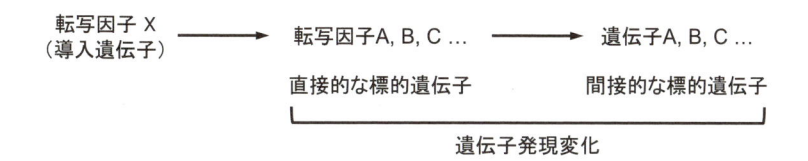

図5-4　転写因子の安定的発現細胞株で起こる遺伝子発現変化

### 5-1-3 ウイルスを使った遺伝子導入法

レトロウイルスを用いた遺伝子導入を行うには，**レトロウイルスベクター**と，そのベクターを利用してウイルスを産生するために必要な細胞（**パッケージング細胞**）が必要である（図5-5）。レトロウイルスベクターには，宿主ゲノムの挿入に必要なLong terminal repeat（LTR）とレトロウイルス粒子に取り込まれるために必要なパッケージングシグナル（Ψ）を有する。パッケージング細胞は，レトロウイルスの構成遺伝子（*gag*, *pol*, *env*）が挿入されている。*gag*はウイルスの構造タンパクを，*pol*は逆転写酵素などのウイルス酵素を，*env*はウイルスを覆う殻となるタンパク質をコードしている。したがって，目的遺伝子を挿入したレトロウイルスベクターを，リポフェクション法などによりパッケージング細胞に導入すると，パッケージング細胞が生成するウイルスにレトロウイルスベクターがパッケージングされる。このようにして得られた目的遺伝子を保持したレトロウイルスを目的細胞に感染させることで，目的遺伝子を細胞のゲノムに組み込むことができる。組換えウイルスは複製能を欠損しているため，感染標的細胞から新たなウイルスを粒子が産出されることはない。

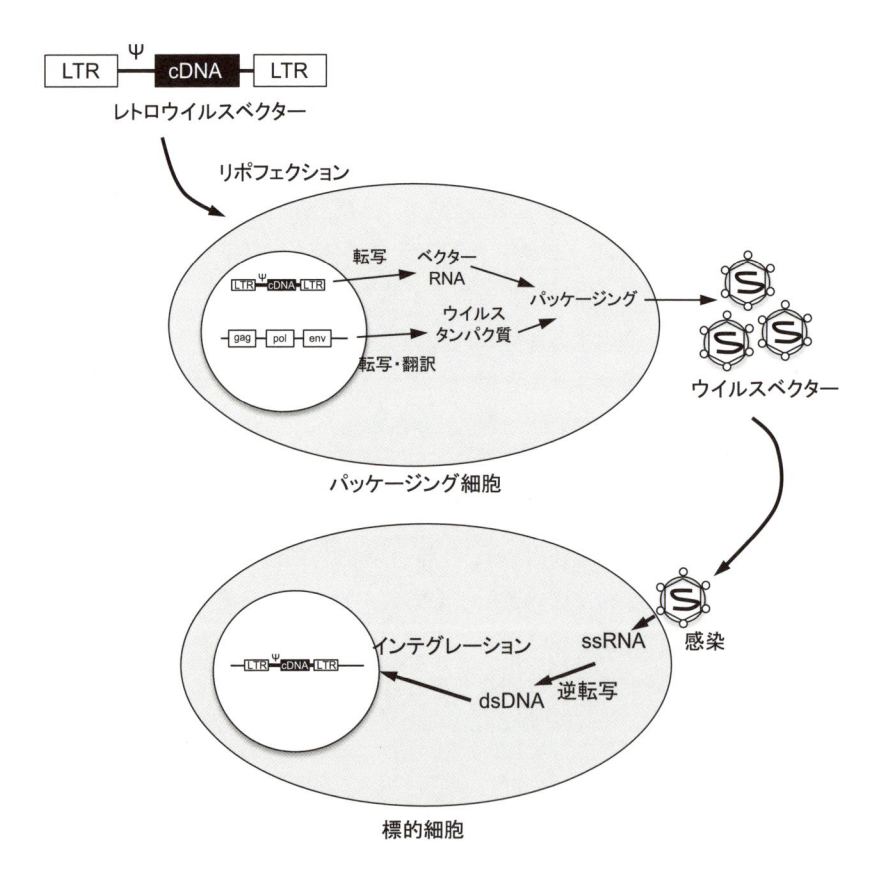

図5-5　レトロウイルスベクターを用いた遺伝子導入

## 5-2 多能性幹細胞の樹立とその特性

生物の受精卵に始まる発生過程おいて，細胞は特殊化した機能を獲得する代償として，異なる細胞へと変化する分化能を消失する。英国の学者 Waddington は，このような発生過程における不可逆的な細胞運命の決定プロセスを，Epigenetic landscape（後成的風景）という概念で表現している。彼は，細胞を起伏のある坂を転がるボールに見立てた。丘の頂上にあるボールはすべての起伏に転がることができるが，転がる途中であるルートに転がると，起伏を超えて他のルートには転がることができなくなる。このように細胞の運命は受精直後に決定しているわけではなく，後天的な要素（外部環境）によりその運命が決定するというモデルである（図 5-6）。

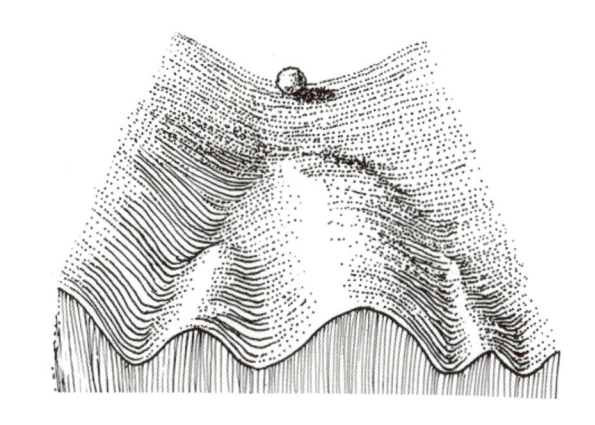

図 5-6 Epigenetic landscape（後成的風景）
（Waddington, C. H. The Strategy of the Genes（1957）より転載）

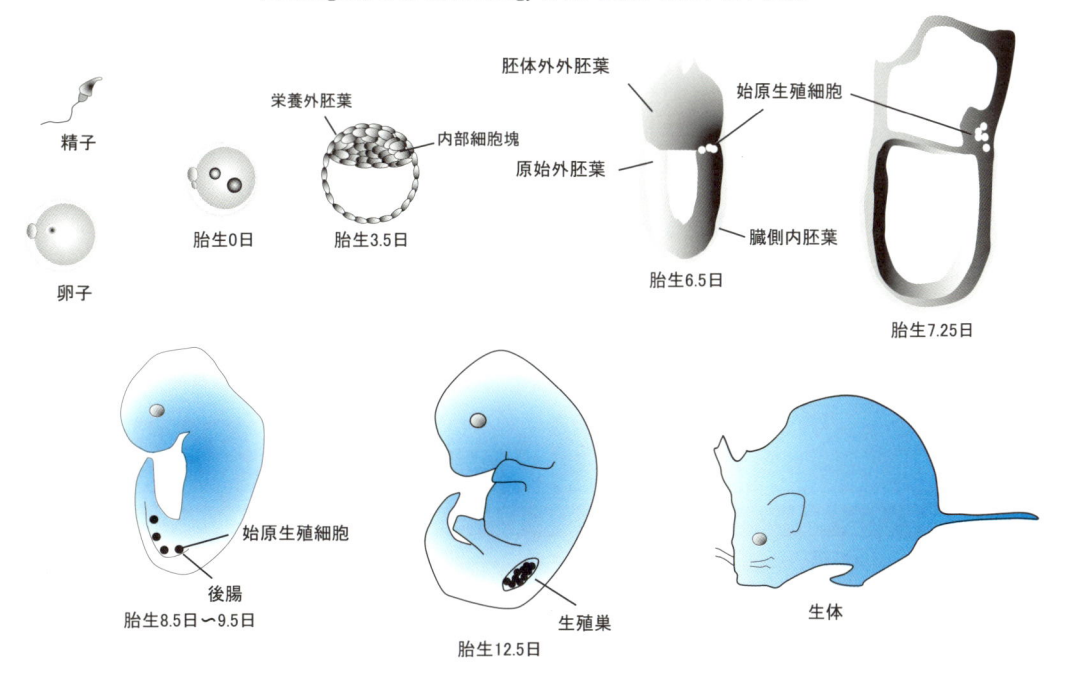

図 5-7 マウスの胚発生

マウスでは，発生のごく最初の時期に，すべての細胞に分化できる**多能性細胞集団（内部細胞塊・原始外胚葉）**が存在するが，発生が進むにつれて多能性細胞は消失し，細胞の不可逆的な運命が決定する（図5-7）。これまでに様々なタイプの多能性幹細胞が樹立されているが，その中でも **ES 細胞（胚性幹細胞）** を用いた発生工学的手法は生命科学分野の発展に大きく貢献してきた。また，2006年に Yamanaka らは，分化能力を失った細胞に数種類の遺伝子を強制的に発現させるだけで，**iPS 細胞（人工多能性幹細胞）** が樹立できることを発見した。この発見を機に，多能性幹細胞の利用が発生工学から再生医療に広がる可能性が現実的になってきている。

### 5-2-1 多能性幹細胞樹立の歴史

多能性幹細胞を用いた発生工学的手法および再生医療を理解するためには，多能性幹細胞の特性，樹立方法及びその利用価値を理解することが非常に重要であり，本稿では，多能性幹細胞樹立の歴史から，多能性幹細胞の種類，樹立方法，特性を中心に紹介する（図5-8）。

#### （1） 多能性幹細胞の樹立と発生工学

多能性とは体を構成する全ての細胞へ分化できる能力を意味し，また**幹細胞**とは**多分化能**（2種以上の細胞へ分化する能力）と自己を複製する能力を有した細胞のことである。したがって，多能性幹細胞とは体を構成するすべての細胞に分化することができ，かつ自己を複製する能力をもつ細胞であり，現在までに**胚性幹細胞（ES 細胞）**，**胚性生殖細胞（EG 細胞）**，**人工多能性幹細胞（iPS 細胞）** などが樹立されている。多能性幹細胞研究の歴史は比較的新しく，1954年にアメリカジャクソン研究所の Stevens が129と呼ばれるマウス系統の精巣に**テラトーマ**が高頻度（約1%）で発症することを報告したことから始まる。テラトーマ（teratoma）は teras（化け物）oma（腫瘍）からなる言葉で，日本語では奇形腫と呼ばれる。その名の通り，通常の癌細胞とは異なり，毛髪や歯など三胚葉由来の様々な組織や器官の一部が分化し，混在している分化多能性腫瘍である。テラトーマは，胚葉体を形成する**良性腫瘍**と，活発に分裂する未分化細胞からなる**テラトカルシノーマ**の二種類に分類できる。テラトカルシノーマは多能性を保持したまま増殖する幹細胞である。1970年にカーンらは，テラトカルシノーマから活発に分裂し，かつ多能性を持つ細胞株を樹立することに成功し，**胚性癌腫細胞（Embryonic carcinoma cell; EC 細胞）** と名付けた。その5年後の1975年，Minz と Illmensee は EC 細胞をマウスの胚盤胞（3.5日胚）に注入し，EC 細胞由来の組織がモザイク状に取り込まれた「キメラ」マウスを誕生させることに成功した。さ

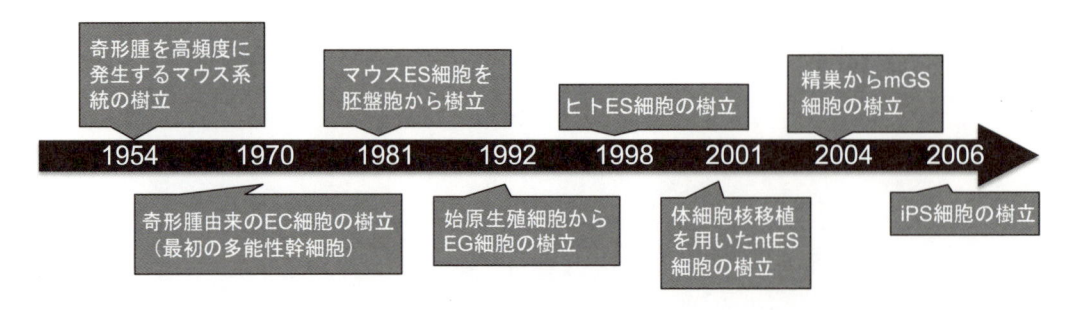

図 5-8　多能性幹細胞の樹立の歴史

- 1954　奇形腫を高頻度に発生するマウス系統の樹立
- 1970　奇形腫由来のEC細胞の樹立（最初の多能性幹細胞）
- 1981　マウスES細胞を胚盤胞から樹立
- 1992　始原生殖細胞からEG細胞の樹立
- 1998　ヒトES細胞の樹立
- 2001　体細胞核移植を用いたntES細胞の樹立
- 2004　精巣からmGS細胞の樹立
- 2006　iPS細胞の樹立

らに EC 細胞の生殖細胞（精子・卵子）への分化も確認されたことから，EC 細胞で遺伝子操作を行うことで遺伝子改変マウスを作製できる可能性に道が開けた（後述）。しかしながら，その後 EC 細胞を用いたキメラマウスの作製が行われたが，高頻度で腫瘍を形成してしまい，また生殖細胞への分化の再現性が取れなかった。当時，EC 細胞は腫瘍組織由来の細胞のため染色体の異常が原因で，生殖細胞へ分化できないのではないかと考えられており，正常な組織由来の多能性幹細胞の樹立が試みられ始めた。そして，1981 年に Evans と Martin のそれぞれのグループは，マウス初期胚の胚盤胞（図 5-7）から胚性幹細胞（Embryonic stem cell；ES cell）を樹立することに成功した。ES 細胞を用いてキメラマウスを作成しても腫瘍を形成せず，また生殖細胞に効率よく分化し，次世代に伝わることも確認された。1987 年，Smithies，Capecchi らにより遺伝子ターゲティング法が開発され（後述），狙った遺伝子の機能を破壊する「ノックアウトマウス」の作製が可能となった。この手法を用いて疾患や発生過程に必要な遺伝子の機能解析が盛んに行われており，ES 細胞を用いた発生工学的手法は現在の生命科学分野の研究においては欠かせないツールとなっている。このような業績を評価され，ES 細胞の樹立に成功した Evans，ES 細胞での遺伝子ターゲティング法を開発した Smithies，Capecchi らは 2007 年にノーベル生理学・医学賞を受賞している。

### （2） 多能性幹細胞を用いた再生医療への応用

ES 細胞は体を構成するすべての細胞へと分化する能力を持っている。したがって，理論的には損傷した組織に ES 細胞から新たに分化誘導した細胞を移植することで，組織修復を行うことができることは容易に想像がつく。1998 年に Thomson らが体外受精の余剰胚を利用してヒト ES 細胞の樹立に初めて成功した。これによって，ES 細胞は発生工学的手法だけではなく，一気に再生医療へその応用範囲の可能性が広がった。しかしながら，ES 細胞を再生医療に応用するにあたり大きな問題点があった。拒絶反応の問題である。拒絶反応の問題をクリアするには，患者由来の多能性幹細胞を樹立することが必要である。プラナリアなどの下等動物は生体において

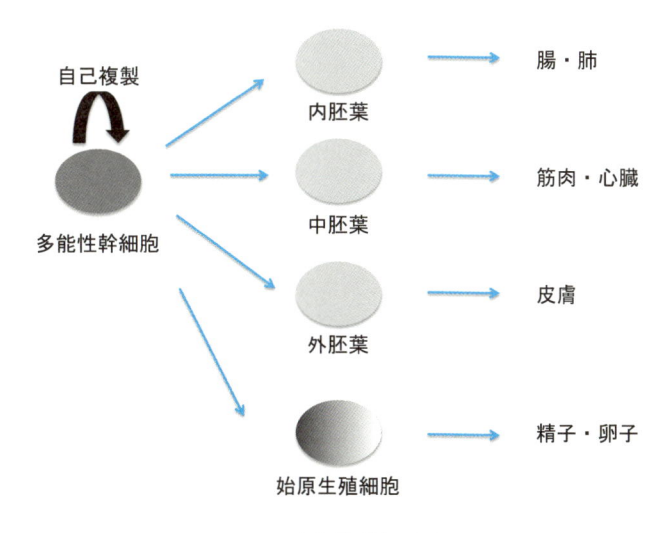

図 5-9　多能性幹細胞とは

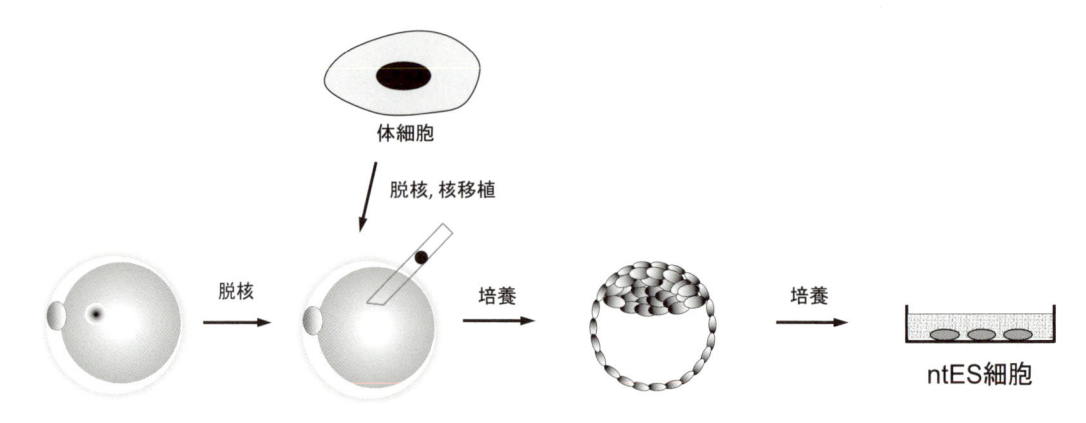

図 5-10 核移植（Nuclear transfer）ES 細胞の作製方法

　も多能性幹細胞が存在し，組織の障害を認識し速やかに修復することができるが，高等哺乳動物において多能性幹細胞は発生初期のごく限られた時期だけに存在する．したがって，拒絶反応の課題をクリアして再生医療を行うには，多能性を失った細胞を人工的に操作し，多能性を獲得させる必要がある（細胞の初期化）．最初に試みられたのは，体細胞核移植を用いた nt（nuclear transfer）ES 細胞の樹立である．レシピエント（被移植者）の体細胞由来の核を脱核した未受精卵へ移植し，その未受精卵を胚盤胞の段階まで発生させ，その胚盤胞から ES 細胞を樹立することでレシピエントの遺伝情報を保持した ntES 細胞を樹立することができる（図 5-10）．この方法は，2001 年 Wakayama らがマウスにおいて成功し，理論的にはヒトに応用することも可能であるが，未受精卵の供給など倫理的な問題も多く現在までにヒトでの ntES 細胞が樹立された報告はない．

　2006 年，Yamanaka らは，ES 細胞に発現しており，体細胞に発現していない 24 種類の遺伝子を体細胞（繊維芽細胞）に導入することで，人工的に多能性幹細胞を誘導できることを発表した．さらに，必要最小限の遺伝子セットのスクリーニングを行い，最終的には *Oct4*, *Sox2*, *Klf4*, *c-myc*（OSKM）のわずか 4 つの遺伝子を体細胞に導入することで，体細胞を初期化し多能性を与えることができることが分かった．このようなシンプルな方法で人工多能性幹細胞を樹立できるとは誰もが予想しておらず，幹細胞研究業界に大きな衝撃を与えた．その後，ヒト iPS 細胞の樹立も行われ，多能性幹細胞を用いた再生医療は大きく前進した．現在の大きな問題点として，iPS 細胞の品質の問題がある．iPS 細胞は，体細胞に OSKM を導入するだけで樹立することができることから，複数の iPS 細胞株を容易に樹立することができる．しかしながら，どの iPS 細胞株が細胞移植に適しているのか，その品質を検証することが極めて重要である．iPS 細胞は ES 細胞と比較して，分化誘導後の未分化細胞の残存率が高く（分化抵抗性），細胞移植後この残存した未分化細胞が癌化することが報告されている．したがって，より品質の高い（分化抵抗性の低い）iPS 細胞の選別方法の確立することが今後重要な課題となっている．

### (3) 多能性幹細胞の未分化性維持機構

　多能性幹細胞とは，自己複製能（未分化性維持）と多能性を持つ細胞として定義することができる．したがって，多能性幹細胞を樹立・維持するためには，多能性幹細胞がどのような分子機

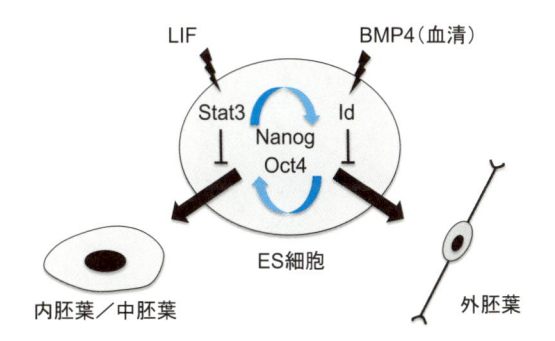

**図 5-11　ES 細胞の未分化性維持機構**
ES 細胞は多能性幹細胞特異的に発現する転写因子である Oct4, Nanog などがフィードバックループを形成することで，お互いの発現を維持し合い，また，液性因子である LIF 及び BMP4 が転写因子である Stat3 及び Id を活性化することで，未分化性が保たれている。

構で未分化性を維持しているのか理解することが非常に重要である。マウス ES 細胞は，血清とサイトカインである LIF（Leukemia inhibitory factor）の存在下で未分化性を維持することができ，その際に用いる培地は，牛血清あるいは動物由来成分を含む代替血清を含んでいる。そうした条件では，抗原性の変化や病原体混入の可能性があり，また詳細が不明な微量成分に起因すると思われる実験結果のバラツキなど，様々な問題があった。近年，血清中の BMP4 が神経分化を抑制することで未分化性の維持に寄与していることが明らかとなり，無血清培地に BMP4 と LIF を添加することでマウス ES 細胞を培養できるようになった。LIF は IL-6 ファミリーに属するサイトカインで Lifr-gp130 の受容体を介して転写因子である Stat3 及びセリン・スレオニンキナーゼである Erk を活性化する。Stat3 は LIF 刺激により核内に移行し，ES 細胞の未分化性維持に関わる転写因子である Klf4 の発現を誘導・維持する。また，BMP4 は転写因子 Smad を介して転写因子 Id を活性化することで神経分化を抑制していることが分かっている（図 5-11）。

　マウス ES 細胞が樹立されてから長い間マウス ES 細胞の未分化性維持には LIF, BMP4（血清）が必須であると考えられてきた。しかしながら 2008 年に，ES 細胞で内在的に働いている Erk シグナルと GSK-3$\beta$ の働きを阻害剤で遮断することで（2 inhibitors：2i），成長因子やサイトカインの添加をしないで ES 細胞の未分化性を維持できることが証明された。この実験により，ES 細胞は分化反応性を持たない基底状態（Ground state）と分化の反応性を獲得した準安定的（metastable）な状態の 2 つの集団が存在するが，Erk シグナル及び GSK-3$\beta$ を阻害することで，基底状態から準安定的な状態へのコミットメントが抑制され，その結果 ES 細胞を未分化状態で維持できることが示された。これまで ES 細胞の未分化性維持に必須であると考えられてきた液性因子である LIF 及び BMP4 は準安定的な状態の ES 細胞の分化を防いでおり，2i 添加により培養中の ES 細胞がすべて基底状態に変化すると，LIF 及び BMP4 がなくても ES 細胞は未分化性を維持することができる（図 5-12）。

　2i による ES 細胞の未分化性維持の発見は，ES 細胞の未分化性維持機構の解明という基礎研究だけではなく応用研究にも大きく貢献する可能性がある。ラットは，マウスに比べ生理学的及び薬理学的にヒトに近いため高血圧症を代表として様々な疾患モデルが作られている。しかしな

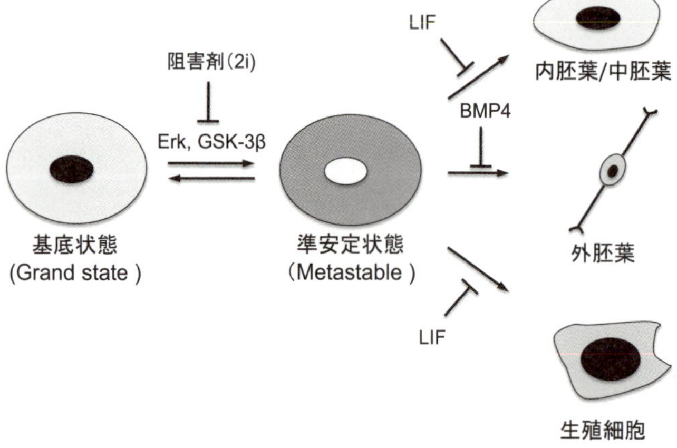

図 5-12　2i 及び LIF, Bmp4 による ES 細胞の未分化性維持機構

がら，ES 細胞が樹立されていなかったことから，遺伝子改変モデルラットの作製に限界があった。2008 年に，2i もしくは 2i と LIF 存在下でラット胚盤胞を培養することで，マウス ES 細胞とほぼ同等の性質を示すラット ES 細胞が樹立された。ラット ES 細胞はマウス ES 細胞と同様に胚盤胞に移植することでキメララットを作製することができ，生殖系列への分化も起こることから，今後ラット ES 細胞を用いた遺伝子改変疾患モデルラットの作製が期待される。

### 5-2-2　マウス ES 細胞（胚性幹細胞）の樹立とその特性

マウスでは受精後約 3.5 日頃に**多能性を有する内部細胞塊**（ICM: inner cell mass）と将来の胎盤組織へと分化する栄養外胚葉の 2 種類の細胞からなる胚盤胞を形成する（図 5-7）。1981 年，Evans らはマウスの胚盤胞を体外で培養することで胚性幹細胞（ES 細胞）を樹立することに成功した。ES 細胞の樹立方法はいくつか存在するが，ここでは最も簡易的な方法について紹介する。

(1) 樹立方法

受精後 2.5 日の桑実胚を KSOM 培地で 1 日間培養，胚盤胞まで成長させた後，透明体を酸性タイロード処理により除去し，薬剤処理などで増殖を止めた MEF（マウス胎児繊維芽細胞）の上で胚盤胞ごと LIF を含んだ培養液で培養する。培養後 7 〜 10 日後にドーム状の細胞塊が出現するので，トリプシン処理でバラバラにした後にゼラチンコートした培養皿に継代する。この継代が早すぎると ES 細胞を樹立しにくい傾向がある。培養 2 〜 3 日後に ES 細胞コロニーを観察することができる（図 5-13）。

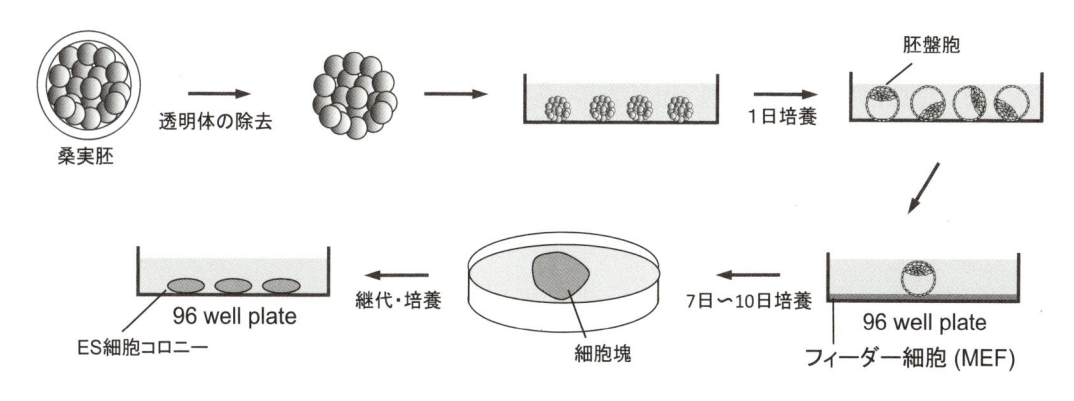

図 5-13　マウス ES 細胞の樹立方法

### (2) ES 細胞の特性解析

樹立した ES 細胞の性質を検証する必要があるが，通常は① 未分化細胞マーカー，② 核型，③ 多分化能，3 点について検証する．① は ES 細胞に特異的に発現している Oct4 や Nanog などに対する抗体を用いて免疫蛍光染色などにより評価する．② は定法に従い染色体標本を作製し染色体の数を数える．染色体の欠損や増幅がある場合，次に述べるキメラマウスを作製した段階で，生殖系列へ分化しにくい可能性が考えられる．③ は，樹立した ES 細胞を胚盤胞に注入後，仮親の子宮に戻し胚由来の細胞と ES 細胞の由来の細胞が混在したキメラマウスが生まれてくるかどうかで検証することができる．特に重要なのはキメラマウス内で ES 細胞が生殖細胞に分化しているかどうかである．もし，生殖細胞へ寄与することができる ES 細胞を樹立することができたならば，ES 細胞内で遺伝子操作を行うことにより遺伝子改変マウス（後述）を作製することができる．しかしながら，現在胚盤胞に注入してキメラマウスの作製が確認できた動物種はマウスとラットだけであり，ヒト ES 細胞の場合倫理的な問題から胚盤胞移植によるキメラ解析は不可能である．そこで，キメラ作製が困難な場合は免疫不全マウス（Sevefe Combined Immuno Deficiency：SCID）などの皮下に移植し，3 胚葉性のテラトーマを形成できるかどうかで多分化能を評価する．

### 5-2-3　EG 細胞（胚性生殖細胞）の樹立とその特性

マウス始原生殖細胞は，多能性細胞であるエピブラスト（原始外胚葉）から胎性 7.0 日胚の胚体外中胚葉付近にアルカリフォスファターゼ陽性細胞として 10 個程度の細胞集団（始原生殖細胞）として形成される（図 5-7）．その後始原生殖細胞は後腸・腸間膜を経て将来の精巣・卵巣である生殖巣へと移動する．移動直後（胎生 8.5 日胚）の始原生殖細胞は 130 個程度だが，生殖巣に到達後（胎性 13.5 日胚）には約 26000 個までその数を増やす．Matsui らは，マウス繊維芽細胞である STO 細胞上で始原生殖細胞を培養することで，始原生殖細胞の in vitro の培養系の確立に成功し，この培養系を用いて始原生殖細胞の活発な細胞増殖能を支持する増殖因子の探索を行った．驚いたことに，膜結合型 steel factor(SCF)，LIF，bFGF 存在下で培養することで，ES 細胞様のコロニーを形成する細胞が出現することを見出した（EG 細胞：胚性生殖細胞）．一度

樹立した EG 細胞は ES 細胞の培養条件（SCF，bFGF 不添加，LIF 添加）で培養することで，ES 細胞と同様の性質を示す細胞として維持することができ，また胚盤胞に移植することでキメラマウスも作製することができる。

（1） 樹立方法

それぞれの発生ステージにおけるマウス始原生殖細胞を含む領域を単離し，トリプシン処理で単一の細胞（シングルセル）になるまでバラバラにする。シングルセルにした始原生殖細胞を含む細胞集団を，膜結合型 steel factor (SCF) を発現する Sl/Sl4-m220 細胞上で bFGF および LIF を含んだ培養液を用いて培養する。6〜7日間培養すると，ES 細胞に形態的に酷似したアルカリフォスファターゼ陽性の 200 細胞ほどの細胞同士が密着したコロニーが観察され始める（EG 細胞の出現）。このようにして形成された EG 細胞は ES 細胞と同様に継代・維持することが可能であり，外見だけで ES 細胞と EG 細胞を見分けることはほぼ不可能である。

（2） 特　性

EG 細胞の樹立の成功は，始原生殖細胞の生物学的に極めて重要な特性を明らかにした。すなわち，始原生殖細胞は潜在的には分化多能性を保持しているが，生体内においてその分化多能性は何らかの機構に抑制されており，精子・卵子のみに変化できる二分化性細胞であるということである。また，始原生殖細胞は分化段階に沿って親の精子・卵で付加されたゲノム刷り込みを消去するため，EG 細胞はその起源である始原生殖細胞の後成的遺伝情報（エピゲノム情報）を継承しており，ゲノム刷り込みが消去されている株が多い。したがって，EG 細胞は ES 細胞に比べると分化多能性が不完全であると考えられており，EG 細胞を用いた遺伝子改変マウスの作製は現在行われていない。

### 5-2-4　胚性幹細胞のゆらぎ

通常の動物細胞株は，均一な性質の細胞集団として増殖するが，ES 細胞は形態的に不均一な細胞集団として増殖する（図 5-14）。**フィーダー細胞**（ES 細胞の下の敷くマウス胎児由来の繊維芽細胞。フィーダー細胞は ES 細胞の未分化性維持に関わる液性因子を分泌している。）を用いた ES 細胞では重層化した丸コロニーが多く観察され，フィーダーレスの ES 細胞では単層のコロニーが多く存在する。2008 年，Niwa らは ES 細胞で特異的に発現する Rex1 の発現を培養中

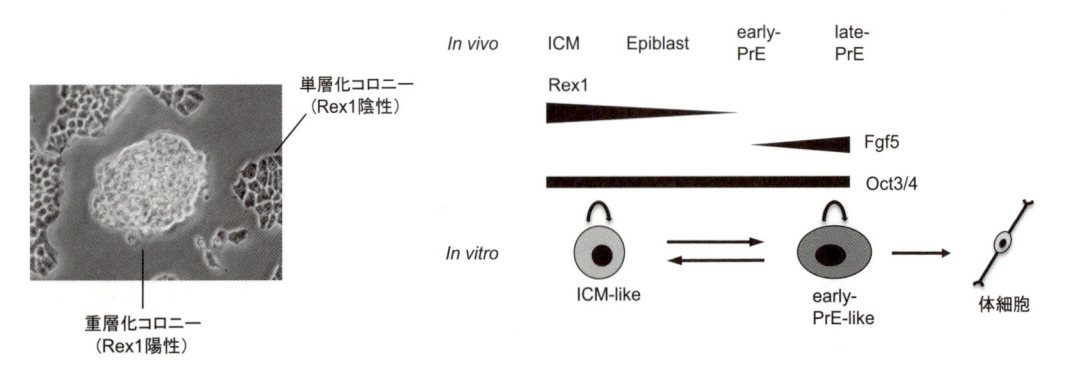

図 5-14　ES 細胞の不均一性

のES細胞で解析したところ，重層化したコロニーだけでRex1が発現しており，単層化コロニーでは発現していないことが分かった。また，Rex1陽性細胞の方がRex1陰性細胞に比べて，胚盤胞に移植した時のキメラ形成能が高いことからRex1陽性細胞の方がより未分化度の高いES細胞であることが示された。このようなRex1の発現の不均一性は安定的なものではなく，Rex1陽性細胞だけ純化し培養しても，培養過程でRex1陰性細胞が出現し，またRex1陰性細胞を純化して培養しても，Rex1陽性細胞が出現してくることから，ES細胞は未分化度の異なる細胞コロニーが遷移状態を保ちながら増殖しているということになる。実際にES細胞を培養すると，継代ごとの細胞の状態や細胞密度の違いにより，重層化コロニー（Rex1陽性）と単層化コロニー（Rex1陰性）の出現頻度が変化することがある。したがって，培養したES細胞を胚盤胞に移植しキメラマウスを作製する時は，重層化したコロニーが多い培養条件で胚盤胞に移植することをすすめる。

## 5-3 ノックアウトマウスの作製

特定の遺伝子に人工的に変異を入れて働かなくすることで，その遺伝子の生理的な機能を解明することができる。ノックアウトマウスの作製は1）ターゲティングベクターの構築，2）相同組換えES細胞の選別，3）ES細胞の生殖系列への寄与の3つのステップからなる。

### 5-3-1 ES細胞における相同組換えを利用した遺伝子ターゲティング

ノックアウトマウスの作製において最も重要となるのが，用いるES細胞における相同組換え効率とES細胞の生殖系列への寄与率である。相同組換え効率はターゲットする遺伝子の種類に，またES細胞の生殖系列への寄与率は用いるES細胞の種類及び培養状態に大きく依存する。ノックアウトマウス作製の歴史の中で，効率良く生殖系列へ寄与するES細胞が樹立されており，現在ではE14tg2aという129/Svマウス由来で，かつフィーダー細胞無しで安定的に培養できるES細胞株が主に使われている。

これまでに相同組換え効率を上げるための方法がいくつか開発されてきたが，ここでは現在汎用されているポジティブ・ネガティブセレクションについて説明する。ポジティブセレクションは，外来遺伝子が挿入された指標としてネオマイシン耐性遺伝子を用いる。一方で，ネガティブセレクションは，ランダムな遺伝子挿入を除外するためにジフテリア毒素A断片遺伝子（DT-A）を用いる。DT-Aは3'相同領域末端にあるため，ランダムにインテグレーションされた場合，DT-Aが発現し細胞が死滅するが，目的遺伝子領域に相同組換えでインテグレーションされると，DT-Aはインテグレーションされないのでダ-Aは発現せず細胞は死滅しない（図5-15）。この方法を用いることにより，ターゲティングベクターが目的の遺伝子領域に導入されたES細胞を効率よく選別することが可能であり，ほとんどの場合100個ほどのクローンを解析することで目的の相同組換え体が得られる。

### 5-3-2　ターゲティングベクターの構築

バクテリア人工染色体（Bacterial Artificial Chromosome：BAC）もしくは PCR を利用して，目的遺伝子の機能領域にネオマイシン耐性遺伝子を挿入し，相同領域の 3' 末端にはネガティブセレクション用に DT-A を付加したターゲティングベクターを作製する．PCR によりターゲティングベクターを構築する場合，増幅エラーにより変異が入ることで相同組換え効率が低下する可能性があり注意が必要である．

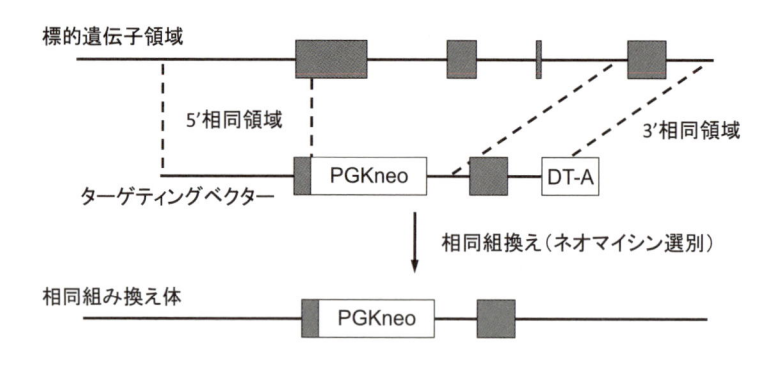

図 5-15　ポジティブ・ネガティブセレクションによるジーンターゲティング

### 5-3-3　ES 細胞の生殖系列の寄与

多能性幹細胞の特性と樹立の項でも述べたが，マウス ES 細胞は胚盤胞の注入することで胚盤胞由来の細胞と注入した ES 細胞由来の細胞からなる，キメラマウスを作製することができる．通常，毛色の異なるマウス系統を用いてキメラマウスを作製し，ES 細胞の組織への寄与度を毛色の混合度により判定する．ES 細胞がキメラマウスにおいて正常な生殖細胞（精子・卵子）に分化した場合（生殖系列への寄与），野生型マウスと交配させることで，ES 細胞で改変した遺伝情報を次世代へ伝達することができる．ここで重要となるのがキメラマウスの性別である．キメラマウスが雄の場合，交配を繰り返すことができるが，雌だと一度妊娠すると出産するまで交配をすることができない．したがって，遺伝子改変マウス作製に用いる ES 細胞は雄由来の ES 細胞を用いるのが一般的である．ジーンターゲティングにより特定の遺伝子を破壊する場合，2 本あるアリルの内 1 本の遺伝子が破壊される．この ES 細胞を用いてキメラマウスを作製し，ES 細胞の生殖系列への寄与度が 80％ だとする．その場合，生殖細胞は減数分裂により半数体を形成するため，理論上 40％ の生殖細胞が遺伝子の破壊されたゲノムを保持する計算にとなる．したがって，このキメラマウスと野生型マウスを交配させて産まれてくるマウスは，40％ が片方のアリルの遺伝子が破壊されており（ヘテロマウス），残りの 60％ は両アリル共に正常な遺伝子を持ったマウスが産まれてくる（野生型マウス）．ヘテロマウス同士を交配することで，メンデルの法則に従い 4 分の 1 の確率でノックアウトマウスが産まれてくる．発生過程で必須の機能を持つ遺伝子の場合胎生致死となるため，生体における機能を解析するためには，コンディショナル（条件的）ノックアウトマウスを作製する必要がある．

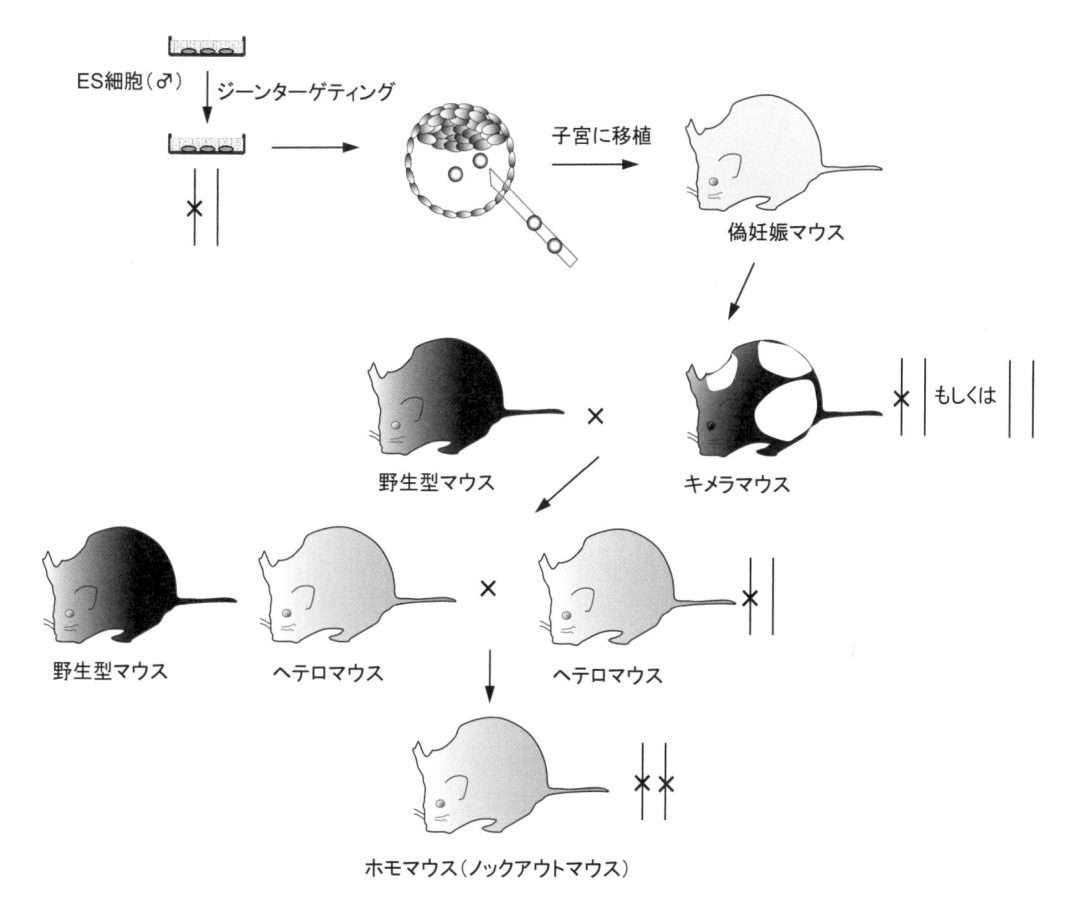

図 5-16　ノックアウトマウス作製の概略

## 参考文献

1) 岡田益吉ら，「生殖細胞の発生と性分化」，共立出版 (2000)
2) K. Takahashi, S. Yamanaka, Cell, 126, 663-676 (2006)
3) 黒木登志夫ら，「培養細胞実験ハンドブック」，羊土社 (2010)
4) 中辻憲夫ら，「発生工学実験法」，羊土社 (1994)

# 6章　遺伝子発現の網羅的解析技術

　ゲノムプロジェクトの進行とともに，ゲノム情報発現の各ステージにおけるダイナミクスが，多細胞生物の組織分化や様々な生物の環境応答を考える上で重要なことが明らかになってきた。このため，ゲノムの機能を網羅的に解析する技術も，急速に発展しつつある。基本的にこれらの技術は発現するゲノムより転写される mRNA や，そこからさらに翻訳された産物であるタンパク質の種類の変化あるいは量的推移を比較するものである。従来からの手法に加えて，多量な情報を解析する手法と得られた情報の系統的な解析アルゴリズムの開発により，ゲノム機能ダイナミクスの全体像が比較的簡便にコンピューター上で予測され得るようになっている。このようなハイスループットな技術の進歩は**システム生物学**と呼ばれる新しい *in silico* 生物学の潮流を生んでいる。

## 6-1　転写動態の解析（トランスクリプトーム解析）

　遺伝子の発現動態を調べるためには，様々な遺伝子で転写量の変化を調べる。一般に転写量の増減はタンパク質の増減と相間がある。以下には現在行われる主な方法を解説する。

### 6-1-1　マイクロアレイ法

　マイクロアレイとは **DNA チップ**とも呼ばれ，ガラスなどの基板上に多数の DNA を高密度に固定化した分析機器である。このマイクロアレイ実験では，蛍光標識された DNA とガラス基板上の DNA をハイブリダイズ（結合）させ，その蛍光発色強度をもとにサンプル中の DNA 量（遺伝子発現量）の多寡を解析する。マイクロアレイ解析により動物や植物・微生物に至るまで様々な生物の遺伝子発現変化を網羅的に解析することが可能となっており，現在までに様々な生物種の DNA チップが市販されている。また**一塩基多型**（Single Nucleotide Polymorphism：SNP）の検出にも用いられる。基本原理はサザン法（2-3-1）やノザン法（2-3-2）と同じなので，本書各項を参考にするとよい。

　このマイクロアレイ実験は大きく**一色法**と**二色法**に分けられる。一色法では一種類の蛍光で標識された DNA を用い，蛍光強度がそのままサンプル中の相対的な遺伝子発現量を表すと考えて解析を行う。また二色法では2種の RNA 混合サンプルを用いて1枚のマイクロアレイ上で同時にハイブリダイゼーションを行い，発色強度比を解析することにより各サンプル間の遺伝子発現量を比較する（実験手法は後述）。二色法では1つのスポットで発現量を比較するため，正確で理解しやすいデータが得られる。その一方で使用する蛍光の取り込み効率や，ハイブリダイゼー

ション効率の違いなどから蛍光強度に差がでるため，サンプルと標識物質を入れかえて実験を行う（Dye-Swap 実験）。一色法ではこの Dye-Swap 実験を行う必要はないが，逆に言うと再現性を得るために複数回の実験が必要となる。しかし一色法は実験系も単純で，実験計画を組み立てやすく，多数のサンプルの比較が可能である。拡張性の高い一色法は比較サンプルが多い場合に有利であり，正確性の高い二色法は比較サンプルが少ない場合に有利であるといえる。

以下に二色法の実験手順について簡単に解説する（図 6-1）。まず異なる条件下で培養された細胞 2 種を用意し，各細胞より総 RNA を抽出する。この抽出された総 RNA 等量を用いて，それぞれ逆転写反応を行う。この逆転写時に，それぞれ異なった蛍光で標識された（一般には Cy3 と Cy5 による標識が多い）デオキシヌクレオチド（dNTP）を混合することで，異なる蛍光で標識された DNA を得ることができる。そして得られたそれぞれの標識 DNA を混合し，あらかじめ標的 DNA 群が固定化されている DNA チップに対しハイブリダイズする。この時に片方の条件で転写が増加している遺伝子は，標識した蛍光の発色が強くなり，また転写量が同程度であれば同程度の発色がなされる。例えば Cy3（緑色）と Cy5（赤色）の発色が同程度の場合，2 色の和（黄色）として検出される。このようにして DNA チップ上にある各遺伝子スポットの発色具合を解析することで，遺伝子の転写量変動を網羅的に解析することが可能となる。ただしこの発色強度の解析を行う際には，各標識物質の DNA 取り込み効率の違いや発色強度の違いを考慮して，上述の Dye-Swap 実験や，サンプル間の標準化が必要になる。この標準化の手法として大きく分けて 2 種類ある。1 つが各サンプル間での遺伝子の総コピー数があまり変動しないと仮定して，サンプルの発現比の平均値が同じになるように処理する global normalization である。またサンプル間での状態が大きく変わっていると考えられる場合には，実験間で発現量が変化しない遺伝子を基準に全体を標準化する internal control（内部標準）normalization を行う。

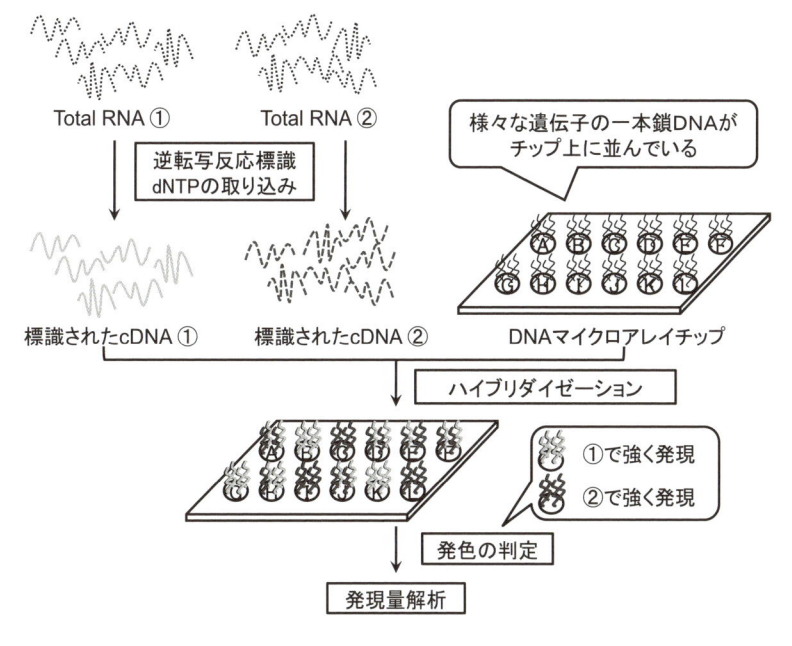

図 6-1　マイクロアレイ解析（二色法）

本実験における注意点として，以下のようなことが挙げられる。まず純度の高い，分解されていない RNA を実験に用いることである。RNA は非常に分解されやすいため，使用前に電気泳動を行うなどして，分解を確認する必要がある。また，基板上の DNA はデリケートなので，DNA チップに傷をつけないように注意深く扱う。さらに本実験は非常に小さい反応系でハイブリダイゼーションを行う。そのためハイブリダイズ用反応液をまんべんなくチップにいきわたらせるように注意が必要である。この他にもハイブリダイゼーション後の DNA チップから確実に反応液を除去することも挙げられる。除去が不完全であると，バックグラウンドの増加につながる。変わったトラブルとしては，DNA チップの区別を記入するマジックや，紙の漂白剤として含まれる蛍光物質がバックグラウンドとなってシグナルの検出を邪魔するケースもある。また，サンプルの種類によって標準化の手法も慎重に選択する必要がある。さらに標準化を行った後も注意が必要である。

マイクロアレイ解析は網羅的に莫大な情報を得ることが可能ではあるが，厳密な定量には向いていない。一般に発現量比が 2 倍に満たないものは，発現量に差はないものとして扱う。また情報量が多い分，そのデータの中には少なからずノイズによる擬陽性を含んでいる。そのためマイクロアレイ解析後はそのデータを鵜呑みにせずに，リアルタイム PCR 法など，より精度の高い定量解析が必要である。

### 6-1-2 サブトラクション法

DNA 二重鎖の変性とアニーリング現象は 1960 年代から良く知られており，アニーリングの特異性は配列のみに依存し，組織や種は問わないことも分かっていた。これらの特性は，徐々に遺伝子解析に応用され始め，ゲノム中の異なる配列数の解析，抗体産生細胞の体細胞組換え，イントロンの発見などがなされた。mRNA と cDNA のヘテロハイブリッドを利用した転写物の差異解析にも応用されるようになり (Hahn and Laird, 1971; Davidson, 1971)，これらが**サブトラクション法**の始まりである。

サブトラクションとは引き算を意味する。サブトラクション法は，異なる 2 種の細胞，組織，あるいは処理時間等で量差のある mRNA を比較する一方の対象を逆転写して cDNA とし，**DNA-RNA ハイブリダイゼーション**により差し引いて濃縮，単離する技術である（図 6-2）。この方法ではまず比較対象に対して特異的に転写が起こっていると考えられる細胞 ① から poly(A)$^+$RNA を精製し，これを鋳型として cDNA を合成する。これを，比較対象とする細胞 ② から同様に精製した過剰量の poly(A)$^+$RNA と溶液中で反応させる。細胞 ① および ② で共通して転写されている遺伝子は cDNA-mRNA ヘテロハイブリッドを形成する。DNA と RNA の二本鎖は極めて安定である。一方，細胞 ① でしか転写されていない遺伝子は，細胞 ② から得た mRNA で吸収することはできず一本鎖のままとなる。ヒドロキシアパタイトカラム等を用いて DNA-RNA ハイブリッドを取り除き一本鎖 cDNA のみを回収することができる。こうして集めた cDNA はプローブとして利用したり，配列情報をゲノム情報と照らし合わせたり，あるいは RACE 法を利用して全長 cDNA を PCR クローニングすることができる。サブトラクション法は比較的古典的な特異的 cDNA 単離法であり，比較する細胞間で転写量に大きな違いがある遺伝子にしか有効では

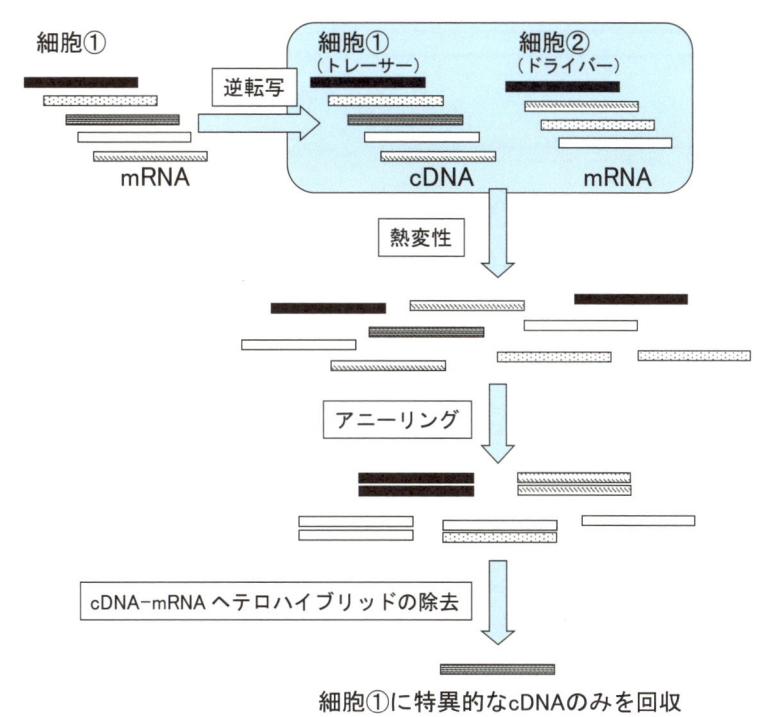

図 6-2 サブトラクション法

なく，相同性の高い別の遺伝子発現の影響を受けやすいなどの問題がある。また，操作上 mRNA に対して多くの処理を行う作業が伴うため，技術的な要求度が高い。

### 6-1-3　ディファレンシャルディスプレイ（DD）法

ゲノムプロジェクトが様々な生物種で進行し，遺伝情報の読み取りは秒進分歩といえる速度で進んでいるが，遺伝子の機能同定はそれほど速くは進んでいない。動物細胞においては現在，機能を含めて同定されている遺伝子は全体の 10％程度である。マイクロアレイ法では同定済みの遺伝子の発現プロフィールは簡便に分かるが，機能未同定の遺伝子や non-coding transcript は解析の対象から除外されている。そのため，これらの未知遺伝子の機能をバイオインフォマティクスによる推測のレベルを越えて実証可能にする技術が希求されてきた。サブトラクション法はこの要求に答える初期の技術であったが，この手法には上述したように感度，技術，発現特性を選んでしまうなどの様々な問題があった。DD 法は比較したい試料間での転写物の量比を電気泳動によるバンドパターンの違いにより解析する方法であり，サブトラクション法の短所を補う手法として 1992 年，Liang らによって開発された。

DD 法は mRNA の逆転写産物の電気泳動による単純な比較法であるが，最近では mRNA の poly（A）配列に付加された部分（アンカー配列）をもつプライマーと任意の短いプライマーを用いる RT-PCR によって，シーケンス用ゲルで分離できる程度の数の mRNA に対応する cDNA 断

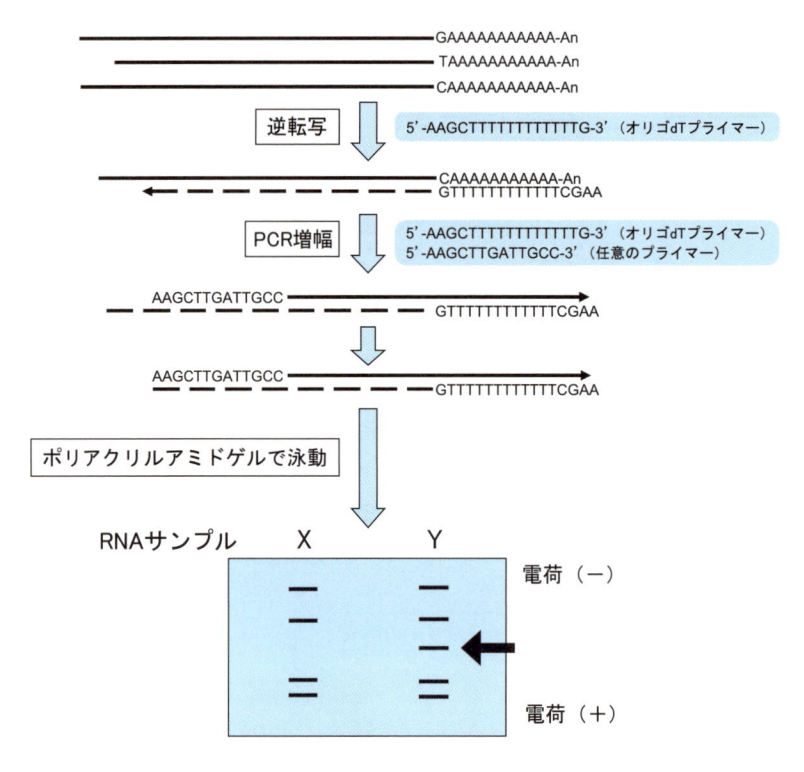

6章　遺伝子発現の網羅的解析技術

図6-3　ディファレンシャルディスプレイ（DD）法

片を増幅して解析する方法が主流となっている．抽出したRNAを逆転写する際，使用するオリゴdTプライマーの3'末端にアンカー配列を付加する．アンカー配列はG，C，Aいずれかの塩基を使用することにより，PCR産物を定性的に3つのグループに分けることができ，検出するバンド数を調節することができる．また，バンド数が多すぎる場合には，アンカー配列を2塩基にすることで，3×4の12通りのグループに定性的に分けたPCR増幅を行うことができる．このようにして増幅したcDNA断片をシーケンスゲルで泳動して分離し，いずれかのプライマーの末端に付加した放射性リン酸あるいは蛍光物質により泳動バンドを視覚的に比較する（図6-3）．発現の異なる遺伝子の部分的なcDNA，部分的情報を得るには，上記のバンドを切り出してサブクローニング，シーケンスを行うだけであるため，簡便かつ短期間で結果が得られる．また，PCRを用いるためわずかな転写産物も検出することができ，量を得ることが難しい系に応用が可能である．

### 6-1-4　cDNA-AFLP法

AFLP（Amplified Fragment Length Polymorphism）法の変法であり，もともとは新しい**DNAフィンガープリント法**として1995年にVosらによって発案された．**増幅断片長多型解析**とも呼ばれ，制限酵素により切断したDNA断片をPCRにより増幅した際の増幅断片長のパターンによる多型をゲル上で検出する方法である．従来までのゲノム解析には，**RFLP（Restriction Fragment**

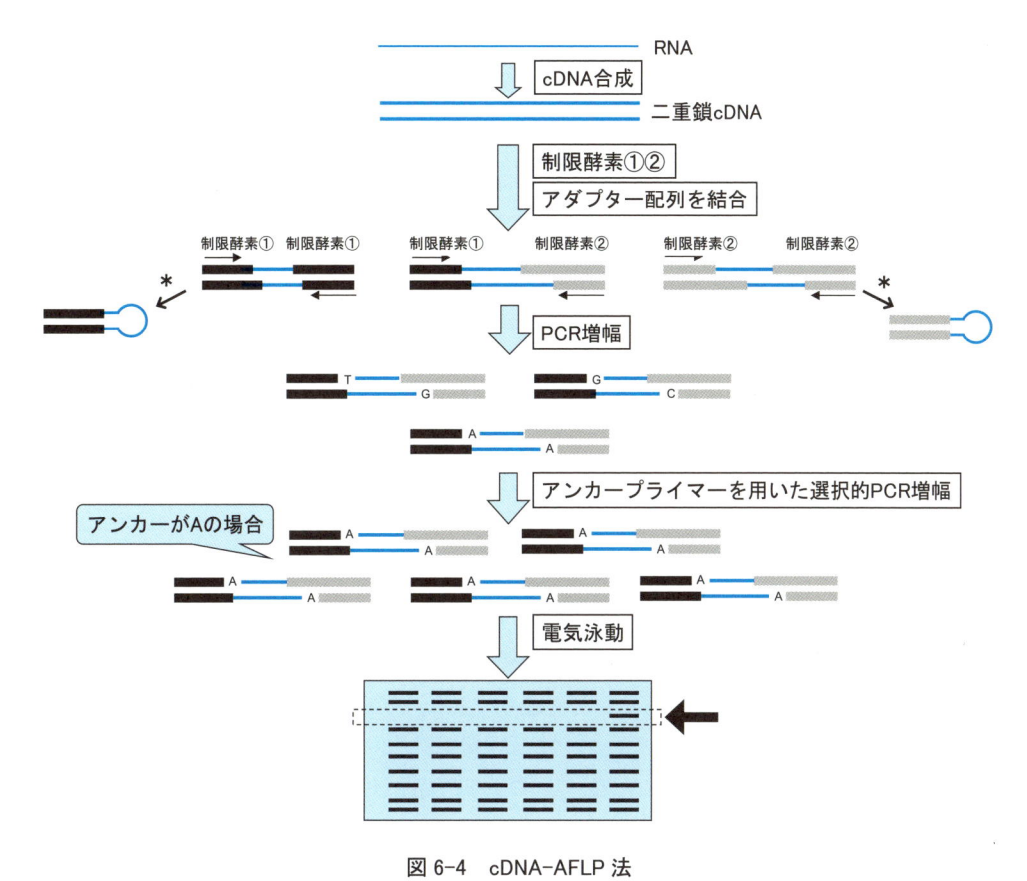

**図 6-4 cDNA-AFLP 法**
同じ制限酵素で切断したホモな末端配列を有する cDNA 断片は，末端標識に使ったアダプター配列の相補性からループ構造を形成するため増幅されない。

---

Length Polymorphism）が広く用いられていたが，断片の検出操作が煩雑で大量のサンプル処理には適していなかった。一方，簡便な PCR 技術に基づく RAPD（Random Amplified Polymorphism DNA）は，結果が反応条件に左右されやすい短所があった。AFLP 法は，RFLP の信頼性と RAPD の簡便性を組み合わせた技術で，特定の断片のみを増幅するため，サンプルが微量でも精度が高い結果が得られる。この手法は cDNA の断片多型の比較解析にも十分応用が効き，1996 年には，PCR ベースの RNA フィンガープリント法として Bachem らによって cDNA-AFLP 法が発案された。

　発現レベルを比較したい細胞から RNA を取得し，これを鋳型として通常の方法で二重鎖 cDNA を合成する。cDNA のポピュレーションを保存したままライブリーを増幅する過程をここにしばしば挿入するが，その際は，一本鎖 cDNA 合成時に terminal deoxyribonucleodyl transferase を作用させてポリ dG を 3' 末端に付加する。これに対して特異的アダプターを付加したオリゴ dT プライマーと別の特異的アダプターを付加したオリゴ dC プライマーを用いて適当なサイクル数で PCR 増幅する。こうして得られたアダプター付き増幅 cDNA ライブラリーを適当な 2 種類の制限酵素 ①② で分解する。それぞれの制限酵素断片 ①② に特異的な末端を有するアダプ

ター ① ② を付加し，① および ② のアダプター配列に特異的な，それぞれフォワードおよびリバースプライマーを用いて，PCR 増幅を行う。このとき，ホモな末端配列を有する（同じ制限酵素断片を有する）cDNA 断片はアニーリングの過程で末端標識に使ったアダプター配列の相補性からループ構造を形成するためほとんど増幅されない。このため，ヘテロな制限酵素断片を有する（異なる制限酵素断片を有する）cDNA 断片だけを選択的に増幅することが可能である（図6-4）。しかしながら，通常この程度の選択性では断片サイズが依然として非常に多いので，電気泳動で cDNA 断片のバンドを分離することは難しい。このため，このヘテロな末端を有する cDNA 断片に対して，2 回目の選択的 PCR 増幅を行う。この時，アダプター ① および ② に特異的なプライマーをもう一度用いるが，今度はそれぞれのプライマーの 3' 末端にアンカーを付加する。例えば，片方のプライマーに A のアンカー塩基を付け足した場合，もう片方のプライマーには AGCT のいずれか 4 通りのアンカーを付加した 4 グループの選択的 PCR を行う。このようにして，増幅断片の種類を特異的に選択して解析可能な数にする。アンカーがどちらも 1 塩基であれば 16 グループ，2 塩基であれば 256 グループの cDNA 増幅断片が得られる計算となる。ゲノムサイズの大きな生物では 2 塩基のアンカーを使うことが必要となるが，酵母や真核藻類程度の比較的小さなゲノムサイズの生物では，1 塩基のアンカーの組み合わせで十分である。断片の検出は，通常のシーケンス用スラブゲルを用いる。一方のプライマーに [$\gamma$-$^{33}$P] などの放射標識や，Cy5 などの蛍光色素を標識することで，ゲル上での増幅断片の検出が可能である。この方法は比較的再現性も高く，また遺伝子をコードしていない転写産物（non-coding transcript）や未同定の遺伝子についても検出が可能である。しかしながら網羅性は，最初に使う制限酵素の種類によっても左右されるため，別の制限酵素を用いて同じ過程を繰り返すなどの工夫が必要である。

### 6-1-5 HICEP 法

High Coverage Expression Profiling（HiCEP）の略で，cDNA-AFLP 法の改良発展型の手法である。2003 年に Fukumura らにより開発された。現在 HiCEP 法により解析された遺伝子発現プロフィールはデータベースの構築が進みつつあり上記研究グループの HP 上で利用可能である（08 年の時点でマウス ES 細胞の 34,000 の遺伝子の転写発現データが蓄積している）。

AFLP 法と同様に cDNA ライブラリを二種類の制限酵素を用いて分解し，それぞれの制限酵素切断部位に特異的なアダプターを付加してこのアダプター配列によって制限酵素断片を PCR 増幅する。cDNA の合成時から磁気ビーズ等で固定化したオリゴ dT プライマーを用いるので，cDNA の処理のほとんどは固定化担体上で進められる。まず，二重鎖 cDNA を合成し，この二重鎖 cDNA に適当な制限酵素 ① を作用させ，制限酵素断片に特異的な末端を有するアダプター ① を付加する。担体に固定されていない遊離断片はここで除く（洗い流す）ことができる。次に担体上に残ったアダプター ① 標識断片に対して，別の適当な制限酵素 ② を作用させ，やはりこの制限酵素末端特異的に付加する末端を有するアダプター ② を付加する。この時点で担体から遊離する断片はアダプター ① およびアダプター ② のヘテロな末端を有するものと，制限酵素 ② による処理中に両端を制限酵素 ② で切断されて，アダプター ② 末端をホモに有する断片となるが，次からの PCR 増幅では，アダプター ① 特異的なプライマーにのみ蛍光標識を施す為，ホモ

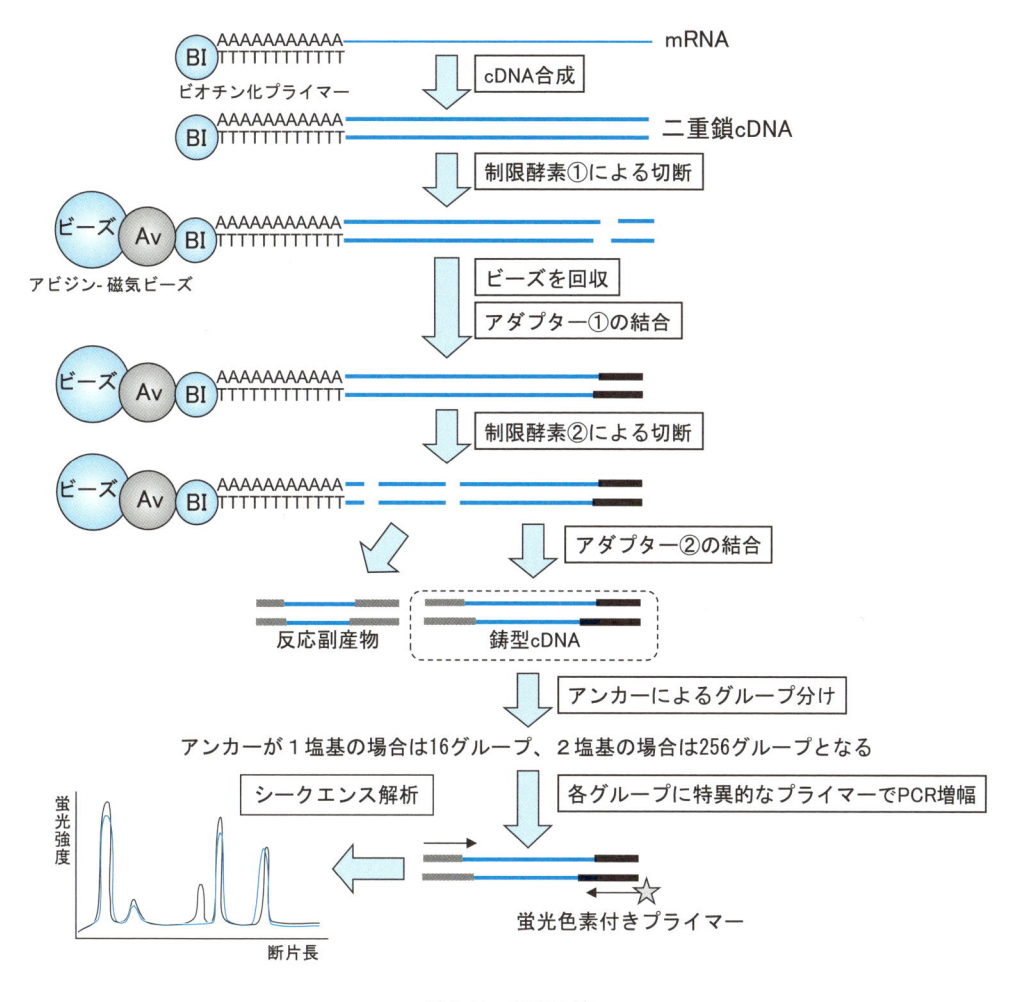

図 6-5 HICEP 法

な末端を持つ断片は無視してよい（図 6-5）。ここから先の PCR 増幅は，アダプター ① および ② 特異的なプライマーをそれぞれフォワード，リバース方向に用いるが，cDNA-AFLP 法と同様に 3' 末端にアンカーを組み合わせた選択プライマーによる特異的な選抜増幅となる。アンカーがどちらも 1 塩基であれば 16 グループ，2 塩基であれば 256 グループの cDNA 増幅断片が得られるため，数万種類の転写産物を再現性良くサブグループ化することができる。1 つ 1 つのサブグループに対して Genotyping ソフトウェアを持ったキャピラリシーケンサーを用いて，長さに応じた分離を行い，蛍光標識で検出したプロファイルデータを様々な処理間（発生過程間，組織間，環境処理間）で比較できる。現在汎用されている DNA チップ法（マイクロアレイ法）では，既知遺伝子などチップ上に載せられた遺伝子のみの発現情報が得られる（クローズドシステム）のに対し，HiCEP 法では既知の配列情報を必要としないため，既知遺伝子だけでなく，未知遺伝子や non-coding transcripts など，細胞中で発現しているほとんどすべての転写産物の発現情報を得ることが可能である（オープンシステム）。このため，発現産物の網羅率も 70% 以上と高く，

遺伝子情報が蓄積していない広範な生物種も対象とすることができる。HiCEP法ではさらに再現性が非常に高いことが報告されている。出芽酵母から抽出した同一 poly(A)＋RNA 試料を用いて独立に4ロットの PCR 断片を調製し HiCEP 法でのプロファイリングを行った結果，4検体のピーク形状はほぼ完全に一致した。この高い再現性と定量性のため，従来のハイブリダイズ法では検出不可能な 1.2 倍程度の発現差を検出可能であるとされている。DNA マイクロアレイと比べると精度は一桁ほど高いことから，HiCEP 法は RNAi によるノックダウンの波及経路をノイズに妨げられずに追跡することや，加齢，疾病，ストレス，環境ホルモン物質など，様々な要因が遺伝子発現に与える微小な影響を調べることができる。また，多型解析など集団遺伝学への応用も可能と考えられている。

### 6-1-6　SAGE法

　細胞の性質を決定するのは，ゲノム情報ではなく，ゲノムの修飾，そこで発現している mRNA とタンパク質の種類と量である。これまでにも述べてきたように，既知の遺伝子発現特性を解析する様々な技術に加え，転写を網羅的にプロファイリングし所望する試料間で比較するため，未知の遺伝子産物を含めた解析法が考案されてきた。HiCEP 法などに代表されるようにそれらは PCR 技術をベースとして極めて感度が高く定量的な手法となりつつある。しかし HiCEP 法にしても一度に解析できる遺伝子数には限りがある。また，装置とオペレーションソフトも専用性やコストが高いものとなる。通常のシーケンサーと PCR 技術のみを利用して，より単純な仕組みで未知遺伝子や non-coding transcript を含めた遺伝子発現を網羅的に解析する新たな方法として 1995 年，Velculescu らにより Serial Analysis of Gene Expression（SAGE）法が開発された。この方法は転写されているあらゆる配列が検出でき，個々の遺伝子を発現量の多い順に並べた定量性の高いプロファイルが同時に得られる。したがって，比較したい細胞や組織でそれぞれのプロファイルを作製して比較することによって，試料間の性質の違いを簡単に判断することが可能とされている。また，近年では，この方法の改良型が製品として市販されている。Long SAGE 法や Super SAGE 法などがそれであるが，特に後者は，tag を作製する際の制限酵素を従来のものから変更することによって，25-27 塩基対の長い tag を作製でき，これにより検出配列のより正確に機能を予測したり，ゲノム情報からの同定が可能となっている。SAGE 法は，もともと，癌研究のために開発された方法であるが，微量な転写産物や新規遺伝子の同定に用いることが可能であることから，現在では，ヒト，植物，酵母などの真核生物や，癌以外の病気のトランスクリプトーム解析にも利用されている。

　SAGE 法では二本鎖 cDNA を適当な制限酵素 ①（原著論文では NiaIII）で断片化した後，ポリ A 末端を有する断片のみをアフィニティー精製する。その後，この断片を2つに等分して，それぞれのフラクションに別々の既知配列と制限酵素 ① の粘着末端を有するリンカーを結合させる。ライゲーションしなかったリンカーはそれぞれをアフィニティー精製して洗い流す。残ったそれぞれのリンカー付き断片に，認識部位と切断部位が離れているタイプの制限酵素 ② を作用させる。原著では BsmFI が用いられており，この制限酵素の認識部位は使用した2種のリンカー配列内に予め設計されている。BsmFI は $\begin{smallmatrix}5'...\text{GGGAC}(N)_{10}{}^{\blacktriangledown}...3'\\3'...\text{CCCTG}(N)_{14}{}_{\blacktriangle}...5'\end{smallmatrix}$ の認識および切断部位の関係を有する

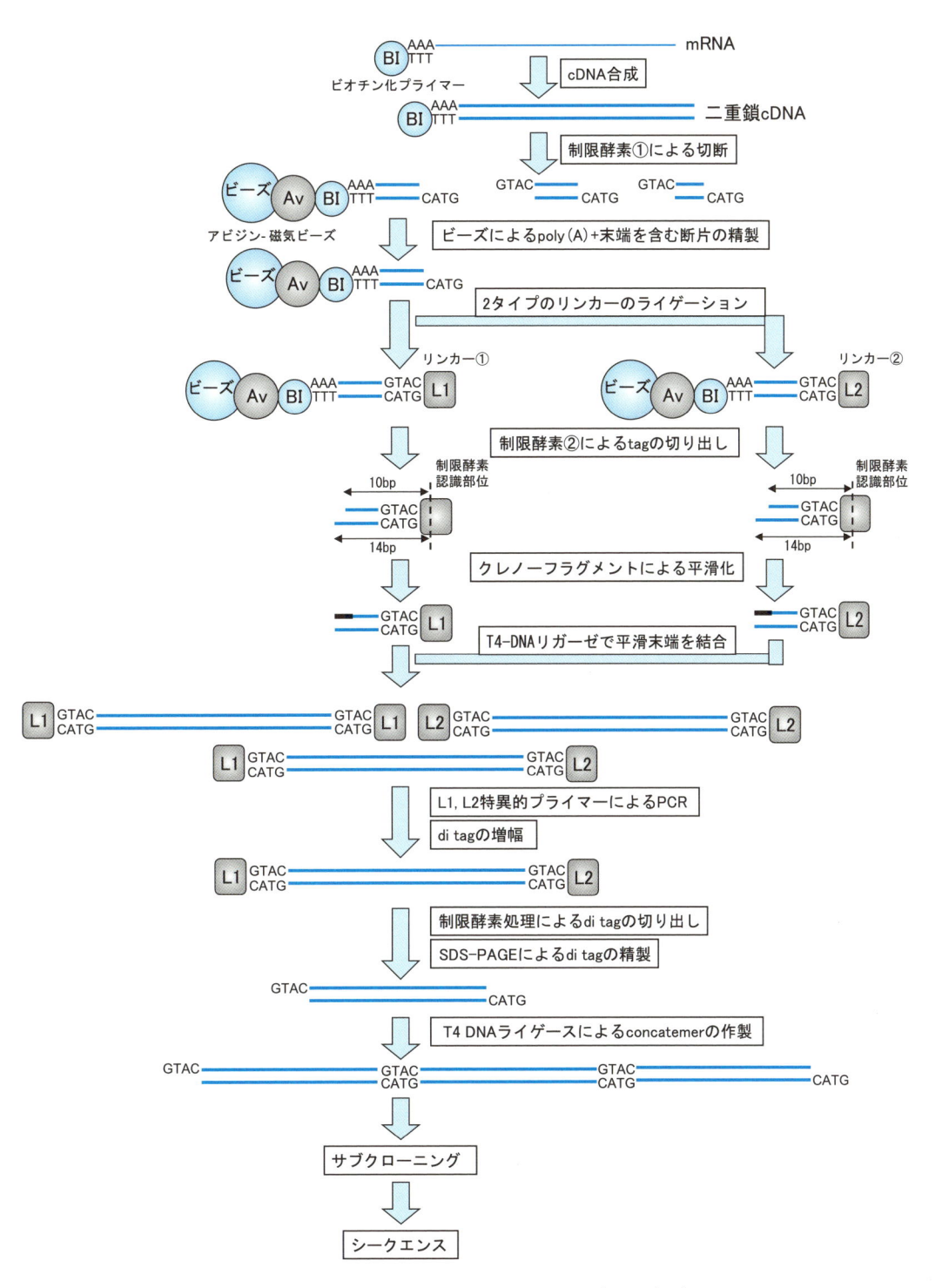

図 6-6　Serial Analysis of Gene Expression (SAGE) 法

表 6-1 SAGE ソフトウェアによる Tag リストの例

| Tag Sequence | Count | Gene Name |
|---|---|---|
| ATATTGTCAA | 5 | translation elongation factor 1 gamma |
| AAATCGGAAT | 2 | T-complex protein 1, z-subunit |
| ACCGCCTTCG | 1 | no match |
| GCCTTGTTTA | 81 | rpa1 mRNA fragment for r ribosomal protein |
| GTTAACCATC | 45 | ubiqitin 52-AA extension protein |
| CCGCCGTGGG | 9 | SF1 protein（SF1 gene） |
| TTTTTGTTAA | 99 | NADH dehydrogenase 3（ND3）gene |
| GCAAAACCGG | 63 | rpL21 |
| GGAGCCCGCC | 45 | ribosomal protein L18a |
| GCCCGCAACA | 34 | ribosomal protein S31 |
| GCCGAAGTTG | 50 | ribosomal protein S5 homolog（M（1）15D） |
| TAACGACCGC | 4 | BcDNA. GM12270 |

為，認識配列から 10-14 塩基離れた部位（黒矢尻）を切断することとなる。そのため，それぞれのアフィニティーカラムからは，それぞれのリンカー＋10 bp 程度の cDNA 断片が溶出してくる。それぞれの BsmFI 断片の切断末端をクレノーフラグメントで平滑化した後，T4-DNA リガーゼで平滑末端を結合し，2 種のリンカーを特異的に認識するプライマーで PCR 増幅すると，調べたい cDNA ライブラリから 10 bp 程度の断片を 2 つつなげた di tag が増幅する。この di tag は調べたい cDNA の「名札」となるものである。PCR 産物より，制限酵素 ①（原著論文では NiaIII）で処理して di tag を切り出し，PAGE によって 24～26 bp の di tag バンドを切り出す。di tag をライゲーションして concatemer を作製し，アガロースゲル電気泳動後 200 bp より長い帯状の領域（スメアバンド）を切り出し精製する。この concatemer 混合物を適当なベクターにショットガン導入し，サブクローニング後，片端からシーケンスする（図 6-6）。基本的にこの企画化された「名札」が最後のランダムなシーケンスの結果，どれだけの頻度で出現するかによって，発現量とその比が推定できる。そのため，統計的に信頼性のある定量結果を得るためにはある程度多くのベクターを読まなければならない。cDNA ライブラリーのクローンを片端からシーケンスしても同じことができるが，1 万個の「名札」を集めるのに 1 万回シーケンスする必要がある。これに対して SAGE 法を用いれば約 200 回程度のシーケンスで 1 万個の「名札」の配列を読むことが可能となる。「名札」の同定はその配列に依拠しているわけであるが，10 bp 程度のものでは不十分でありノイズが大きい。そのため，EcoP15I などの，25 bp をこえるさらに長い配列をまたいで認識と切断を行う酵素を用いた方法が開発されている（SuperSAGE 法）。SAGE 法で得られた多量のデータ処理には，シーケンス結果から tag を切り出してリストを作製し，GenBank のフラットファイルを処理して tag の同定を行うソフトウェアが不可欠であるが，Johns Hopkins 大学 Oncology Center の Dr. Kinzler より供与されている SAGE ソフトウェアが多用されている（表 6-1）。

## 6-2 タンパク質発現動態の解析（プロテオーム解析）

　ゲノム情報の発現ダイナミクスは多くが転写産物の量（mRNA レベル）に反映されるが，すべてがそうとは限らず，タンパク質発現レベルに至るまでに様々な制御を受ける場合がかなり存在する。このため，細胞や組織の遺伝子発現状態を確認するためには，タンパク質の網羅的分析も重要だ。しかしながら，タンパク質の物理化学的性質は多様であり，その分離精製技術は核酸のように一律な方法が取りにくい。また，タンパク質の機能を調べることも手間のかかる仕事である。細胞や組織に存在するタンパク質を網羅的に分離する方法としては電気泳動技術が有用である。しかし，従来は電気泳動技術で分離したタンパク質は抗体染色の標的などを除いては，ほとんどはゲル上の，機能のわからない単なるバンドやスポットでしかなかった。しかし，近年では，ゲルから任意のスポットを取り出して得た超微量なタンパク質の配列情報を短時間で取得することのできる質量分析技術が進歩し，電気泳動によるタンパク質分離がそのままタンパク質の網羅的な解析（プロテオミクス，プロテオーム解析）に結び付くようになってきた。

### 6-2-1 二次元電気泳動を利用する方法

　電気泳動の手法は 1930 年代に Tiselius らによってタンパク質の移動度を調べる方法最初に用いられたが，その後，濾紙，デンプンゲル，アガロースゲルなどの担体を用いた電気泳動が発展した。1960 年代にポリアクリルアミドゲルを用いた方法（polyacrylamide gel electrophoresis, PAGE）が考案され，タンパク質の表面電荷に左右されずに分子量だけでタンパク質を分離する SDS-PAGE や逆にタンパク質の表面電荷に基づいて分離する等電点電気泳動へと発展した。これら一次元的な電気泳動法は，タンパク質の精製度，電気的性質，分子量，活性等を簡便に確認する目的で，現在でも常用される有効な手段である。しかしながら，これらの方法は，特に多くのタンパク質の混合物を対象とする時には，その分離限界から現実には見たいタンパク質を特定できていない場合が多い。すなわち，適当な方法で染色されたタンパク質の"バンド"には実は大きさなどがほぼ同じの複数のタンパク質が混在している場合がある。このような分離能力の限界を超えるために，1975 年，O'Farrell が開発したのが，等電点電気泳動と SDS-PAGE を組み合わせてタンパク質の混合物を二次元的に分離する方法である。二次元電気泳動法は，技術的な要求度も高く実験に要する時間も長いことから，装置，試薬，手法等に様々な改良が重ねられ，現在もプロテオーム解析に大きく貢献している。しかしながら，その基本的な原理は O'Farrell が確立したものから大きく変わっておらず，この論文は発表以来現在に至るまで 6,000 回近く引用されている。

　二次元電気泳動は，一次元目を等電点電気泳動，二次元目を SDS-PAGE とすることがほとんどである（図 6-7）。一次元目の等電点電気泳動法は，直径 1 〜 3 mm 程度の細長いディスクゲルあるいは短冊形の細長いスラブゲルを用いる。ポリアクリルアミドゲルを担体とするが，分子篩（ふるい）効果を最小限にする為，4%（w/v）にして行う。タンパク質を構成しているアミノ酸側鎖やアミノ末端，カルボキシル末端の電荷は pH 条件によって変化するため，ある pH でその総和がゼロになるが，この pH の値を等電点（pI）という。pI はそれぞれのタンパク質で固有の

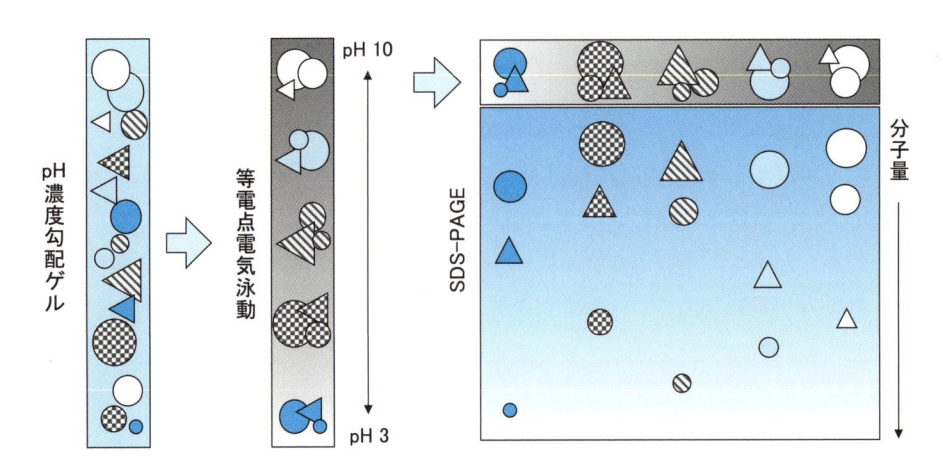

図6-7 二次元電気泳動法

値を持ち，また同じタンパク質でも三次構造をとっている時と，アンフォールドしている（折り畳まれていない状態）ときでは違う値となる．通常の二次元電気泳動では，立体構造に影響を受けないpIで分離するために，8 M程度の尿素をゲルおよびタンパク質を溶解する緩衝液に加える．等電点電気泳動（iso electro focusing, IEF）を行うには，泳動ゲル中にpH勾配を作る必要がある．pH勾配ゲルの作製には，市販の両性担体（キャリアアンフォライト）をゲルに添加して電場を作りpH勾配を形成する手法と，様々なpIの側鎖を持つアクリルアミド誘導体を用いてゲル作製時にpH勾配を形成する手法（Immobilized pH gradient, IPG法）とがあり，プロテオミクス研究では，分離能，再現性，添加許容量ともに優れるIPG法が主に用いられている．IPG法では専用のプレキャストゲル（Immobiline DryStrip Gel）を購入する必要があるが，ゲル調製の煩雑さから解放され取り扱いも容易である．キャリアアンフォライトを用いる等電点泳動の分離能は0.01〜0.02 pH単位で，IPG法では0.001 pH単位程度の違いでも分離することができるとされている．マイナス極側を塩基性，プラス極側を酸性にし，サンプルを泳動ゲルに添加して電荷をかけると，それぞれのタンパク質は固有のpIと同じpHに向かってpH勾配を形成したゲル中を移動する．この時，電極間には微少な電流が流れるが，この値が大きくならないように電圧を調節することが必要である．pI点に向かう移動が平衡状態に近づくにつれ，電流は流れなくなるので，電圧を上げて行くことができる．最終的に1,000〜2,500 Vの高電圧を1〜2時間かけて完全な平衡状態へ至らせるが，タンパク質によっては，平衡状態に到達するまで泳動を行おうとすると，陰極流（Cathodic drift）のために，塩基性pH領域がゲルの末端から電極液中に抜け出してしまう欠点があった．O'Farrellは，この問題を解決する為に，平衡に達する前に電気泳動を止めてしまうやり方である，非平衡pH勾配電気泳動（NEpHGE）を考案した．NEpHGEは塩基性タンパク質の分離には極めて有効であったが，厳密に言えば等電点に基づく分離ではなく，そこへ至る速度による分離である．それに対しIPG法では陰極流の影響が最低限に押さえられているので，塩基性タンパク質抜け出しの問題は比較的少ない．しかしながら，IPG法でも塩基性領域のIEFは様々な要因により乱されることが多いため，NEpHGEを用いる方が良い結果が得られる場合

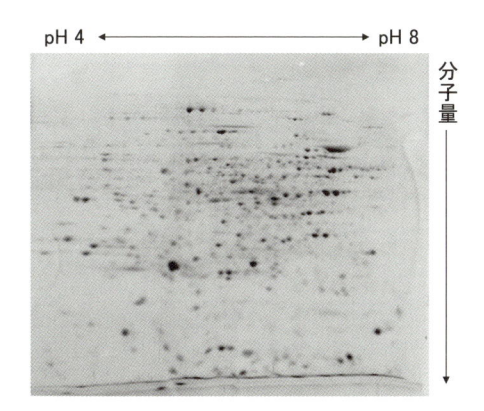

図 6-8 二次元電気泳動によるコムギ根茎移行部タンパク質分離の例

もある。このようにして IEF によって分離されたタンパク質を，IEF ゲルのまま SDS 緩衝液に置換する。このとき，SDS 緩衝液に 8 M 尿素を加えることもある。この状態で凍結保存することも可能である。続く二次元目の電気泳動は一般的な SDS-PAGE と全く同じである。ただし，サンプルは IEF ゲルそのものなので，このゲルを簡単に安定して二次元目の濃縮用スラブゲル上に保持する工夫が必要である。このようにして，水平方向には等電点，垂直方向には分子量に基づいたスポット状の二次元パターンが得られる。いずれの手法も分離能が非常に高いため，二次元電気泳動を用いれば，細胞全タンパク質を数千以上におよぶスポットに分離しサンプル間で比較することが可能である（図 6-8）。また，近年の質量分析装置を用いたプロテオミクス解析では，このようにして分離した二次元スポットが銀染色で染まる程度の微量なタンパク質量でも分析が可能となっている。

## 6-2-2 質量分析計を利用する方法

本項で扱う質量分析法（Mass Spectrometry, MS）とは，物質の質量電荷比（質量／電荷）を測定する手法であり，生化学や有機化学など，様々な研究分野において不可欠な分析手法である。その分析原理としては，電場または磁場に置かれたイオンが，その質量電荷比に応じて速度の異なる直線運動や回転半径の異なる円運動等を行うことによっている。そして様々な手法でイオンを運動させて分離し，検出することでイオンの質量電荷比を測定する。前項では二次元電気泳動法を用いたプロテオーム解析について解説を行ったが，この二次元電気泳動法でもタンパク質の同定には MS を用いることが一般的である。本項ではプロテオーム解析を行うにあたって非常にパワフルな手法である LC/MS という分析機器について解説を行う。

前項でプロテオーム解析として紹介した二次元電気泳動法は，タンパク質の分離に非常に手間がかかり，自動化が困難という問題点がある。また，発現量の少ないタンパク質の検出も困難である。そこで最近ではより簡便な液体クロマトグラフィー（Liquid Chromatography, LC）と MS が直列に組み合わさった機器，LC/MS を用いたプロテオーム解析が注目されている。この LC/MS では LC でペプチドを分画しながら，順次 MS でペプチドを解析していく（図 6-9）。以下に

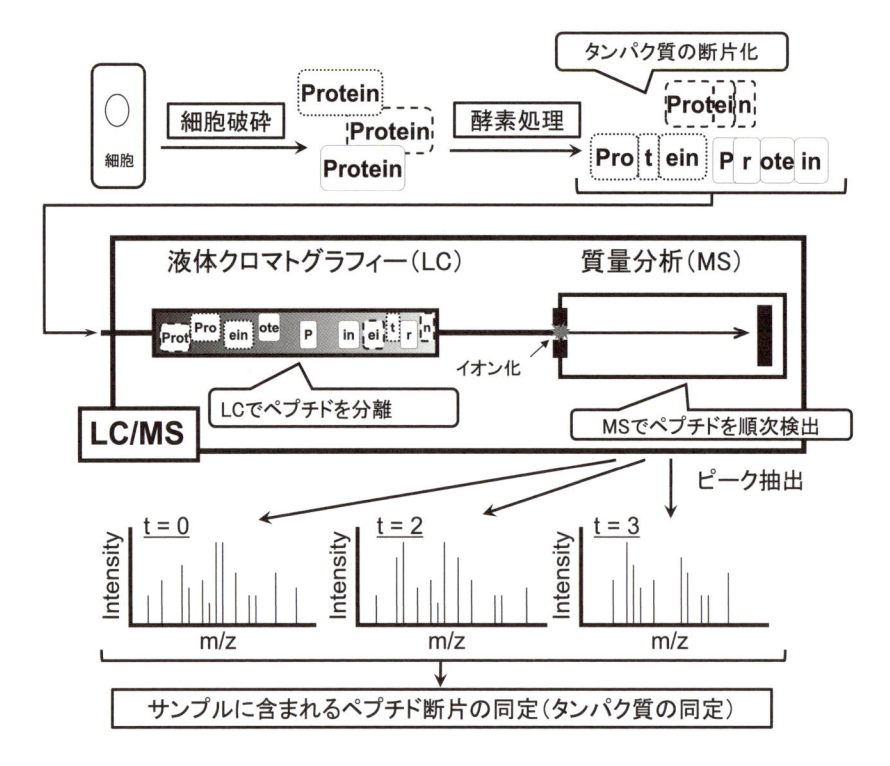

図 6-9　質量分析法

　LC/MS 解析のおおまかな流れを示す。まず細胞を破砕し，得られたタンパク質をトリプシン（リジンまたはアルギニンの前で切断）など特異性の高いプロテアーゼでペプチド化処理を行う。そして得られたペプチド溶液を LC/MS に供する。この LC/MS 内部では，まず LC 部分でペプチドを分画する。その後分画されたペプチドを順次**イオン化**し MS 部位で質量の測定を行う。最後に得られたペプチドの混合物の MS スペクトルと配列データベースに登録されているタンパク質のアミノ酸配列を比較することによりタンパク質を同定する（**ペプチドマスフィンガープリンティング**）。

　ペプチド化処理を行う際は，特異性の高いプロテアーゼを用い，切れ残りの無いように注意を払う必要がある。このためタンパク質変性剤の添加，及びこの変性剤に耐性のあるプロテアーゼを使用することが望ましい。さらに変性剤の添加に加え，タンパク質の高次構造形成に重要なシステインのスルフヒドリル基を，アルキル化剤によって保護する方が望ましい。またサンプル調製時は余計なタンパク質の混入がないように気をつける必要がある。解析時にサンプルに含まれているはずのないヒト由来のケラチンが検出されることは珍しくない。風邪の時期にはインフルエンザウイルス由来のタンパク質が検出されることもある。

　LC に関して原理的な部分は割愛するが，実際に LC/MS の LC 部位に用いるカラムとしては，揮発性溶媒であるアセトニトリル／水系などを用いる**逆相カラム**が一般的である。また MS 部位に到達する前にできるだけ細かく分画されていた方が検出感度は高くなる。このため LC/MS に供する前に，あらかじめ自分の手でイオン交換カラムなど何らかの手法で分画するケースも多々

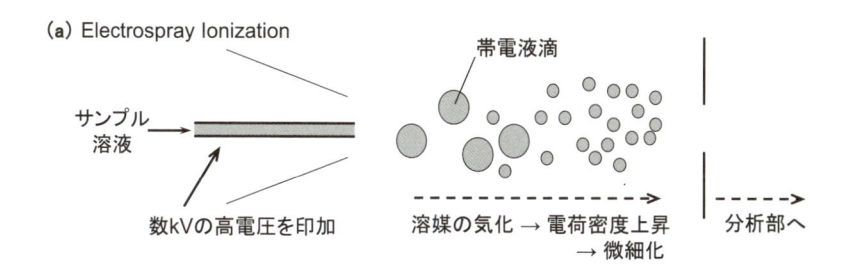

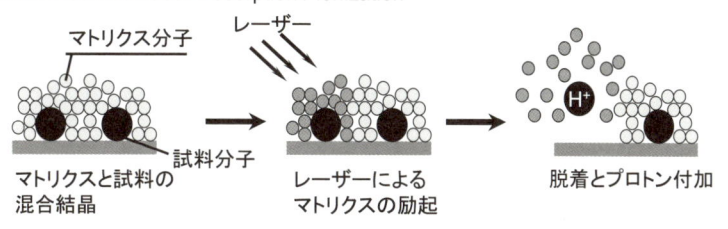

**図 6-10 ふたつのイオン化法**
(a) Electrospray Ionization 法　(b) Matrix Assisted Laser Desorption / Ionization 法

ある。また複数のカラムによるペプチドの自動分画が可能な LC も存在する。

LC/MS におけるペプチドのイオン化法としては**エレクトロスプレーイオン化（Electrospray Ionization, ESI）法**が一般的である。この ESI では数 keV の高電圧を印加した細管から液体状の試料を流し出すことで，帯電液滴が噴霧される（図 6-10(a)）。この帯電液滴は溶媒の気化により液滴半径が徐々に小さくなる。そして電荷密度の上昇とともに反発力が大きくなり，さらに微細な帯電液滴となる。そして最終的に試料イオンとなる。この ESI はマトリクス支援レーザー脱離イオン化(Matrix Assisted Laser Desorption/Ionization, MALDI)法(図 6-10(b))とあわせて"ソフトなイオン化"と言われ，従来のイオン化法では壊れやすいタンパク質などの生体分子のイオン化に有効である。これらの手法に対し，2002 年にノーベル化学賞が授与されている。

LC/MS システムの質量分析部としては四重極型・イオントラップ型・飛行時間（TOF）型・フーリエ変換型など，様々な原理の MS が用いられている。以下にこれら質量分析部の概要を示す。

(1) **四重極質量分析計**（図 6-11）

四重極質量分析計の質量分析部は 4 本の円柱状電極からなり，相対する電極にそれぞれ±（U ＋ Vcos(t) という直流（U）と高周波交流（VcosVt）を重ね合わせた電圧をかけることで電場が作られている。この電場にイオンが飛び込んだ場合，ある一定の $m/z$（質量電荷比；イオンの質量数 $m$ と価数 $z$ の比）のイオンのみが安定に飛行してイオン検出器まで到達することができ，それ以外は外にはじきだされる。この時に U と V の比率を一定に保ちながらそれぞれの値を順次変更（スキャン）することで，その値に対応した質量電荷比をもつイオンが四重極を通り抜ける。小型軽量で高速スキャンが可能という点が長所として挙げられる。

(2) **イオントラップ型質量分析計**（図 6-12）

イオントラップ型質量分析計は四重極質量分析計とよく似ている。四重極質量分析計では安定

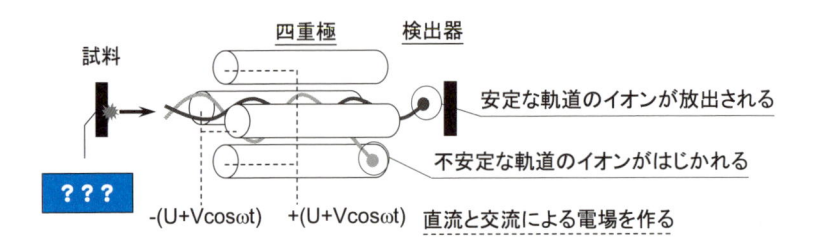

図 6-11　四重極質量分析計

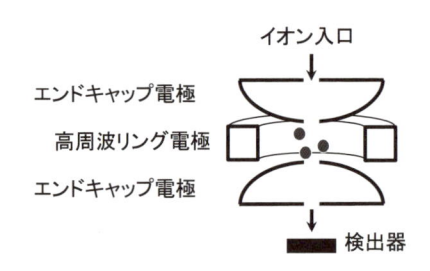

図 6-12　イオントラップ型質量分析計

な軌道を示すイオンがフィルターを通過し検出されるが，イオントラップ質量分析計では安定な軌道を示すイオンがリング電極間にトラップされる。高周波電圧が増加するにつれ，トラップされたイオンのうち質量電荷比の小さなイオンから軌道が徐々に不安定になり，電極から飛び出たイオンが検出される。単独で $MS^n$（後述）が可能であるため構造解析に有利である。

(3)　**飛行時間（TOF）型質量分析計／リフレクトロン型 TOF-MS**（図 6-13）

TOF ではイオンを一定の加速電圧（V）で加速し，一定の長さ（L）の分析管の中を飛行させ，検出器に到達するまでの時間（t）で質量電荷比（$m/z$）を算出する。

$$m/z = 2eVt^2/L^2 \text{ (e, 電気素量)}$$

通常のリニア型 TOF ではイオン発生時に運動エネルギーにばらつきがあるため，同じ質量のイオンでも検出器への到着時間にばらつきが出る。これに対し**静電場ミラー（リフレクトロン）**を装備した TOF では，イオンの向きを反転させることで初期運動エネルギーが補正され，リニア

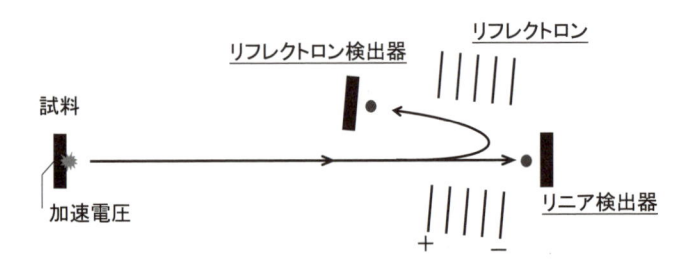

図 6-13　飛行時間型質量分析計（TOF-MS）

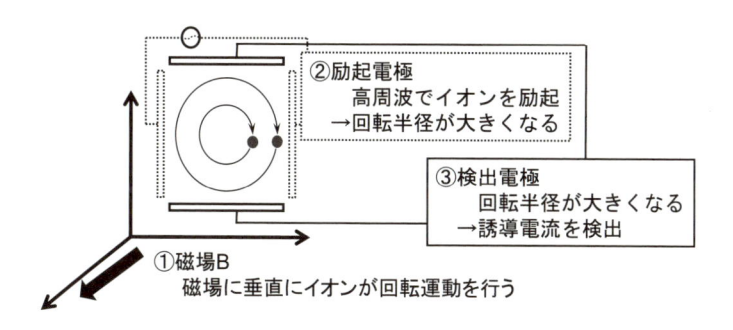

図 6-14 フーリエ変換型質量分析計

型に比べ高分解能が得られる。しかし飛行途中で分解や中性化がおこりやすい高質量数のイオンは基のイオンとは異なる軌道を描いて反転するか，直進するため，いずれもリフレクトロン検出器に到達することができない。このような場合リニア型に比べ検出感度は低くなる。

(4) フーリエ変換型質量分析計（図 6-14）

フーリエ変換イオンサイクロトロン共鳴質量分析計は，強い磁場においてイオンが回転運動を行うことを利用して質量を測定する。回転運動を行っているイオンに交流電場（励起電極）を付加することで，特定のイオンの回転半径が大きくなり，検出電極に周期的に近づく。この時に生じる誘導電流を測定し，フーリエ変換という数学的処理によりマススペクトルに変換することで質量電荷比の測定を行う。

(5) Orbitrap 型質量分析計

Orbitrap 型質量分析計の質量分離部は中心軸を備えた紡錘形の電極を備えており，電極の中心軸の周囲にイオンがトラップされ回転運動を行う。本機は超高分解能を有し単独で $MS^n$ が可能など，非常に高性能である。

またこれらの質量分析計をタンデムに結合させるなどして，$MS^n$ 解析を行う場合もある。この $MS^n$（n は開裂回数）解析とは，多段階 MS 解析によりアミノ酸配列に関する詳細な情報を得る解析のことである。MS は質量を測定するので，配列の順番だけが異なるペプチドを区別することができない。そこで一度質量を測定したペプチドイオンを分画し（プレカーサーイオンの単離），希ガス原子に衝突させるなどして断片化する（衝突誘起解離／Collision-induced dissociation, CID）。ここでペプチドは断片化されやすい位置（主にアミノ結合の前後）が存在するため，配列に依存した断片（プロダクトイオン）が生成する。このプロダクトイオンを再び MS 解析することでアミノ酸配列に関する情報を得ることができる。

プロテオーム解析を行う場合，定性分析だけでなく定量性に関する議論も大事である。LC/MS 解析では得られたシグナルの大きさから定量性を論じることは可能だが，その厳密さに疑問を抱く研究者は多い。特に LC/MS 解析による定量性を論じる場合，サンプル調製までの人為的誤差（タンパク抽出の効率や他のタンパクによる汚染）は無視できない。そこで片方のサンプルを標識し，これらサンプルを混合して調整する手法がとられる。例えば1つの手段としては，あらかじめ片方の細胞を同位体標識したアミノ酸などで培養し，細胞を混合してからサンプル調製

を行う．また細胞破砕後，またはペプチド断片化後，アミノ酸を標識する試薬として ICAT Reagent（システイン残基に結合する）や iTRAQ（すべての一級アミンと反応する）が Applied Biosystems 社から販売されている．ただし上述のようなアミノ酸を標識する手法は，タイミングが後になるほど誤差が大きくなる．またこれらの手法の問題点としては，スペクトルが複雑になりペプチドの同定が難しくなることが挙げられる．また同位体標識されたアミノ酸を用いて細胞を培養する手法は簡単ではあるが，同位体標識されたアミノ酸を炭素源として生育が不可能となる場合がある．また同位体標識されたアミノ酸は非常に高価である．そこで特に標識を行わず，LC/MS に供するタンパク質量を一定にし，かつ測定結果を内部（または外部）標準で補正することにより，定量性を確保しようとする例も見受けられる．

### 6-2-3 ファージディスプレイ法

ファージディスプレイ法（ファージ提示法）は，外来 DNA 配列をファージゲノムに組み込み，ペプチドやタンパク質をファージの表面に発現させることを利用したスクリーニング技術である．具体的には，大腸菌に感染する M13 などの繊維状ファージのコートタンパク質（gene II タンパク質（g3p）など）に，ファージの感染能を失わないように外来遺伝子を融合タンパク質として発現させる（図 6-15）．抗体など目的とするタンパク質の遺伝子をファージのタンパク質と融合させることで，ファージの表面に目的タンパク質を発現させることができる．このようにして，ファージ表面に目的タンパク質を"ディスプレイ（提示）"し，内部にその目的タンパク質の遺伝子情報を有していることから，タンパク質-遺伝子間の一対のシステムを可能としている．この手法で，ディスプレイ部分にランダムな配列や cDNA などのライブラリーに基づくタンパク質（ペプチド配列）を発現させスクリーニングを行うことで，タンパク質などの標的物質と相互作用するペプチドやタンパク質のアミノ酸配列の同定も可能である．ファージディスプレイ法の

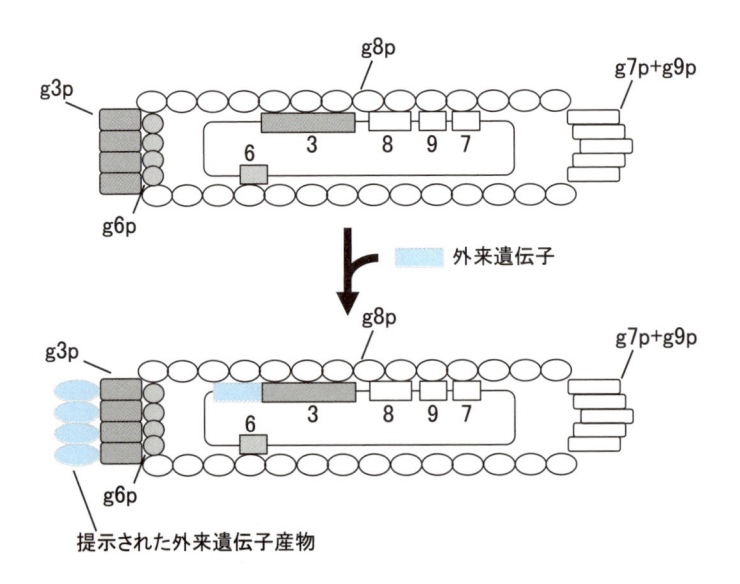

図 6-15　繊維状ファージの構造とファージディスプレイ

最初の報告例は 1985 年の G.P.Smith らの報告で，抗体に認識されるペプチド配列を繊維状ファージの先端部分に融合タンパク質として発現させることにより，再構成されたファージが感染能力を保持したまま抗体と特異的に相互作用することを明らかにした。この手法は，数多く用いられている生物学的なディスプレイ技術の草分け的な方法であり，現在も広く研究に用いられている。特に，抗体作成への応用にファージディスプレイ法は極めて効果的である。例を挙げると，ファージディスプレイヒト抗体ライブラリーは試験管内で生体内の抗体産生系を再現したものであり，生体の免疫系の制限から独立した抗原の種類を選ばない優れたシステムである。現在，ファージディスプレイ法を基盤とした様々な抗体の機能改良・改変を初め，抗体−抗原相互作用の詳細解析，医用・産業面への具体的展開を視野に入れたヒト抗体分子の創製が進められている。さらに，ファージディスプレイ法は生体分子以外の材料に対しても広く適用されている。ファージの代わりに大腸菌や酵母などの微生物の細胞の表面に提示したり，mRNA や DNA を直接発現タンパク質と融合させる系も開発されている。

原理及び特徴

基本的にファージディスプレイ法は，最初にランダムな集団を発生させ，多様な配列空間中で目的の機能を持つ配列を探索しようとする分子多様性法として位置づけられる。その優れた点として以下の項目が挙げられる。

① 一度に $10^7$ 種以上（多様性は〜 $10^9$ 種が限界）の多種類の分子種を提示したファージライブラリーの構築が可能。
② 1 つのファージ粒子には，1 種類のタンパク質，ペプチドが発現しているので，粒子毎に目的の機能や性質を持った分子種を選択することが可能。
③ ファージ粒子内の DNA にはファージ上に発現しているタンパク質，ペプチドをコードす

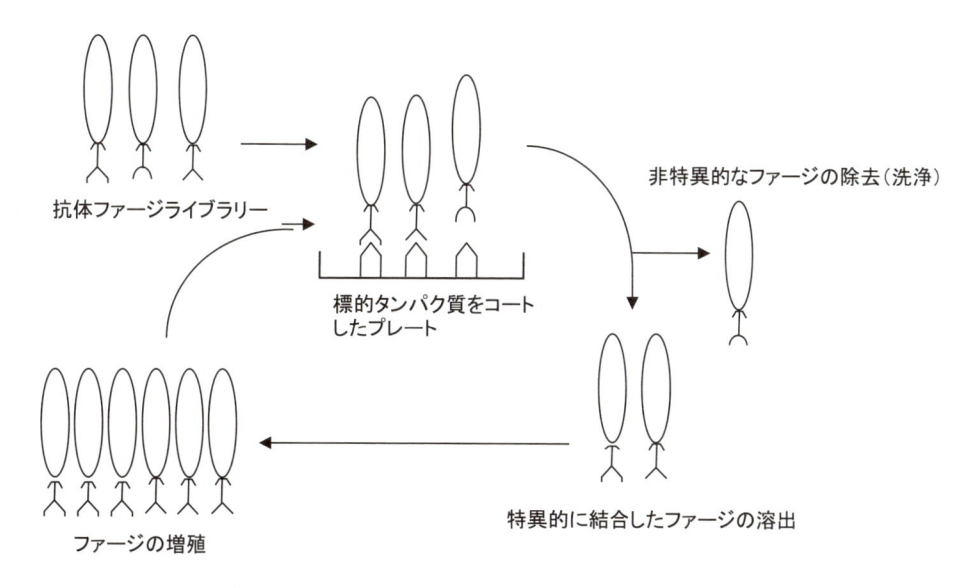

図 6-16　抗体ファージライブラリーのバイオパニング（親和性選択）の概略
（杉村和久ら，DOJIN NEWS, No. 109 (2004) をもとに改変）

る遺伝子が含まれており，選択したファージを大腸菌に感染させることで簡単に複製増殖でき，またその DNA 配列からアミノ酸配列を簡単に決定することができる．

これらの操作は**バイオパニング**(bio-panning)（バイオパニングとは，抗体ファージライブラリーから目的の標的タンパク質に対するファージを選抜する操作を意味する）や**親和性選択**(affinity selection)などと呼ばれている（図 6-16）．

### 参考文献

1) Hahn, W.E, Laird, C.D., *Science*, 173, 158-161（1971）
2) Sagerström, C.G. ら, *Annu. Rev. Biochem*, 66, 751-783（1997）
3) Liang, P. and Pardee, A., *Science*, 257, 967-971（1992）
4) Liang, P. and Pardee, A. Differential Display Methods and Protocols, 4-6（1997）
5) Vos, P. ら, *Nucleic Acids Research*, vol.23, 4407-4414（1995）
6) Bachem, C.W.B. ら, *The Plant Journal* 9(5), 745-753（1996）
7) Fukumura, R. ら, *Nucleic Acids Research*, 31:e94（2003）
8) Matsumura, H. ら, *Cell Microbiol*, 7: 11-18（2005）
9) Matsumura, H. ら, *Proc. Natl. Acad. Sci. USA*, 100: 15718-15723（2003）
10) Saha, S. ら, *Nat Biotechnol*, 20: 508-512（2002）
11) Velculescu, V.E. ら, *Science*, 270: 484-487（1995）
12) O'Farrell, P.H., *J. Biol. Chem.*, 250: 4007-4021（1975）
13) Smith, G.P., *Science*, 228: 1315-1317（1985）
14) 杉村和久ら, DOJIN NEWS, No.109（2004）

# 7章　遺伝子発現を解析する技術

　遺伝子は生命を生み出すのに必要な要素についての情報を持つ。細胞の分化，成熟，活性化は特異的な遺伝子の発現制御によって規定されている。遺伝子発現の仕組みを明らかにするには，遺伝子発現に関わる要素である DNA，DNA に作用するタンパク質（転写因子），そして両者の相互作用に関して理解することが重要である。さらに，DNA−タンパク質間相互作用やタンパク質-タンパク質間相互作用，およびそれらに効果をもたらす制御反応の仕組みを理解することが必須である。本章では，転写レベルでの遺伝子発現制御をモニターし，その仕組みを理解するための解析技術について紹介する。

## 7-1　遺伝子発現の解析

　細胞内外の刺激に対する遺伝子の発現量の変化を転写レベルで把握することは，遺伝子発現解析に欠かせない。遺伝子発現量の解析法として代表的な手法である RT-PCR 法，リアルタイム PCR 法，レポーターアッセイ法について説明する。

### 7-1-1　RT-PCR 法

　**RT-PCR 法**とは，逆転写酵素-ポリメラーゼ連鎖反応法（Reverse Transcription - Polymerase Chain Reaction）の略であり，**逆転写酵素（reverse transcriptase）** により RNA を鋳型に**逆転写反応**を行い，生成された **cDNA** に対して PCR を行う方法である。主に，cDNA のクローニングや遺伝子発現解析に広く用いられている。逆転写酵素は RNA を鋳型として DNA を合成する酵素であり，一本鎖 RNA ゲノムを持つレトロウイルスから発見された。逆転写酵素によりゲノム DNA から転写された mRNA を試験管内で DNA に変換することができ，遺伝子の中からタンパク質をコードする部分（cDNA）のみを選択的に取り出して構造解析を行うことが可能となった。特に，エキソン-イントロン構造を持つ真核生物の遺伝子解析の発展に大きな役割を果たしている。逆転写反応を PCR 法と組み合わせた RT-PCR 法は，従来遺伝子発現解析に中心的に用いられてきたノーザンブロット法では検出が困難な量の少ない mRNA の解析も可能にし，各組織間での遺伝子発現量の解析などの研究に欠かせない効率的且つ簡便な手法となっている。

　RT-PCR 法の流れ（図 7-1）としては，まず細胞や組織から RNA を抽出後，oligo-dT 付加プライマーと逆転写酵素により 1st strand cDNA を合成する（逆転写反応）。次に，RNA 分解酵素 RNase H により RNA を分解後，合成された cDNA を鋳型にして PCR を行う（2 本鎖 DNA の合成）。cDNA 合成から PCR までを連続して行う方法（one-step 法）と，cDNA 合成と PCR のステップ

図7-1　RT-PCR法の流れ

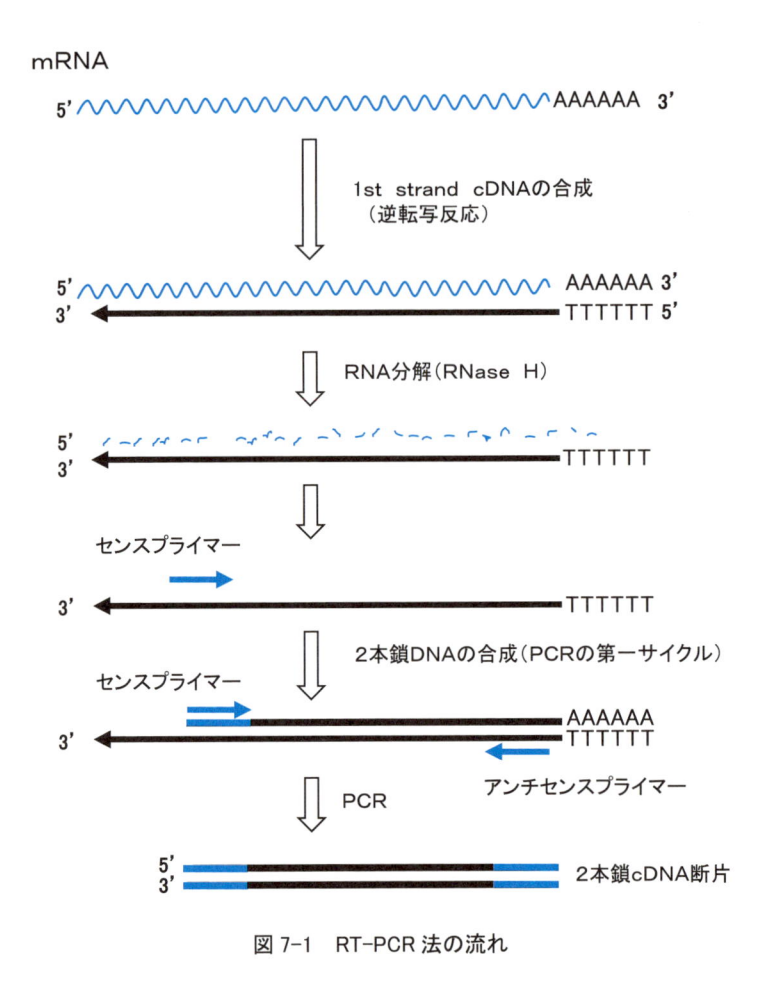

を別途行う方法（two-step法）がある。最近では，下記のqPCRと組み合わせたRT-qPCRとして用いられることも多い。

### 7-1-2　リアルタイムPCR法

　リアルタイムPCR法とは，PCRの増幅量を文字通りリアルタイムにモニターし解析する方法である。リアルタイムPCR法では，電気泳動を必要とせず，しかも迅速性と定量性に優れている。定量性に優れていることから，Quantitative PCR：qPCR（定量PCR）とも呼ばれている。通常のPCR法では，DNAをほぼ飽和に達するまで増幅した状態でゲル電気泳動法により検出するため，元々存在していたDNA量の違いを正確に反映することは容易ではない。リアルタイムPCR法では，蛍光色素を用いて微量のPCR産物でも検出できる工夫がされており，反応開始時間からPCR産物の増幅量をリアルタイムにモニターでき，増幅途中のDNA量を正確に量ることが可能である。リアルタイムPCR法には，サーマルサイクラーと分光蛍光光度計を一体化したリアルタイムPCR専用装置が必要である（図7-2）。リアルタイムPCRによる定量の原理を図7-3に示す。段階希釈した既知量のDNAをスタンダードとしてPCRを行い，これをもとに増幅が指数

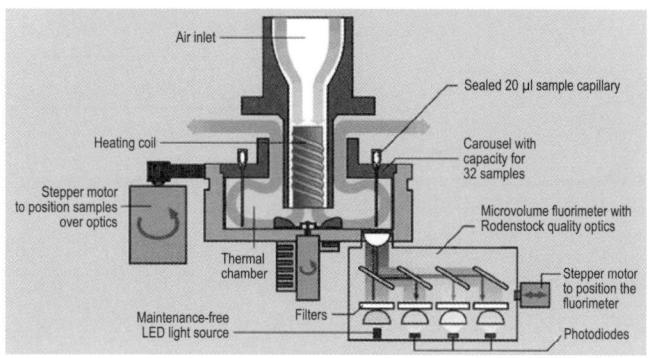

図 7-2 リアルタイム PCR 装置（Roche 社　LightCycler）
（p. 191 カラー図参照）

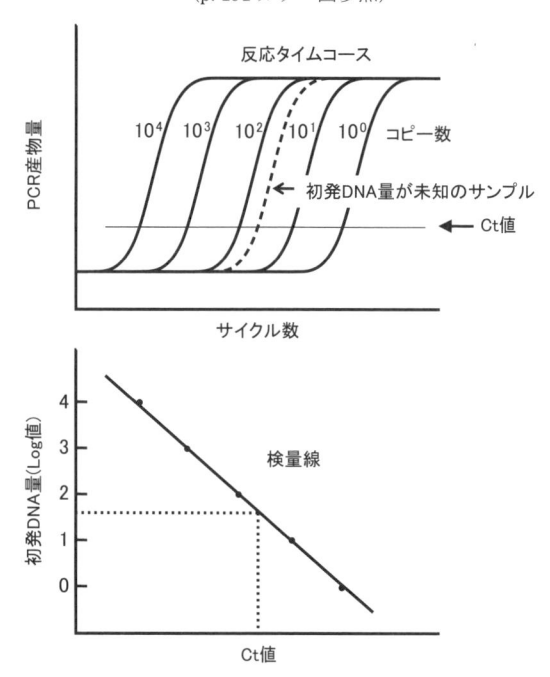

図 7-3 リアルタイム PCR 法の原理（タカラバイオ社カタログより）

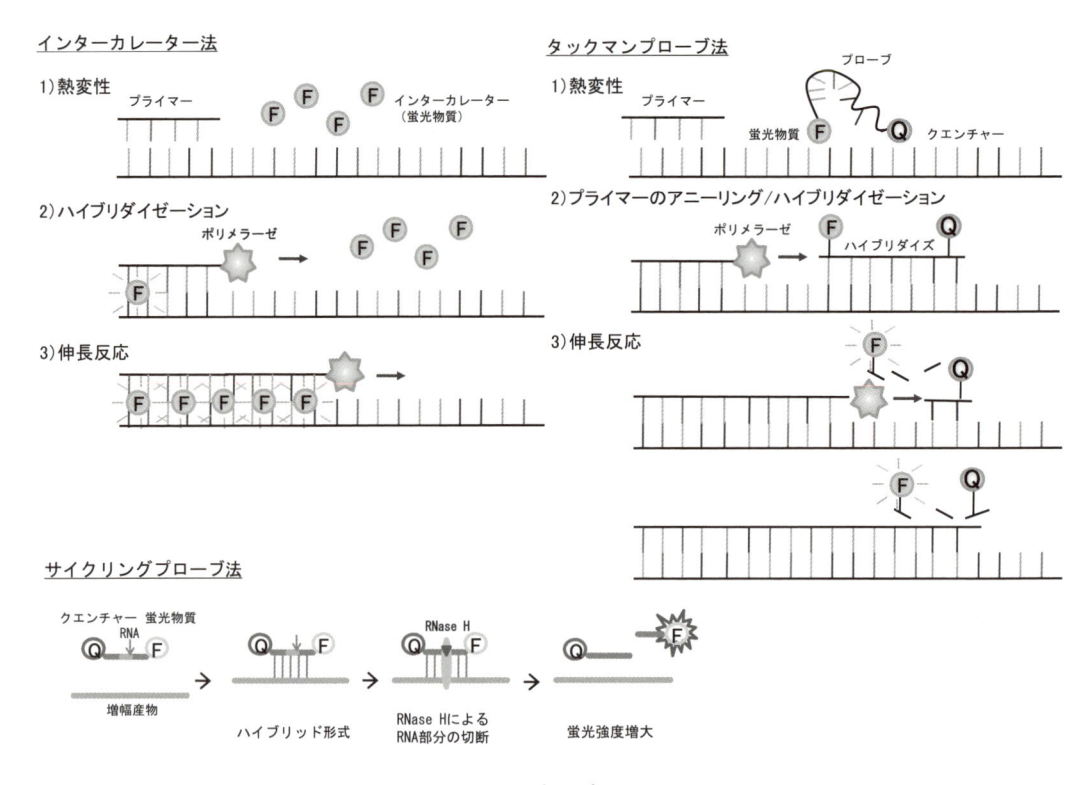

## 図7-4 リアルタイムPCRのモニター法 (タカラバイオ社カタログより)
(p.192 カラー図参照)

関数的に起こる領域で一定の増幅産物量になるサイクル数（threshold cycle；Ct値）を横軸に，初発のDNA量を縦軸にプロットし，検量線を作成する．未知濃度のサンプルについても，同じ条件下で反応を行い，Ct値を求める（図7-3）．この値と検量線から，サンプル中の目的のDNA量が測定可能となる．リアルタイムPCR法は遺伝子発現解析のみならず，簡便・迅速に結果が得られ，コンタミネーションの危険が低いといった長所も持つため，SNPsタイピング，ウイルスや病原菌の検出，導入遺伝子のコピー数の解析などの定性的な解析にも用いられている．通常，リアルタイムPCRのモニターは蛍光試薬を用いて行なう．蛍光モニター法にはいくつかの方法がある（図7-4）．

### (1) インターカレーター法

二本鎖DNAに結合することで蛍光を発する試薬（インターカレーター：SYBR® Green I）をPCR反応系に加える方法．インターカレーターはPCR反応によって合成された二本鎖DNAに結合し，励起光照射により蛍光を発する．この蛍光強度を検出することで増幅産物の生成量をモニターでき，また増幅DNAの融解温度を測定することも可能であり，プライマーダイマーが生じていないか確認可能である．

### (2) タックマンプローブ法

5'-末端を蛍光物質（FAMなど）で，3'-末端をクエンチャー物質（蛍光を消光する物質，TAMRAなど）で修飾したオリゴヌクレオチド（タックマンプローブ）をPCR反応系に加える

方法。タックマンプローブは，アニーリングの段階で鋳型DNAに特異的にハイブリダイズするが，プローブ上にクエンチャーが存在するため励起光を照射しても蛍光の発生は抑制される。伸長反応ステップの際に，Taq DNA ポリメラーゼの有する 5'→3' エキソヌクレアーゼ活性により，鋳型にハイブリダイズしたタックマンプローブが分解され，蛍光色素がプローブから遊離し，クエンチャーによる抑制が解除され蛍光が発せられる。

### （3）サイクリングプローブ法

サイクリングプローブ法は，RNA と DNA からなるキメラプローブと RNase H の組み合わせによる高感度な検出方法であり，増幅中や増幅後の遺伝子断片の特定配列を効率良く検出することが可能である。プローブは 5'-末端を蛍光物質（リポーター）で，3'-末端をクエンチャー物質で標識する。このプローブは，そのままの状態ではクエンチング（消光）により強い蛍光を発することはないが，配列が相補的な増幅産物とハイブリッドを形成した後に RNase H により RNA 部分が切断されると，強い蛍光を発する。この蛍光強度を測定することで，増幅産物の量をモニターすることができる。サイクリングプローブの RNA 付近にミスマッチが存在すると，RNase H による切断は起こらない。よって，非常に配列特異性の高い検出方法であり，SNPs タイピングなどに最適である。

## 7-1-3 レポーターアッセイ法

レポーターアッセイ法は，細胞内外の刺激に対する遺伝子の発現量の変化を，転写レベルで把握することができる解析手法である。多細胞生物では，遺伝子の発現している場所や時期を明らかにするための手法としても用いられている。ある遺伝子のプロモーターの下流にレポーター遺伝子と呼ばれる特殊な遺伝子を連結し，その融合遺伝子の産生物の活性を測定する事で，元の遺伝子の発現の有無やその発現の強さを知ることができる（図 7-5）。レポーター遺伝子として一般的に，特定の基質と反応して発光あるいは発色する酵素の遺伝子や，励起光によって蛍光を発する蛍光タンパク質の遺伝子がよく用いられる。蛍光タンパク質としては，緑色蛍光タンパク質（Green Fluorescent Protein, GFP）が特に有名である。この光や色を測定することで，組換え遺伝子の発現を評価することができる。様々な生物種の遺伝子が，プロモーターの活性やタンパク質の挙動を知るためのレポーター遺伝子として利用されている。レポーター遺伝子産物としては，活性測定が容易であること，細胞毒性がないこと，組織または個体レベルでの検出が可能であること，といった条件が要求される。レポーターアッセイ法は，当初はプロモーターやエンハンサーの解析に用いられていたが，その後その領域に存在するシス配列（転写因子結合 DNA 配列）に作用するトランス転写因子の機能解析に用いられるようになった。

1980 年代初めに CAT（クロラムフェニコールアセチルトランスフェラーゼ）遺伝子をレポーター遺伝子として用いる方法が開発され，医学，生物学領域で重要な遺伝子が次々とクローニングされた。1990 年代に入り，放射性同位元素を利用しなければならない CAT 法に代わり，Luciferase（ルシフェラーゼ：LUC）法が使用されるようになった。現在では，多くの研究者が LUC 法を用いている。下記に幾つか代表的なレポーター遺伝子についてまとめた。

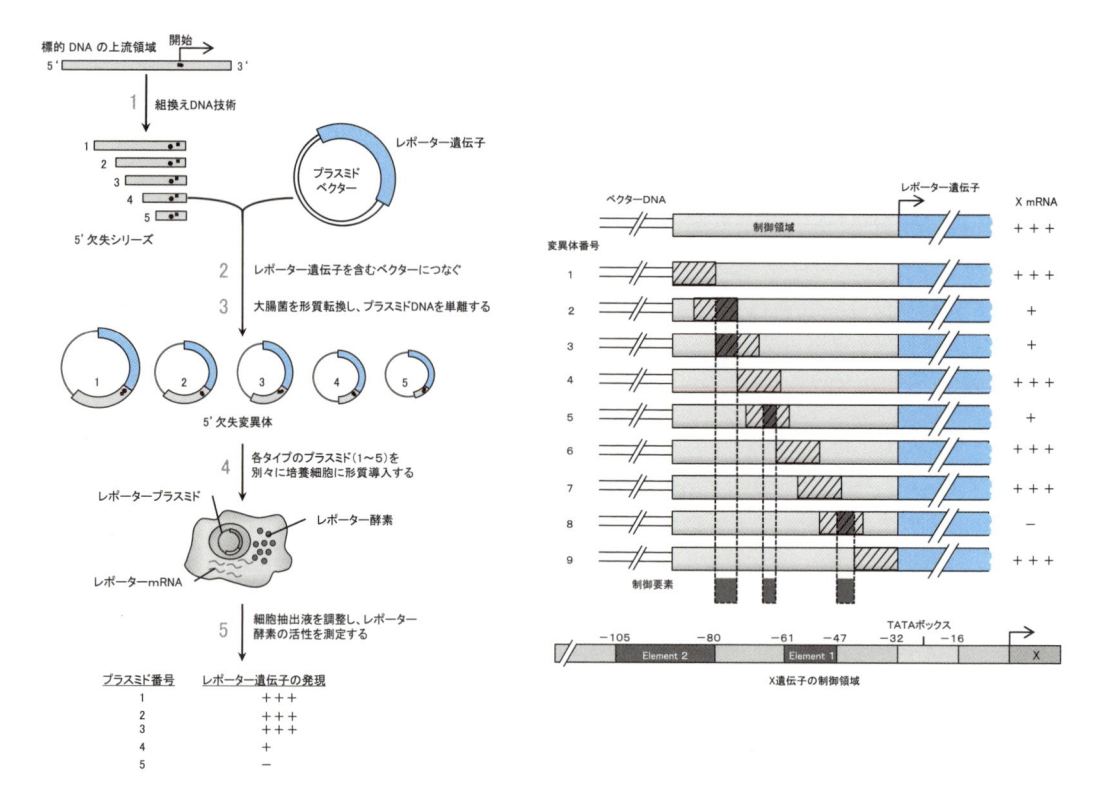

図 7-5　レポーターアッセイ法の概念図
(Molecular Cell Biology, Fifth ed., W. H. FREEMAN AND COMPANY (2004) を参考に改変)

## (1) *LUC* レポーター遺伝子

*LUC* 遺伝子はルシフェラーゼをコードする遺伝子である。一般的に, *Cantharoidea* スーパーファミリーに属する甲虫である北米産ホタル *Photinus pyralis* 由来のルシフェラーゼ遺伝子が利用されている。ルシフェラーゼはルシフェリン (Luciferin) を基質として可視光を発光する (図 7-6)。ルシフェラーゼアッセイでは細胞抽出液だけでなく, 生きた細胞を用いても遺伝子発現の解析が可能である。発光反応には酸素分子と ATP が必要とされるが, 生細胞を用いる場合には内在性の酸素と ATP で酵素反応が進み発光する。基質存在下での遺伝子産物の寿命が比較的短いため, 遺伝子発現の時間変化を調べるような実験系に適している。発光はチューブやマイクロタイタープレート中の試料をルミノメーターによる高感度な測定系や, シンチレーションカウンターや写真フィルムを使用する方法によって検出される。組織化学的解析にはフォトンカウンターが必要である。ルシフェラーゼアッセイは, 他のレポーター遺伝子アッセイに比べ, 極めて高感度, 迅速, 簡便かつ安全な測定系であるということが最大の特徴である。

## (2) *GFP* レポーター遺伝子

GFP は発光クラゲであるオワンクラゲ (*Aequorea victoria*) から単離された分子量約 27 kDa の蛍光タンパク質であり, *GFP* 遺伝子によりコードされている。GFP 分子内での発色団の形成には自己脱水結合のみで充分であり, GFP は酵素など他の分子の助けを必要とせず励起光照射によって発光する。通常用いられる励起光は紫外光 (396 nm) で, 緑色光 (508 nm) を発光する。

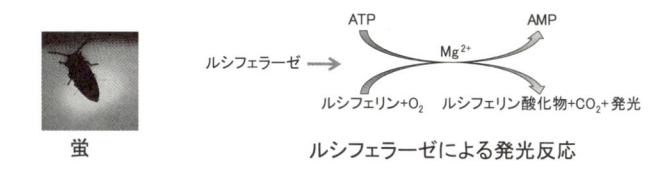

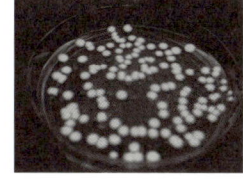

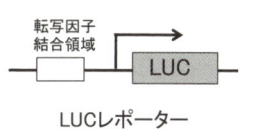

図 7-6　レポーター遺伝子としてのルシフェラーゼ（*LUC*）遺伝子
（p. 193 カラー図参照）

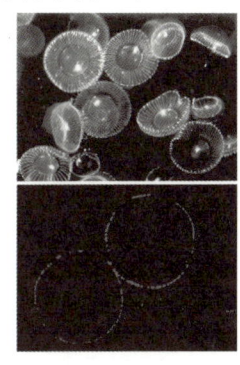

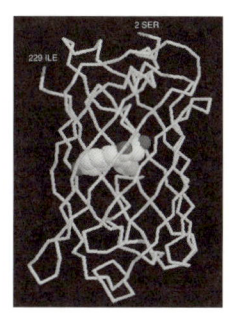

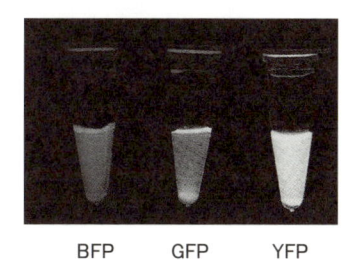

図 7-7　*GFP* 遺伝子の利用
（p. 193 カラー図参照）

野生型タンパク質を基に遺伝子工学技術によって，蛍光強度や波長特性，至適温度，発色団形成速度など様々に異なる改変型GFP（CFP：Cyan Fluorescent Protein, BFP：Blue Fluorescent Protein, YFP：Yellow Fluorescent Protein）が作られている（図7-7）。GFPおよび改変型GFPは，細胞生物学・発生生物学・神経細胞生物学などをはじめとして，現在最も広く使われるレポーター遺伝子となっている。GFPはリアルタイム，且つその場で（*in situ*：細胞破壊の必要がない）検出可能であり，他のタンパク質との融合タンパク質としても機能を発揮することから，特に細胞内の

シグナル伝達などに関与するタンパク質の細胞内局在及びその変化を明らかにするツールとして，必須なものとなっている。

### (3) GUS レポーター遺伝子

植物におけるプロモーター解析のレポーター遺伝子として，一般的に GUS 遺伝子がよく用いられる。GUS レポーター遺伝子は β-グルクロニターゼ（β-glucuronidase）をコードする遺伝子である。β-グルクロニターゼは β-グルクロニド（X-Gluc）を分解して D-グルクロン酸を生成して青色を発する。目的遺伝子のプロモーター領域の下流に GUS レポーター遺伝子として持つコンストラクトを植物体に導入することにより，植物のどの組織で目的遺伝子が発現しているかを可視的に観察することができる。高等植物には GUS および GUS と同等の働きを持つ酵素が存在していないために，遺伝子発現を調べるレポーター遺伝子として広く使われている。

## 7-2 タンパク質・遺伝子相互作用

タンパク質と遺伝子（核酸）の相互作用は，生体分子間の様々な相互作用の中でも最も重要なものの 1 つである。下記に，タンパク質と核酸の相互作用を解析する代表的な手法について説明する。

### 7-2-1 ゲルシフト法

細胞の分化，成熟，活性化は特異的な遺伝子の発現制御によって規定されている。そのなかでも転写レベルでの遺伝子発現制御は特に重要である。転写調節因子の多くは DNA 結合タンパク質であり，種々の遺伝子に結合する DNA 結合タンパク質が同定，精製，そのタンパク質をコードする遺伝子のクローニングがされている。遺伝子とタンパク質間の相互作用を解析する方法として，古くはニトロセルロースフィルターを用いたフィルター結合法が用いられていた。しかし，このフィルター結合法には，複数のタンパク質と核酸の相互作用を調べることができないことや，弱い結合に適さないという問題点があった。フィルター結合法に代わって，1981 年にポリアクリルアミドゲル電気泳動を利用したゲルシフト（EMSA）法（電気泳動移動度シフト解析：electrophoretic mobility shift assay, EMSA）が考案された。ゲルシフト法はその後，真核生物の核粗抽出液を用いた解析に用いられ，以降急速に普及した。ゲルシフト法は，複数のタンパク質と核酸の相互作用を定量的，かつ同時に解析可能であり，弱い相互作用も検出が容易であるという特徴を持つ。

ゲルシフト法では，タンパク質と核酸を溶液中で結合させ，その混合液を低イオン強度の条件下でポリアクリルアミド電気泳動する。タンパク質の結合していない遊離の核酸と，タンパク質と結合した核酸の移動度が異なる性質を利用した方法である。ゲルシフト法の電気泳動の環境は低イオン強度下にあり，アクリルアミドの網状の構造が核酸とタンパク質がほぼ同じ場所に存在する環境を作り出し（ケージ効果），タンパク質-核酸複合体が解離しにくい。それにより，タンパク質-核酸複合体は電気泳動中でも極めて安定で，単一のバンドを形成することができる。一般的に，タンパク質-核酸複合体は遊離の核酸より移動度が遅くなる。移動度の遅延は，標的

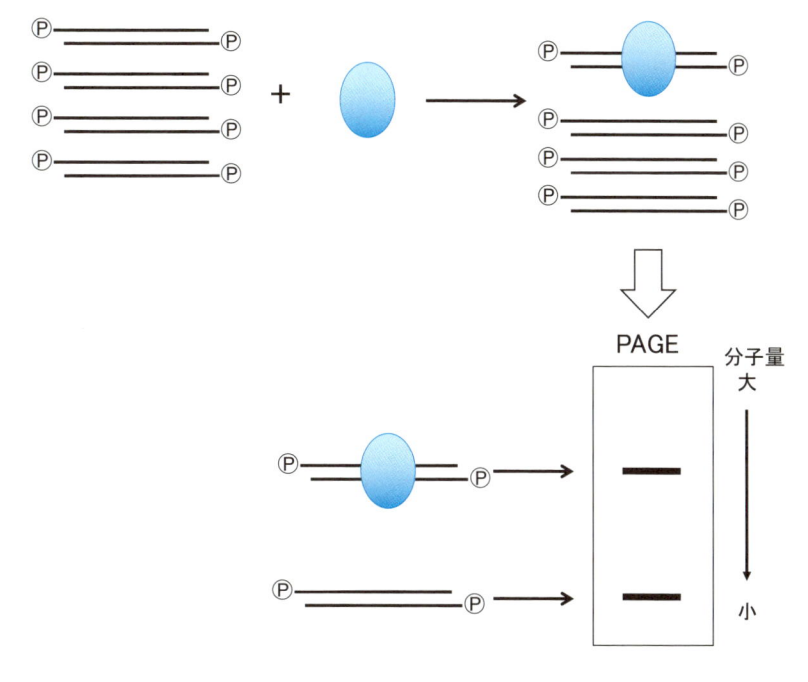

図 7-8　ゲルシフト法

　タンパク質の分子量，等電点，立体構造などの諸性質や，核酸の塩基配列の鎖長や組成により変化する。タンパク質の核酸への結合場所（核酸断片の中央に結合するのか，末端側に結合するのか）によっても移動度に変化が生じる場合がある。一般的に，同種のタンパク質が同じ核酸断片に結合する場合，結合するタンパク質の数に応じて移動度が遅くなる。また，タンパク質の性質が類似の場合，分子量が大きいほど移動度が遅くなる。

　実際例として，$^{32}$P で標識した DNA 断片と転写制御因子を混ぜ，ゲル電気泳動にかける。オートラジオグラフィーで DNA の位置を検出すると，因子の結合した DNA はゆっくり動くので，通常のバンドよりも遅れて移動するバンドとして検出される（図 7-8）。結合が DNA のごく一部に対してであっても検出可能であり，定量的な DNA 結合反応解析が可能である。

　ゲルシフト法では，特異的抗体を利用することで核酸結合タンパク質の同定も可能である。また，標識されていないプローブと同じ核酸（コールドプローブ）を競合的に加えることで，タンパク質 - 核酸の結合力の評価も可能である。その際に，変異を導入したコールドプローブを使用すれば，結合に必要な塩基配列情報も取得可能である。核酸結合タンパク質の種類の解析のみならず，フットプリント法 (7-2-2) と組み合わすことによって，移動度の遅延したバンドを形成しているタンパク質の核酸上の結合部位の解析にも応用可能である。さらに，タンパク質量が十分であれば，質量分析により結合タンパク質を特定することも可能である。最近では，アイソトープを用いず，蛍光標識プローブを用いた non-RI タイプのゲルシフト法も盛んに行われている。また，DNA のみならず RNA に対するゲルシフト法も可能で，RNA 結合タンパク質の解析などに広く用いられている。

### 7-2-2 フットプリント法

DNaseI フットプリント法は，1978年に遺伝子上のタンパク質結合部位を同定する方法として Galas と Schmitz によって開発された。DNA 分解酵素の一種である DNaseI（デオキシリボヌクレアーゼⅠ）は，DNA を分解することができるが，DNA にタンパク質が結合するとその部分の DNA を分解することができなくなる。DNaseI フットプリント法は DNaseI のこの性質を利用して，DNA 結合因子が結合する DNA の領域を決定する方法である。$^{32}P$ で一端を標識した DNA 断片と DNA 結合タンパク質を混ぜ，少量の DNaseI を低温または短時間作用させて部分的に（一分子あたり1ヵ所程度）DNA を分解する。そして，ポリアクリルアミドゲル電気泳動とオートラジオグラフィーで DNA の断片を調べる。標識末端からの DNA 長に従ってはしご状のバンドが検出されるが，DNA 結合因子が結合した部分では DNA が切断されないために断片が生じず，はしご状のバンドの一部が足跡(footprint；フットプリント）のように抜けたような状態になる（図7-9）。同じ DNA 断片を Maxam-Gilbert 法で処理したものと比較することで，抜け落ちた領域の決定ができ，結合因子の存在及び結合配列を明らかにすることができる。

フットプリント法の特徴は，DNA 結合タンパク質が DNA 配列上のどの部位に結合するかを詳細に決定できる点にある。また，フットプリント法では，ごく微量の試料で再現性よく，比較的弱い相互作用も解析可能である。遺伝子と複数のタンパク質の相互作用を同時に把握することができる点もフットプリント法の優れた特徴の1つとして挙げられる。欠点としては，ゲルシフト法に比べると感度が低いこと，そして操作が煩雑であることが挙げられる。

DNA 結合因子の DNA 上の結合部位を決める方法には DNaseI フットプリント法の他に，メチル化干渉法や Exonuclease マッピング法がある。これらの手法は，感度としては DNaseI フットプリント法より優れているが，操作がより煩雑である。

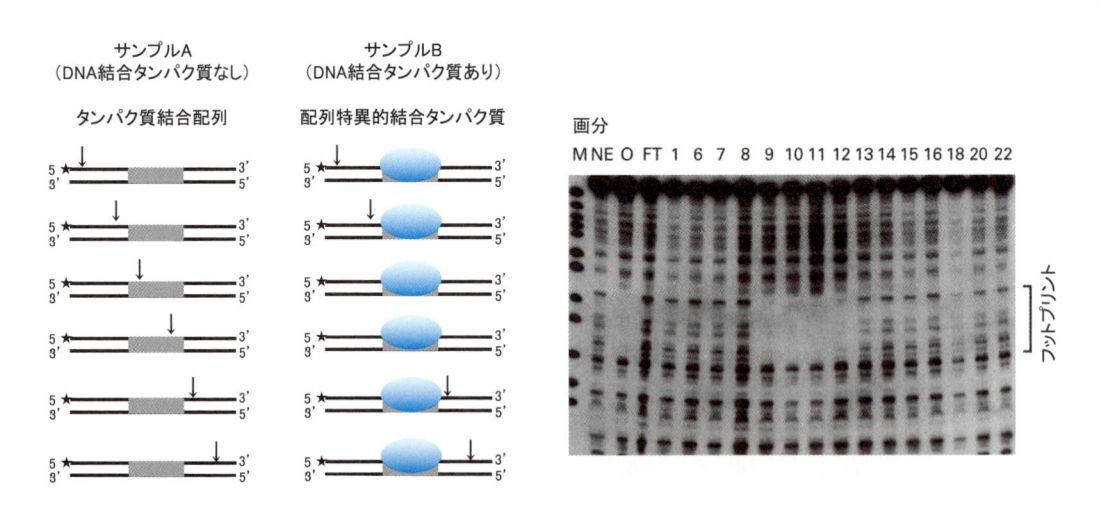

**図 7-9 DNaseI フットプリント法**
(Molecular Cell Biology, Fifth ed., W. H. FREEMAN AND COMPANY (2004) より引用改変)

### 7-2-3　クロマチン免疫沈降法

近年，クロマチンの高次構造の変化が，細胞分化や転写制御などの多くの生命現象において重要な役割を担っていることが明らかとなってきた。そのため，生理的な条件下の細胞内で実際に起きている DNA-タンパク質の相互作用やクロマチン状態を検出する方法の確立が求められてきた。クロマチン免疫沈降 (chromatin immunoprecipitation: ChIP) 法とは，*in vivo* で DNA-タンパク質或いはタンパク質複合体の相互作用を解析する目的で発展してきた方法であり，個々のタンパク質と特定の染色体ゲノム領域との結合を検出するための強力で汎用性の高い方法である。クロマチン免疫沈降法は，細胞内で DNA と結合しているタンパク質やタンパク質複合体を DNA との結合を維持した状態で，目的タンパク質に対する特異的抗体により免疫沈降 (7-3-1) を行うというものである。免疫沈降された DNA 断片の配列を解析することにより，目的タンパク質と結合する DNA 配列に関する情報が得られる。当初は，クロマチン高次構造の変化と相関するヒストンのアセチル化を検出するのに多用された（図 7-10）。現在では，さまざまな DNA 結合性転写因子や非結合性タンパク質のクロマチン上での局在を解析するのにも用いられており，遺伝子発現調節・クロマチン構造変換などの研究を進める上で不可欠な方法となっている。

クロマチン免疫沈降法の流れを以下に示す。まず，生理的条件下での DNA-タンパク質相互作用を反映させるために，生きた細胞をホルムアルデヒドで処理することにより，クロマチン近傍に存在するタンパク質と DNA の間ならびにタンパク質相互間を架橋（クロスリンク）する。その後，細胞を溶解し，架橋されたクロマチンを超音波処理（ソニケーション）などにより約 200

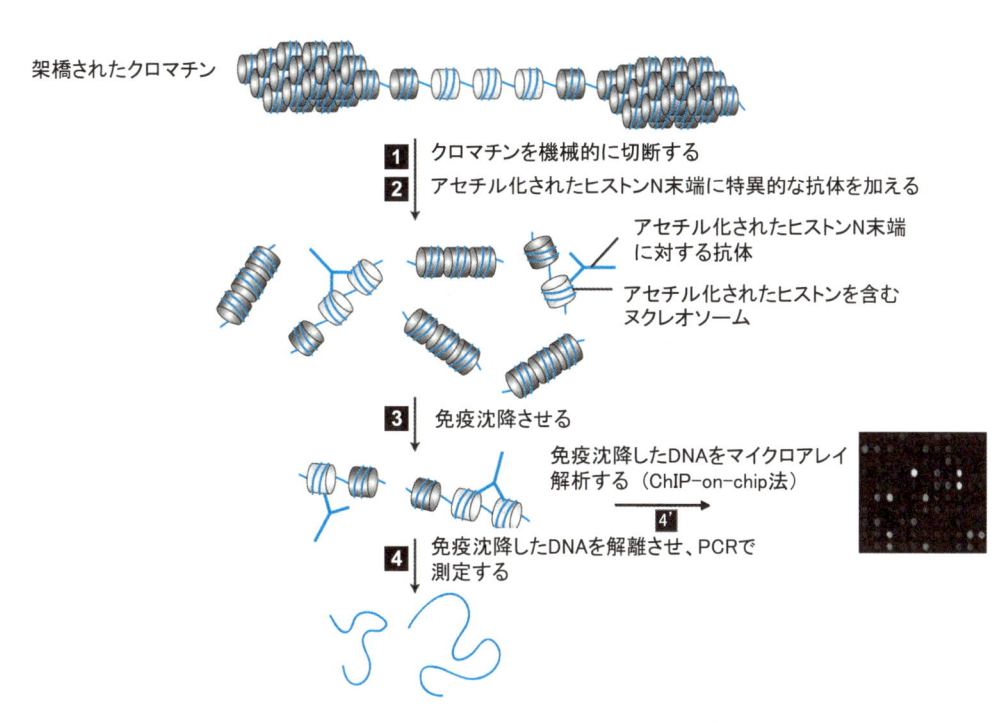

図 7-10　アセチル化ヒストンに対する抗体によるクロマチン免疫沈降法
(Molecular Cell Biology, Fifth ed., W. H. FREEMAN AND COMPANY (2004) より一部改変)

~ 1,000 bp の DNA サイズに機械的に裁断する。このようにして調製した可溶性クロマチンを，修飾（アセチル化，メチル化，リン酸化など）されたヒストン・転写因子・エピトープ（タグ付きタンパク質の場合）などに対する抗体で免疫沈降を行う。免疫沈降されたクロマチン分画を加熱処理し架橋を外した後，DNA を精製する（架橋剤として脱架橋が容易なホルムアルデヒドを用いる。免疫沈降後の脱架橋操作によるタンパク質および DNA の解析を可能にしている。）。この DNA 分画の中に，対象とする DNA 領域がどれだけ濃縮されているかを PCR 法にて検出・定量する。

クロマチン免疫沈降法では，免疫沈降と微量の DNA 断片の PCR 法による増幅のステップを有するので，免疫沈降における抗体の特異性や PCR 法における定量性と再現性に配慮する必要がある。また，適切なコントロールを用いることも不可欠である。

### 7-2-4 ChIP-on-chip 法

クロマチン免疫沈降（ChIP）法（7-2-3）は，実際に細胞内で起きている DNA-タンパク質の相互作用やヒストンの修飾の変化の検出を可能とする手法である。しかし，ChIP 法では最終的な検出に PCR 法を用いており，染色体上の広範囲にわたる転写因子の結合やヒストン修飾の変化を，ゲノムワイドに解析するには不向きであった。一方，DNA チップ（chip）を用いたマイクロアレイは遺伝子発現を網羅的に解析する事を可能とし，現在広く用いられている（6-1-1）。

ChIP-on-chip（クロマチン免疫沈降-DNA チップ：chromatin immunoprecipitation-on-chip）は，ChIP とマイクロアレイの 2 つの解析法を組み合わせること，つまり ChIP の解析を PCR 法の代わりにマイクロアレイを用いて行うことで，クロマチン修飾の変化や転写因子の結合の様子を，網羅的でかつハイスループットな ChIP 解析を可能とした斬新な手法である。従来の遺伝子発現手法では，部分的な遺伝子調節は解析できるものの，複数の相互作用を必要とし多数の要素が組織的に結合している転写などの複雑なプロセスの解析は困難であった。ChIP-on-chip 法では，調節タンパク質が結合しているゲノム DNA 配列上の特定部位を決定することにより，活性化と抑制のいずれについても，転写活動の様子を解析することが可能である。調節タンパク質はゲノム DNA と結合して染色体複製と遺伝子活動を制御し，細胞の調節回路におけるスイッチとして機能している。この回路には未知の部分が多く存在するが，その仕組みを解明することは新たな標的遺伝子の特定や，そうした経路を調節する治療法の開発に大きく貢献する。また，メチル化，ヒストン修飾，DNA 複製/修飾/修復といった主要メカニズムを解析することが可能である。ChIP-on-chip 法を用いた研究により得られる新情報と，すでにある膨大な遺伝子発現データーを組み合わせることにより，疾病研究や創薬開発において標的を絞り，研究を加速させることも可能となる。実際に，糖尿病，白血病，乳癌などの疾病研究にも利用されている。

ChIP-on-chip 解析の流れを図 7-10 を用いて説明しよう。本法は複数の手順で構成される。まず，タンパク質-DNA 複合体サンプルの前処理を行ない，次にラベルされた DNA 断片を ChIP-on-chip マイクロアレイにハイブリダイゼーションする。主な手順は以下のとおりである：

① ホルムアルデヒドを用いて細胞内で DNA-タンパク質を架橋（クロスリンク）させる。
② 固定されたクロマチンを超音波分解（ソニケーション）によって 200 − 1,000 bp ぐらいに

断片化することにより可溶化する。
③ 可溶化画分を用いて目的のタンパク質に対する特異的な抗体で免疫沈降（IP）し，タンパク質-DNA断片複合体を精製する。
④ 可逆反応により架橋を解除し，タンパク質を除いてDNA断片を回収する。
⑤ 免疫沈降で得られたDNA断片および免疫沈降前のDNA断片にリンカーをつけ，そのリンカーに対するプライマーを用いてPCRを行い，DNAを増幅する。
⑥ それらDNAをCy3およびCy5でラベルする。
⑦ 市販のタイリングマイクロアレイ（Agilent社やAffymetrix社など）またはカスタマイズマイクロアレイにDNAをハイブリダイゼーションする。
⑧ 高分解能アレイスキャンでデーターを解析して重要な結合事象を検出し，ChIP解析ソフトウェアを用いて遺伝子アノテーションデータベースと結果を比較する。

近年，高速次世代シーケンス解析装置の開発により，免疫沈降されたDNA断片をマイクロアレイにかけずに直接シーケンスする手法（ChIP-seq法）も頻繁に用いられている。

### 7-2-5 ワンハイブリッド法

ワンハイブリッド（one-hybrid）法とは，特異的なDNA配列とタンパク質間の相互作用を調べる手法の1つである。タンパク質間の相互作用を調べるツーハイブリッド（two-hybrid）法（7-3-2）と同様に，出芽酵母の細胞内におけるレポーター遺伝子の発現を指標とし，特異的なDNA配列とタンパク質間の相互作用の有無あるいは強度を検定する方法である。ツーハイブリッド法では，prey（餌食）タンパク質はbait（釣り餌）タンパク質を介してレポーター遺伝子の上流に結合するが（図7-13），ワンハイブリッド法ではbaitタンパク質は存在せず，preyタンパク質がレポーター遺伝子の上流に直接結合することでレポーター遺伝子の活性化が可能である（図7-11）。レポーター遺伝子の上流に対象とする標的DNA配列を配置することで，そのDNA配列

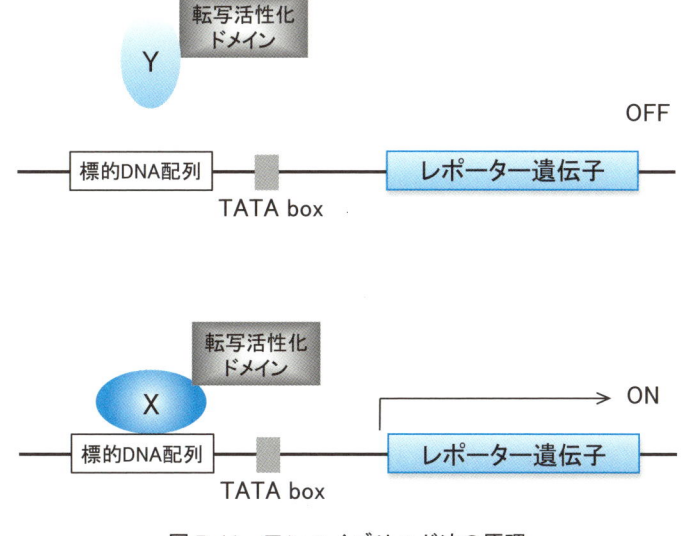

図 7-11　ワンハイブリッド法の原理

と結合するタンパク質をコードする遺伝子や cDNA をライブラリーからスクリーニングすることができる（図 7-11）。スクリーニングの際には，通常のツーハイブリッド法と同じライブラリー（転写活性化ドメインと融合した cDNA ライブラリー）を用いることができ，導入した融合タンパク質が標的 DNA 配列を介してプロモーター領域に結合すればレポーター遺伝子の発現がオンとなる。ワンハイブリッド法では結合能の弱い因子でも比較的取得可能であり，DNA 結合タンパク質だけでなく転写抑制能を持つ因子の取得も可能である。また，対象とする DNA 配列に変異を加えたり，ランダムな配列を用いることで，対象とするタンパク質が結合する DNA 配列特性の決定も可能である。

## 7-3 タンパク質-タンパク質相互作用

分子生物学における重要なアプローチに，タンパク質-タンパク質間相互作用の解明がある。ある標的タンパク質が関与する生体反応を理解するためには，そのタンパク質の結合パートナー分子を特定することは極めて重要である。下記に，代表的なタンパク質-タンパク質相互作用の解析法について説明する。

### 7-3-1 免疫沈降法

抗体もしくは抗体認識エピトープタグを付加したタンパク質を利用できる場合，タンパク質-タンパク質相互作用を解析する方法として，免疫沈降法（Immunoprecipitation: IP）がよく用いられる。免疫沈降法とは，特定のタンパク質抗原を認識する抗体を利用して，細胞抽出液などのタンパク溶液から標的タンパク質（またはタンパク質複合体）のみを分離・精製する手法である。もともとは免疫沈降反応を利用して抗原を検出・分離・精製する生化学的実験手法であったが，近年では内在性タンパク質複合体を単離する最も効率的なとして重宝されている。特異的抗体が存在しない，あるいはその抗体が免疫沈降に適さない場合でも，目的タンパク質に FLAG, HA などの抗体認識エピトープタグを付加することで免疫沈降を行うことが可能である。免疫沈降法を応用して，目的のタンパク質と相互作用する（特異的に複合体を形成する）既知の別のタンパク質との相互作用を解析する方法を共免疫沈降法（Co-immunoprecipitation : Co-IP）という。実験操作としては，免疫沈降後にウエスタンブロッティングを組み合わせることで，タンパク質間の相互作用が評価可能となる。例えば，タンパク質 A と B の結合を評価したい場合，次のような手順の操作を行う。A に対する特異的抗体をつけたセファロースビーズに A と B を含む細胞抽出液を通し，セファロースビーズに付着したタンパク質を SDS-PAGE で分離後，B に対する抗体でウエスタン法により B の存在の有無（結合の有無）を検出する（図 7-12）。

近年，プロテオミクス技術の急速な進歩により，細胞内の機能的なタンパク質複合体を理解する手法として免疫沈降による内在性タンパク質複合体の解析が広く行われている。基本的には大スケールの免疫沈降実験で，抗体と担体を共有結合で固定化することで，抗体に特異的に結合するタンパク質複合体のみを高純度で溶出させる方法である。手順として，標的タンパク質とそのタンパク質を特異的に認識する抗体とを免疫複合体形成させる。次に，セファロースビーズなど

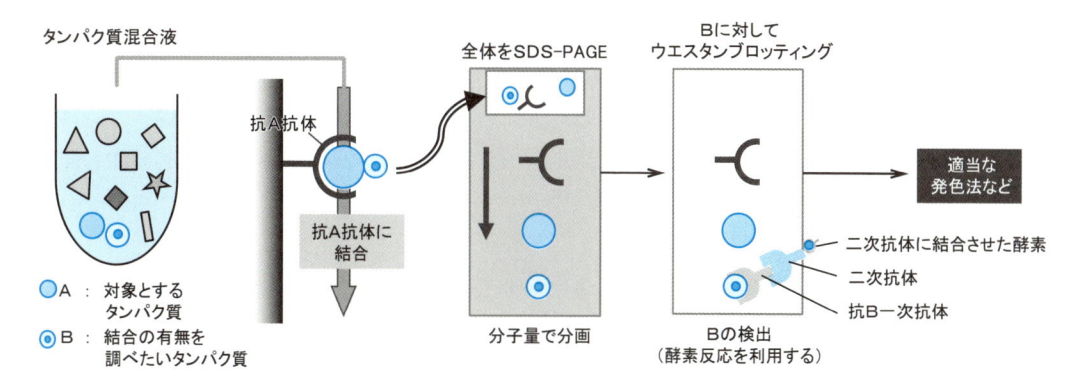

**図 7-12　免疫沈降法の流れ**
(田村隆明,「重要ワードでわかる分子生物学超図解ノート」, 羊土社 (2006) p.120, 図1一部改変)

の担体と共有結合させたプロテインAやプロテインGと抗体とを複合体形成させる。そして,低速遠心分離により複合体を精製する。プロテインAやプロテインGは,いずれもブドウ球菌が産生するタンパク質で,抗体のFc(Fragment, crystallizable：抗体の"Y"字型構造の下半分の縦棒部分にあたる場所)領域に高い親和性を示す。最近では,プロテインAやプロテインGを結合させた超常磁性の磁気ビーズ(Daynalビーズなど)を使用する方法もよく行われる。磁気ビーズ法では,多孔性のセファロースやアガロースと比べてバックグラウンドを低く抑えられ,短時間での実験が可能である。標的タンパク質に対する抗体とプロテインAやプロテインGセファロースビーズを先に混合し,抗体結合ビーズを作製後,細胞抽出液と混合する方法もある。

### 7-3-2　ツーハイブリッド法

ツーハイブリッド (two-hybrid) 法とはタンパク質-タンパク質相互作用を調べる手法の1つであり,タンパク質の精製や特異的抗体を必要とすることなく,高感度に2つのタンパク質間相互作用を解析できる事が特徴として挙げられる。また,生化学的な手法では検出が困難である細胞内での一過性の弱い相互作用も確認することが可能である。1989年にFieldsらによって,出芽酵母 *Saccharomyces cerevisiae* を用いた 酵母ツーハイブリッド系 (yeast two-hybrid system) が最初に構築された。現在では,宿主生物種として酵母の代わりに大腸菌や哺乳類細胞を用いるシステム,GAL4 の代わりに LexA の DNA 結合ドメイン を用いるシステム,低分子量Gタンパク質であるRasシグナル経路を用いるシステム,など様々な改変型ツーハイブリッド法も利用されている。ツーハイブリッド法は,試験管内で純粋に二種のタンパク質（例えば大腸菌で産生させた）のみ存在する条件下で相互作用を検討する場合に比べ,真核生物の細胞を用いることにより生体内に近い条件を反映していると考えられる。

　ツーハイブリッド法の利点は,第一にタンパク質を精製せずに2つのタンパク質間の相互作用を知ることができる点である。第二に,反応系が *in vitro* の系ではなく,細胞内で相互作用を測定することができる点である。ただし注意すべき点は,ツーハイブリッド法は特定のタンパク質と相互作用する因子を取得する方法であるため,直接結合する因子が取れるとは限らない。また,

直接結合する場合でも，機能的に関連があるかどうかは分からない。そのため，得られた因子との相互作用が直接結合するものなのかどうかや，その相互作用に機能的な意味があるかどうかを調べるためには，新たな解析を行う必要がある。ツーハイブリッド法では擬陽性も多く見られ，免疫沈降法やプルダウンアッセイなど他の手法も用いてその結合の真偽を検討する必要性も常につきまとう。その一方で，一度に多数の検定を行うことができるため，新たな相互作用因子のスクリーニングに用いられることが多い。

原法では，転写活性化因子である GAL4 タンパク質の DNA 結合ドメイン（GAL4-DBD）と転写活性化ドメイン（GAL4-AD）が分離可能であることを利用している（図 7-13）。GAL4-DBD は UAS（Upstream Activation Sequences for galactose）と呼ばれる塩基配列に結合するという機能を持つ。一方，酸性アミノ酸に富んだカルボキシル末端ドメインである GAL4-AD は転写因子の会合を促進し，転写を促進する機能を持つ。具体的には，GAL4-DBD と任意のタンパク質 A を融

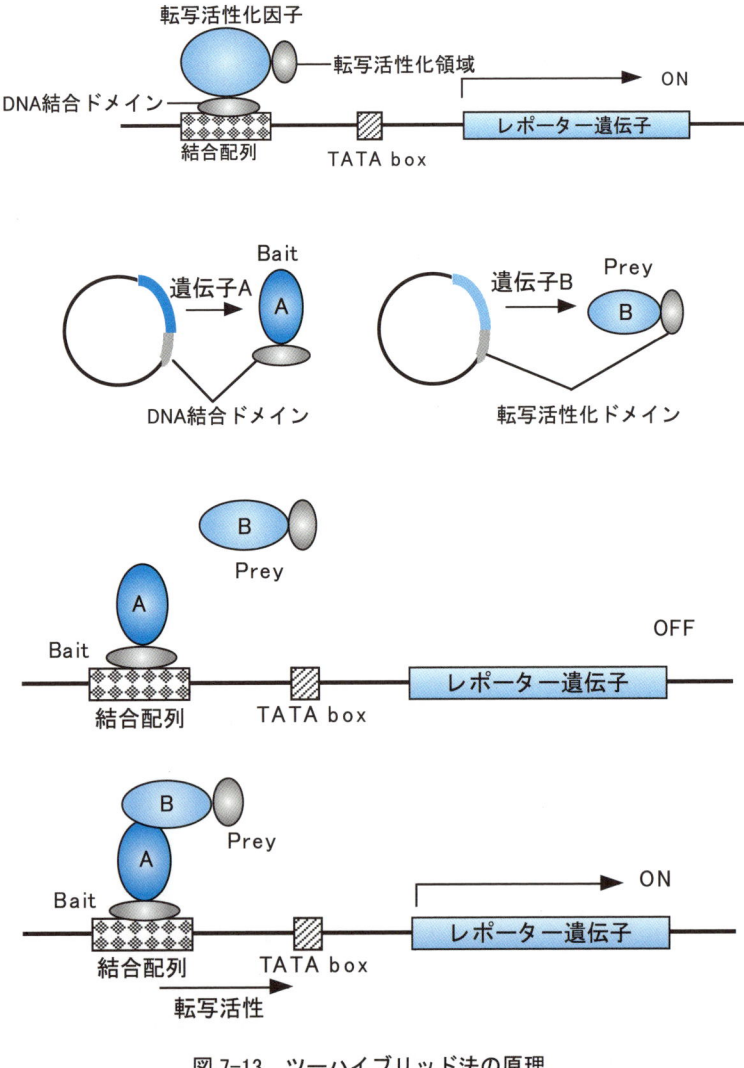

図 7-13　ツーハイブリッド法の原理

合タンパク質として発現させ，同時に同じ細胞内で GAL4-AD とタンパク質 B を融合タンパク質として発現させる．魚釣りに見立てて GAL4-DBD との融合タンパク質を bait（釣り餌），GAL4-AD との融合タンパク質を prey（餌食）と呼ぶ．タンパク質 A とタンパク質 B が相互作用しないなら GAL4-DBD と GAL4-AD は近接せず，タンパク質 A とタンパク質 B が相互作用をするなら，GAL4-DBD と GAL4-AD が近接することになる．後者のとき，UAS を上流に持つレポーター遺伝子が酵母細胞に導入されていれば，その発現量が上昇し，これによってタンパク質 A とタンパク質 B の相互作用の有無あるいは強度を検定できる．レポーター遺伝子は酵母の染色体中に組み込んであり，酵母細胞内で bait と prey が相互作用をした場合のみ，レポーター遺伝子上流の転写が活性化され，栄養性機能遺伝子や lacZ 遺伝子を発現させる．実際には，培地プレート上での栄養要求性の回復や，β-ガラクトシダーゼ活性の測定により，相互作用を検出する．また，相互作用が確認された遺伝子は酵母より単離し回収できるので，すぐにその他の機能の解析に用いることが可能である．このようにして 2 種のタンパク質間の相互作用や，さらには相互作用に関わるドメインの推測，また重要なアミノ酸残基の検討などを行うことができる．

ツーハイブリッドスクリーニングでは，タンパク質 B のソースとして発現ライブラリーを用いる．つまり，興味ある遺伝子産物を A とし，その相互作用の相手を求めてライブラリーをスクリーニングし新規のタンパク質を探索することが広く行われている．さらに規模を拡大して，ある生物種におけるある一群のタンパク質あるいは全タンパク質を A とし，タンパク質間相互作用のネットワークを描き出すような試みも成されている．ツーハイブリッド法の応用として，タンパク質–DNA 相互作用を解析するワンハイブリッド法（7-2-5），3 種類のタンパク質が関与する相互作用の解析を可能とするスリーハイブリッド（three-hybrid）法，相互作用ドメインの同定や相互作用変異体の単離を可能とする逆ツーハイブリッド（reverse two-hybrid）法なども開発され利用されている．

### 7-3-3 表面プラズモン共鳴を利用した方法

表面プラズモン共鳴（Surface Plasmon Resonance, SPR）センサーは，生体分子の相互作用を，標識なしでリアルタイムにモニターする装置として広く用いられている．SPR とは，光波と金属薄膜中の表面プラズモンの共鳴によって起こる物理現象である．相互作用を確認したいタンパク質などの物質の片方（リガンド）をセンサーチップの金薄膜上に固定し，金薄膜とガラスの境界面で全反射するようにセンサーチップの裏側から光を当てると，反射光の一部に反射強度が低下した部分（SPR シグナル）が生じる（図 7-15）．相互作用を検証したいもう一方の物質（アナライト）をセンサーチップの表面に流した際に，リガンドとアナライトが結合すると固定化されているリガンド分子の質量が増加し，センサーチップ表面の溶媒の屈折率が変化する．この屈折率の変化により，SPR シグナルの位置が I から II へシフトする．反対に，両者の結合が解離するとシグナルの位置は II から I へ戻る（図 7-15）．

SPR センサーでは，比較的少量のサンプルで分子間相互作用の特異性，アフィニティーの強さ，結合速度定数（$K_a$）・解離速度定数（$K_d$）など多くの情報を得ることができる．SPR 法の最大の特徴として，2 分子間の相互作用のアフィニティーを結合・解離速度（カイネティクス）の 2 つの

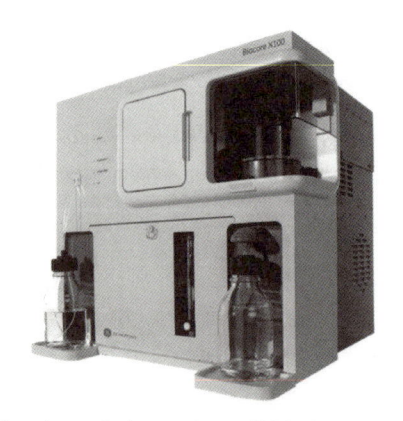

図7-14　表面プラズモン共鳴センサーの装置（GEヘルスケア社カタログ）
(p. 194 カラー図参照)

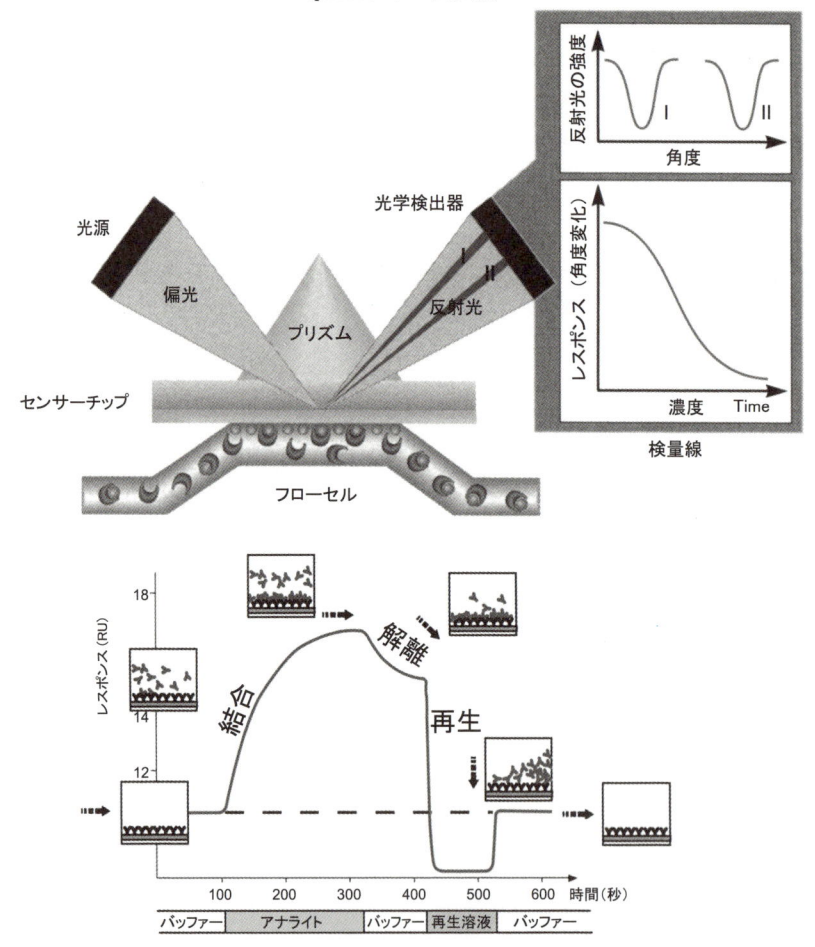

図7-15　表面プラズモン共鳴センサーの原理（GEヘルスケア社カタログ）
(p. 194 カラー図参照)

パラメーターに分解できる点が挙げられる。結合・解離のスピードの違いは，センサーグラムの形で容易に判断可能である（図7-15）。分子間の相互作用のカイネティクス情報を取得することは，生体分子の機能や反応調節機構をより詳細に理解する上で極めて重要である。応用範囲は広く，

分子間相互作用の速度論解析，熱力学的解析，試料濃度測定の他，未精製試料を用いた定性的解析なども可能である。細胞，タンパク質，ペプチド，核酸，糖質，脂質および医薬品候補物質やシグナル物質などの微小物質を解析することができる。他の方法に比べて，操作の簡便性と感度の点で優れているが，難点としてセンサーチップが比較的高価な事が挙げられる。

基本操作過程は，
① センサーチップ表面に試料（リガンド）を固定
② リガンドと相互作用するアナライトを含む溶液をマイクロ流路を介して一定の流速でセンサーチップの表面に送液する。リガンドとアナライトが特異的に相互作用する場合，SPRシグナルが変化する。光学的な原理により結合と解離のプロセスをセンサーグラムとしてリアルタイムにモニター可能。
③ 測定データーの処理

からなる。

SPR センサーの利用に際し，ポイントとなるのがセンサーチップである。様々なセンサーチップがGEヘルスケア社により販売されている。最もスタンダードなセンサーチップはCM5である。ガラス面に 50 nm の金薄膜が貼られ，さらにその上にデキストラン層が 100 nm で揃えられている。センサーチップには，金表面を様々に加工したいくつかの種類があり，リガンドの種類と固定方法に応じて適したセンサーチップが選択可能である。

## 7-4 標識技術を利用した細胞内での分子観察法

蛍光などの標識技術を利用した細胞内での分子観察（バイオイメージング）は，生体レベルでの機能分子解析に極めて重要な手法である。近年，飛躍的に進歩し普及した各種イメージング技術について説明する。

### 7-4-1 BiFC 法

タンパク質の機能を理解する上で，タンパク質間相互作用の検出および解析は極めて重要である。7-3 で記述したように，タンパク質間相互作用の解析には数多くの手法が用いられている。近年，新たな手法として BiFC（Bimolecular Fluorescence Complementation：2 分子蛍光相補性）法が急速に普及しつつある。BiFC 法の最大の特徴は，特殊な機器等を必要とせず，目的のタンパク質が本来発現している生物の細胞を用いて，本来機能している状態と極めて近い条件下でタンパク質間相互作用を調べることができる点にある。

BiFC 法は，PCA（Protein fragment Complementation Assay）法と呼ばれる方法の一種であり，単独では活性を示さないように分割された 2 つのタンパク質断片が会合することで，もとのタンパク質としての立体構造が回復し活性を発揮するようになることを利用した手法である。BiFC 法では，2 つに分割するタンパク質として主にオワンクラゲ（*Aequorea victoria*）の GFP およびその派生型の蛍光タンパク質（YFP や CFP）を用いることが多い。2000 年に Ghosh らは，GFP を 2

つの断片に分割し，それぞれをヘテロ二量体の形成を可能にするように**ロイシンジッパー**モチーフとの融合タンパク質を作製し，この融合タンパク質間でロイシンジッパーモチーフ依存的にGFP蛍光を発することを *in vivo* と *in vitro* の両方で示した。その後，改変型 GFP である YFP や CFP などを利用したり，蛍光タンパク質の分割場所や組み合わせの検討・改良がなされた。これらの分割された断片は単独では蛍光を持たず，分割断片をそれぞれタンパク質間相互作用の検証をしたい一組のタンパク質に融合させて共発現させる。その一組のタンパク質間に相互作用があれば，分割された蛍光タンパク質（N 末端側および C 末端側）同士が接近し，立体構造が再構築され蛍光を発する（図 7-16）。蛍光タンパク質としては YFP が最もよく用いられており，**split YFP 法**とも呼ばれる場合がある。近年，*in vivo* でのタンパク質間相互作用の検出法として，生物種や分子種を問わず広く活用されている。

BiFC 法の利点としては，そのタンパク質が由来する生物種の生細胞内での相互作用を検証できる点にある。また，外部からの刺激に対する応答などに際して，それに関与する因子間の相互作用の変化を本来機能している状態と極めて近い条件で観察することも可能である。生細胞内でのタンパク質間相互作用の検出に用いられる別の手法として，**FRET（Fluorescent Resonance Energy Transfer）法**が挙げられる（7-4-4）。FRET 法はタンパク質間相互作用を動的に観察するための非常に強力な手法であるが，実験系の構築には相互作用を行う際の立体構造の情報がある程度必要となる。また，FRET 解析にはブリーチングや蛍光の量的比較を行う必要があり，ハードおよびソフトともに特殊なシステムを準備する必要がある。一方，BiFC 法では分割された断片単独では蛍光を出さず相互作用を示したときのみ蛍光を発するため，非常に高い S/N（シグナル・ノイズ）比が期待できる。BiFC 法では，相互作用時に蛍光タンパク質断片が会合しうる自由度さえ有していればよいため，必ずしも相互作用時の立体構造情報を必要とせず，比較的容易に実験系の構築が可能である。一方，BiFC 法の短所としては，蛍光タンパク質の再構築までに時間がかかる点が挙げられる。また，一旦蛍光タンパク質が再構築されると安定な複合体を形成し，*in vitro* では解離への逆反応は検出されない。よって，BiFC 法は結合と解離をリアルタイムで検出するような実験系には適さない。単純に相互作用の有無を見る実験や，比較的長い時間（数時間〜数日）かけて起こるような応答を調べる実験に適しているといえる。

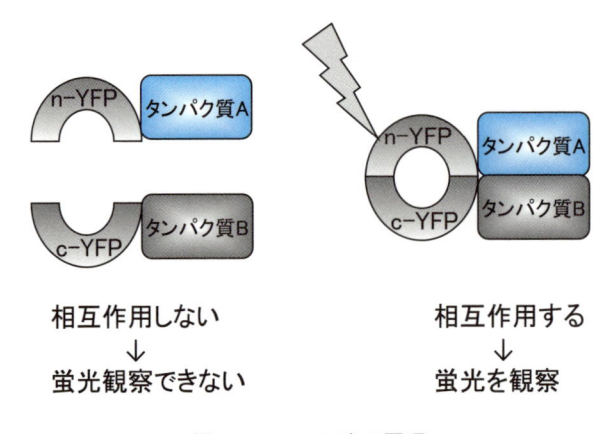

図 7-16　BiFC 法の原理

### 7-4-2 *in situ* ハイブリダイゼーション（*in situ* hybridization）法

*in situ* hybridization（ISH）法は組織細胞レベルで核酸の局在を可視化する方法の1つであり，"*in situ*" とは "**その場**" を意味する。ノザンブロット法（2-3-2）やRT-PCR法（7-1-1）では，ある状態の細胞集団（例えば，ある刺激に対して応答している細胞集団や，細胞分裂のある過程にいる細胞集団など）から核酸（この場合はmRNA）を抽出し解析するため，得られる結果は**細胞集団の平均値**を表している。それに対して，ISH法は細胞や組織の中にある核酸をその場で検出することができるため，細胞一個の発現解析が可能である。細胞・組織切片をターゲットとする他に胎仔や摘出臓器全体を染色し発現部位を立体的に可視化する**ホールマウントISH法**がある。*in situ* hybridization（ISH）法は，サザンブロット法（2-3-1）やノザンブロット法と同様の原理に基づいている。すなわち，組織切片や細胞標本上において，標識したアンチセンスプローブ（単にプローブともいう）と標本上の核酸をハイブリダズさせた後，標識プローブを可視化する（図7-17）。プローブには，一本鎖cDNA，二本鎖cDNA，合成オリゴDNAあるいは一本鎖RNAなどが使用される。合成オリゴDNAをプローブに用いる利点は，安価に早く入手でき，RNA分解酵素による消化を受けないので操作しやすいなどを挙げることができる。mRNAを検出する際にRNAプローブを用いた場合は，DNA-RNA間結合よりもRNA-RNA間結合の方がより安定であるため，DNAプローブよりも高いハイブリダイゼーション温度を設定でき，したがってより特異性が高くバックグラウンドの低い結果が得られるが，RNA分解酵素の混入には特に注意を払う必要がある。プローブの標識・検出方法は放射性法と非放射性法に大別できる。**放射性法**とは，プローブの標識に放射性同位元素である $^{33}P$ あるいは $^{35}S$ を用いる方法であり高感度，安価などの利点があるが，安全対策，放射活性の減衰による使用期限の制限，長期間の露光が必要な

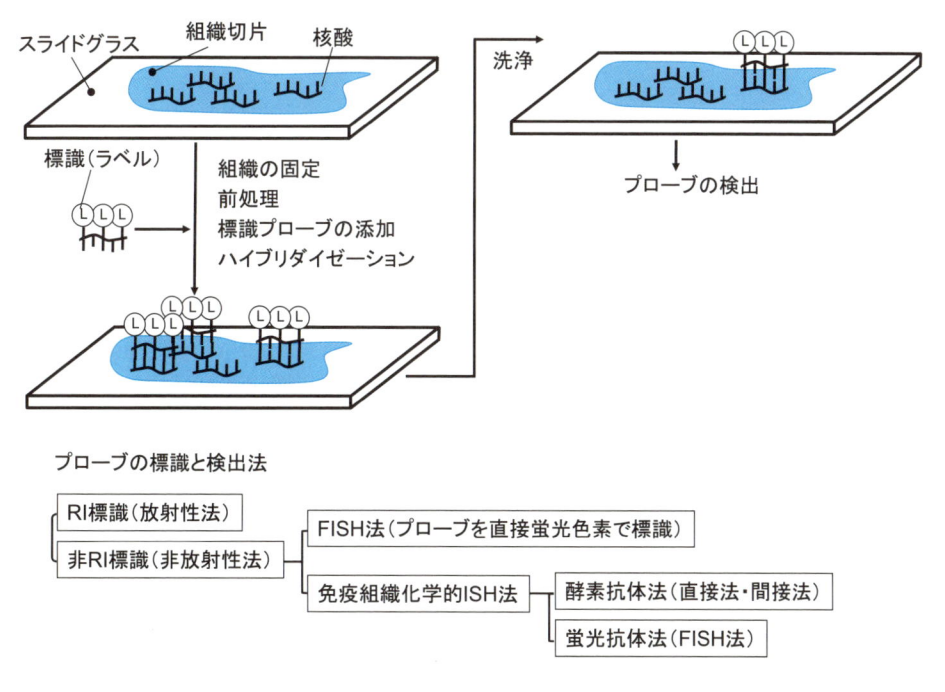

図7-17 *in situ* hybridization（ISH）法の原理

どの問題がある。一方，**非放射性法**には，プローブを蛍光色素で標識・検出する **FISH 法** やプローブをハプテン（抗原性物質）で標識しハプテンに対する抗体を用いてシグナルを検出する免疫組織化学的 **ISH 法** などがある。

(1) 蛍光 in situ ハイブリダイゼーション（Fluorescence in situ hybridization, FISH 法）

スライドグラス上に標本を固定し，蛍光色素で検出可能な標識を付加したプローブを適当な条件下で標本上の核酸へハイブリダイズさせ，細胞分裂期の染色体や間期の核などを蛍光顕微鏡で観察する方法である（図 7-18）。蛍光標識したプローブを用いる方法とプローブをハプテン（抗原性物質）で標識し，ハプテンに対する抗体を用いて蛍光シグナルを検出する方法がある（**蛍光抗体法**）。染色体全体やテロメアの同定・検出，ガンや腫瘍細胞株に特異的な染色体転座や染色体異常の検出，調べたい DNA 断片の染色体上の位置を決める遺伝子マッピングなどに用いられる。特定染色体の全腕を検出する染色体全域プローブ，各染色体のセントロメアを検出するセントロメアプローブ，テロメア検出用のテロメアプローブなどが市販されている。複数の異なった蛍光色素を用いれば，複数の染色体や遺伝子を同時に検出することができる（Multicolor FISH 法，SKY 法）。様々な FISH 法（CGH 法，3D-FISH 法，DNA-fiber-FISH 法など）が開発されているが，詳細は他書に譲る。

近年，ナノエレクトロニクス材料である量子ドットがバイオエンジニアリング分野で応用され今後の発展が期待されている。**量子ドット（Quantum Dot）** とは，直径数十ナノメートルの半導体の結晶である。ほぼタンパク質のサイズの微粒子であり，**ナノクリスタル** とも呼ばれている。微粒子の半導体が蛍光を発する性質を利用している。同一素材であれば量子ドットの直径を変えることで蛍光の色を変えることができるため，単一の励起波長で多重蛍光分析が可能である。粒子の直径が大きくなるにつれて長波長の蛍光を発するようになる。有機蛍光色素よりも明るく褪色しないので生体分子や細胞の挙動を長時間にわたり観察する場合に有望である。

(2) 免疫組織化学的（ISH）法

ハプテン（ジゴキシゲニン（DIG），ビオチンなど）で標識したプローブを標本上の核酸へハイブリダイズさせ，ハプテンに対する抗体を用いてシグナルを検出する方法である（図 7-19）。

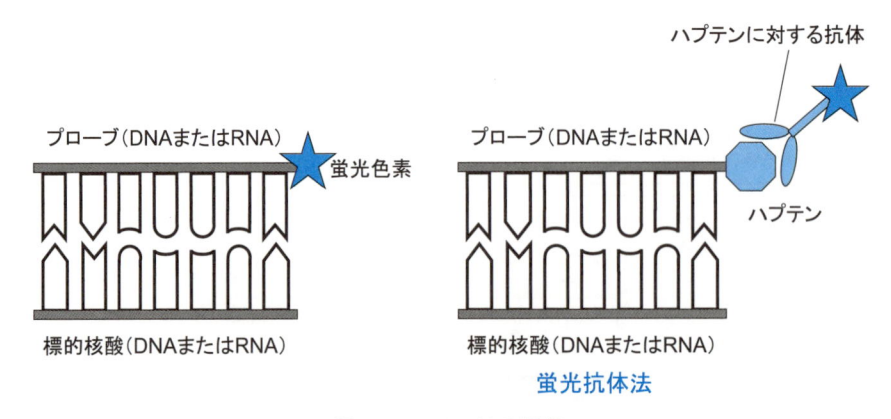

**図 7-18　FISH 法の原理**
スライドグラス上に標本を固定し，蛍光色素で検出可能な標識を付加したプローブを適当な条件下で標本上の核酸へハイブリダイズさせ，細胞分裂期の染色体や間期の核などを蛍光顕微鏡で観察する。

ジゴキシゲニンはジギタリスという植物由来のステロイド化合物であり自然界ではジギタリスにのみ存在するので，抗DIG抗体が他の生物由来の物質と結合することはないが，抗ビオチン抗体の使用については，内因性ビオチンに対する結合に注意を要する場合がある。標識プローブの可視化方法として酵素抗体法と蛍光抗体法がある（後述）。

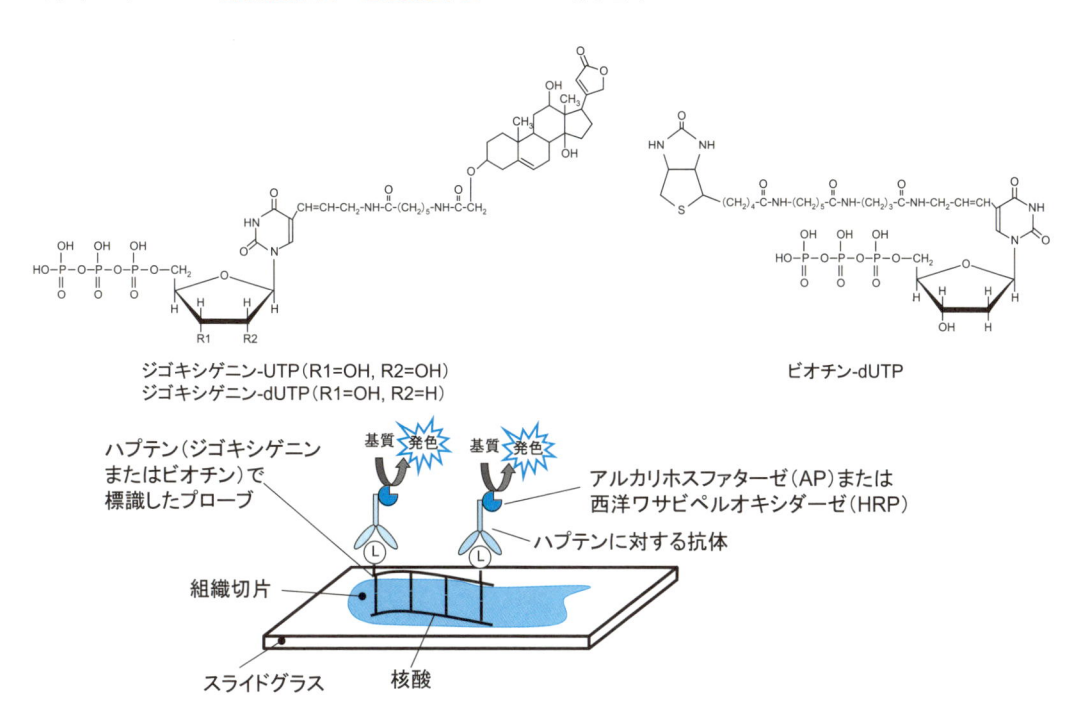

**図 7-19　免疫組織化学的ISH法の原理**
ハプテン（ジゴキシゲニン（DIG），ビオチンなど）で標識したプローブを標本上の核酸へハイブリダイズさせ，ハプテンに対する抗体を用いてシグナルを検出する。
（Roche Applied Science DIGアプリケーションマニュアル for Nonradioactive In situ Hybridization　p. 12 図2，p. 13 図3）

### 7-4-3　免疫染色法

　抗体を用いて染色することで抗原を可視化する方法である。核酸を検出するISH法は，標的タンパク質の産生細胞をmRNAの局在により調べることができるが，分泌性タンパク質の分布については解析できない。免疫染色法では，遺伝子の最終産物であるタンパク質の局在を可視化することができる。免疫染色法は直接法と間接法に大別できる。直接法とは，抗原を認識する抗体に直接可視化するための標識がされている方法であり，染色工程が少なく非特異的反応の起こる機会を少なくできる利点があるが，可視化したいターゲットタンパク質ごとに標識抗体を準備する必要があり他の間接法に比べて感度が低いという欠点がある。間接法とは，抗原に抗体（一次抗体）を結合させた後，一次抗体を認識する抗体（二次抗体）を用いて可視化する方法であり，標識は二次抗体に施されている。直接法に比べて高感度であり，一次抗体の動物種ごとに二次抗体を準備するだけで済むので多種のターゲットタンパク質を可視化したい場合などに有効である。免疫染色法は標識の種類によって酵素抗体法と蛍光抗体法に区別される。

### (1) 酵素抗体法

抗体に結合している酵素に基質を反応させることで発色させターゲットタンパク質を可視化する方法である。一次抗体に酵素を標識する直接法と二次抗体に標識する間接法がある。用いられる主な酵素には**アルカリホスファターゼ（AP）**と**西洋ワサビペルオキシダーゼ（HRP）**がある。発色原理を図 7-20，図 7-21 に示す。

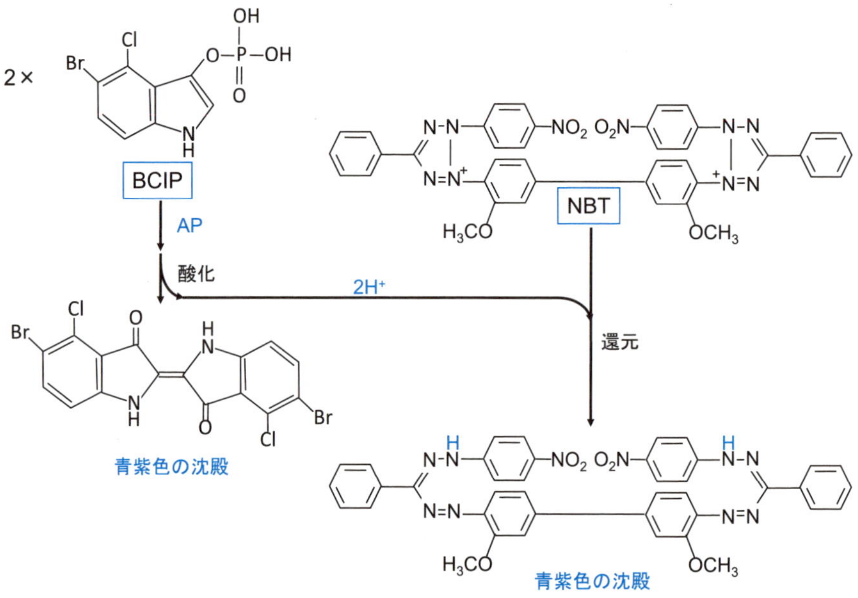

**図 7-20　アルカリホスファターゼ（AP）による発色原理**

BCIP（5-Bromo-4-chloro-3'-indoylphosphate p-toluidine salt）のリン酸基がアルカリホスファターゼ（AP）により取り除かれ，その後，NBT（Nitroblue tetrazolium chloride）との酸化還元反応により青紫色の沈殿を生ずる。

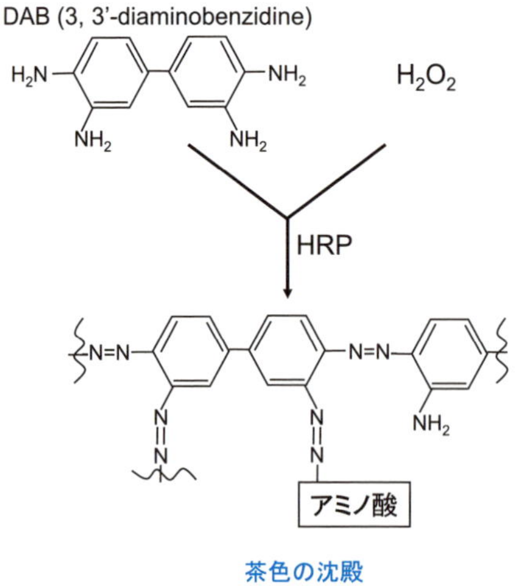

**図 7-21　西洋ワサビペルオキシダーゼ（HRP）による発色原理**

西洋ワサビペルオキシダーゼ（HRP）により DAB（3,3'-diaminobenzidine）が高分子化し茶色の沈殿を生ずる。
（野地澄晴編，「免疫染色 & *in situ* ハイブリダイゼーション最新プロトコール」，羊土社（2006）p. 29, 図 5）

### (2) 蛍光抗体法

蛍光標識抗体を使用してターゲットタンパク質の局在を可視化する方法である。一次抗体に蛍光色素を標識する**直接法**と二次抗体に標識する**間接法**がある。異なる波長の蛍光色素で標識した抗体を用いれば，複数のターゲット分子を同一標本中で可視化することができ（**多重染色法**），蛍光色素 DAPI による核染色など他の蛍光標識法や GFP 標識タンパク質の可視化との併用もできる。

標本上の抗原が十分に存在する場合は検出が容易であるが，微量にしか存在しない場合にはシグナルの増強が必要である。このような場合に用いられるのが **avidin biotin complex（ABC）法**や **catalyzed reporter deposition（CARD）法**である。

**ABC（Avidin Biotin Complex）法**：アビジンは卵白中に含まれる塩基性のタンパク質でありビオチンと極めて高い親和性を示す。アビジンは細菌の感染に対する生体防御の1つであると考えられている。すなわち，ビオチンと結合することによってビオチンを補酵素とする酵素の活性を阻害し細菌の増殖を防ぐのである。一方，ストレプトアビジンは，*Streptomyces avidinii* から単離されたタンパク質で両タンパク質ともに四量体を形成し1分子当たり4分子のビオチンと結合する。アビジンは塩基性タンパク質であるため細胞表層などへの非特異的吸着が生じやすいので，中性タンパク質であるストレプトアビジンを使用した方が良い場合もある。ABC 法は，ビオチン標識二次抗体，（ストレプト）アビジン，ビオチン化酵素（HRP や AP など）を使用してシグナルを増幅・検出する（図 7-22）。ビオチン化酵素の代わりにビオチン化蛍光色素を用いて可視化することもできる。

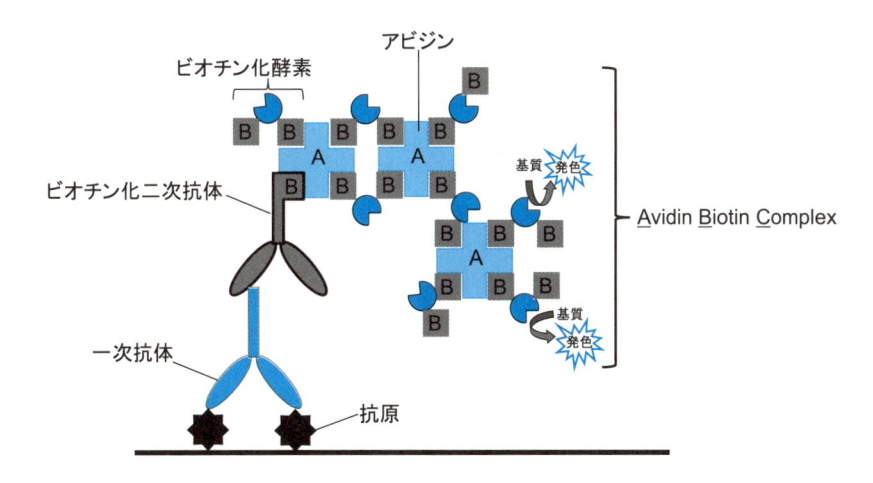

**図 7-22　ABC 法の原理**
間接法の1つであり，アビジン-ビオチン複合体を用いることでシグナルを増幅することができる。ビオチン化二次抗体を加えアビジンを結合させた後，ビオチン化酵素（AP または HRP）またはビオチン化蛍光色素を添加することで，標的タンパク質を可視化する。

**CARD（Catalyzed reporter deposition）法**：酵素反応により基質をラジカル化あるいは発色させてシグナルを増幅する方法である。この原理に基づいた方法の1つが **Tyramide シグナル増幅法（TSA 法）**である。ビオチンが結合したチラミド誘導体を，二次抗体に結合している HRP によっ

7章 遺伝子発現を解析する技術

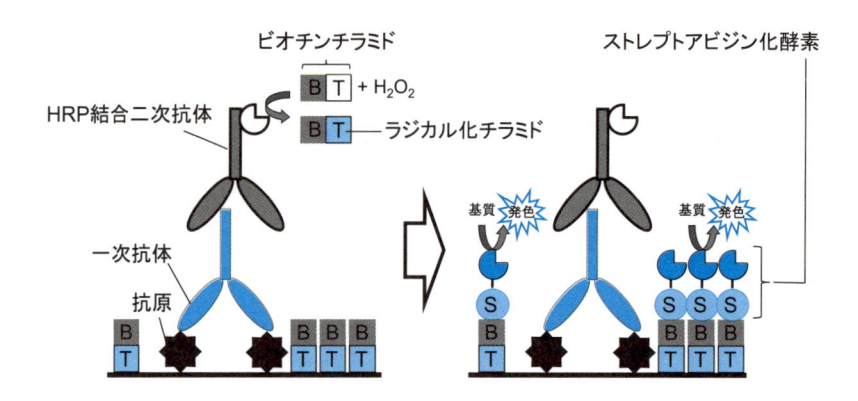

**図 7-23　TSA（Tyramide signal amplification）法の原理**
間接法の一種であり，ABC法と同様にシグナルを増幅することができる。ビオチンが結合したチラミド誘導体を，二次抗体に結合しているHRPによって活性化（ラジカル化），ターゲット近傍に結合させた後，ストレプトアビジン化蛍光色素やストレプトアビジン化酵素（APまたはHRP）により標的タンパク質を可視化する。(野地澄晴編，「免疫染色&*in situ*ハイブリダイゼーション最新プロトコール」，羊土社 (2006) p. 31，図7)

て活性化（ラジカル化）させる。ラジカル化チラミドはチロシンやトリプトファンなどの芳香族化合物と非特異的な共有結合を形成するが，非常に反応性が高く寿命が短いのでラジカル化チラミドの拡散は最小限に抑えられる。そのためシグナルはHRP周辺すなわちターゲット近傍に検出される。ストレプトアビジン化蛍光色素やストレプトアビジン化酵素（APまたはHRP）により標的タンパク質を可視化する（図7-23）。TSA法をFISH法に応用したCARD-FISH法は，FISH法の10〜20倍の感度をもつため，低コピー数のDNA配列やより狭い領域をターゲットとする場合に有効である。さらには，一次抗体の使用量を少なくできるためバックグラウンドを低減できる利点がある。

### 7-4-4　FRET（Fluorescence Resonance Energy Transfer）法

　1948年Försterは，共鳴エネルギー移動により分子間相互作用を述べる理論を提唱し，発色団の距離と発色団の光学的性質に関係づける移動速度式を導いた。この理論は，1960年代にShimomuraが発見したクラゲの緑色蛍光タンパク質（GFP）と出会うことにより，相乗効果を生み出した。GFPは改質が繰り返されて多色化し，サンゴなどから後に発見された蛍光タンパク質も合わせると，蛍光タンパク質のバリエーションは青から赤まで今や数十色に及ぶ。この蛍光タンパク質をドナー／アクセプターとして用いたFRET技術が可能になった。それまでは有機蛍光分子が用いられてきたが，蛍光タンパク質でFRETが可能であることを1996年にMitraが示すと，遺伝子工学技術を得手とする研究者が一気にFRETを活用するようになり，Romoser，Miyawakiによるカルシウムの蛍光プローブなどの開発につながった。

　FRETとは，励起状態にある蛍光分子（ドナー：エネルギー供与体）と別の蛍光分子（アクセプター：エネルギー受容体）間で距離依存的に励起エネルギー移動が起こる現象である（Förster, 1948; Lakowicz, 1999）（図7-24(a)）。このエネルギー移動の起こりやすさは，Försterの計算式（式

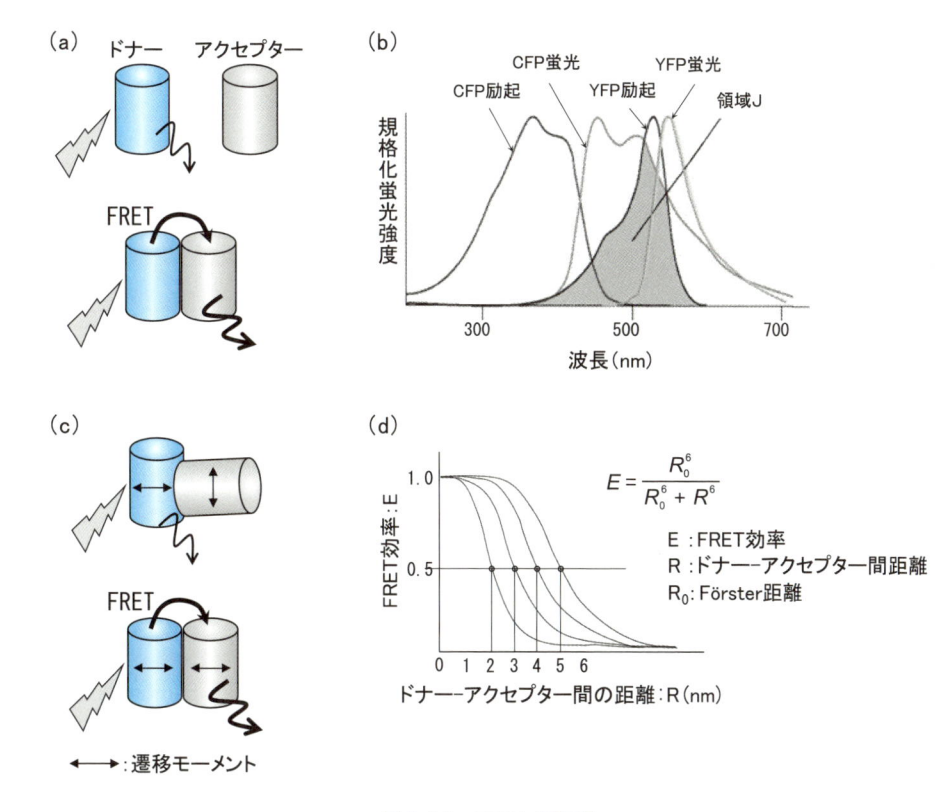

**図 7-24 FRET の原理**
(a) ドナーとアクセプターの距離が遠い場合（上）はドナーを励起してもアクセプターに伝わらず，ドナーからの蛍光のみが観察されるが，ドナーとアクセプターの距離が近い場合（下）はドナーの励起エネルギーがアクセプターに移動して（FRET）アクセプターの蛍光が観察される。
(b) ドナーとアクセプターの例として，CFP と YFP の励起・蛍光スペクトルを示した。ドナーである CFP の蛍光スペクトルとアクセプターである YFP の励起スペクトルが重なった部分が J に相当する。
(c) ドナーとアクセプターの遷移モーメントが垂直の場合（上）は，配向因子 $\kappa^2 = 0$ となるので，距離が近くても FRET が起きない。ドナーとアクセプターの遷移モーメントが平行の場合（下）に最も効率よく FRET が起きる。
(d) 配向因子 $\kappa^2 = 2/3$ と仮定したときのドナーとアクセプターの距離 R と FRET 効率 E の関係をグラフ化した。Förster 距離 $R_0$（○）を境に FRET 効率が急激に減少する。

1) より，以下に示す4つの物理量によって決定される。エネルギー移動の速度定数を $k_t$ とすると，次のように表すことができる。

$$k_t = \left\{ \frac{9000(\ln 10)}{128\pi^5 n^4 N_A} \times \frac{Q_D \kappa^2}{\tau_D R^6} \times J \right\} \quad (式1)$$

$n$ は溶媒の屈折率，$N_A$ はアボガドロ定数，$\tau_D$（タウ）は donor の蛍光寿命である。

まず4つの物理量のうち1つ目は，スペクトルの重なり（J）であり，ドナーの蛍光スペクトルとアクセプターの励起スペクトルの重なる部分の面積を表す（式2）（図 7-24(b)）。

$$J = \int_0^\infty F_D(\lambda)\varepsilon_A(\lambda)\lambda^4 d\lambda = \frac{\int_0^\infty F_D(\lambda)\varepsilon_A(\lambda)\lambda^4 d\lambda}{\int_0^\infty F_D(\lambda)d\lambda} \tag{式2}$$

（左辺は単位によって平均化）＝（エリアによって平均化（分母はドナーだけの面積））

次に，2つ目の物理量である $Q_D$ は，ドナーの**量子収率**であり，蛍光分子を励起光で励起したときの吸収光子数と放出光子数の比率を示している。また3つ目の物理量（$\kappa$）は，**配向因子**である。すなわち，蛍光分子には**遷移モーメント**が存在し，その方向と一致した光（**偏光**）を吸収して励起状態になる。励起状態から蛍光を放出する際も，遷移モーメントの方向と一致した蛍光（偏光）を放出する（図7-24(c)）。この値は，$0 \leq \kappa^2 \leq 4$ をとることが知られている。ドナー-アクセプターの遷移モーメントが平行関係の場合，$\kappa^2$ は高い値を示し，一方垂直関係の場合，$\kappa^2 = 0$ となる。最後に，FRETの起こりやすさに対して最も大きい影響をもつ4つ目の因子が，**ドナー-アクセプター間距離（R）**である。距離Rの影響は，FRET効率をEとすると，以下のように記述できる（式3）。

$$E = \frac{R_0^6}{R_0^6 + R^6} \tag{式3}$$

FRET効率は，ドナー-アクセプター間距離Rの6乗に反比例する。$R_0$ は **Förster距離**と呼ばれるエネルギー移動が50％の時の蛍光分子間距離のことを言う（図7-24d）。エネルギー移動の速度定数 $k_t$ は，次のように表すこともできる（式4）。

$$k_t = \frac{1}{\tau_D}\left(\frac{R_0}{R}\right)^6 \tag{式4}$$

式1及び式4より，Förster距離は算出できる（式5，式6）。

$$R_0^6 = \frac{9000(\ln 10)\kappa^2 Q_D}{128\pi^5 n^4 N_A n^4} J \tag{式5}$$

$$R_0 = 0.211(\kappa^2 n^{-4} Q_D J)^{1/6} \text{ (in Å)} \tag{式6}$$

このように $R_0$ には，いくつかの因子が影響するため蛍光分子の種類により距離は異なるが，多くの場合5 nm程度の値をとる。

FRET法による評価を行う場合，次のような手順に従う。

1. 遺伝子導入
   （ア）相互作用を見ようとするタンパク質をコードするプラスミドを培養細胞にトランスフェクションする。
2. 蛍光観察
   トランスフェクション後1〜2日でFRETの観察を行う。
   （ア）落射型蛍光顕微鏡で観察する方法
   （イ）マルチスペクトル共焦点レーザー顕微鏡を用いて観察する方法
3. FRETの評価
   通常，次の3つの方法を組み合わせ，FRET効率を出来るだけ定量的に評価する。

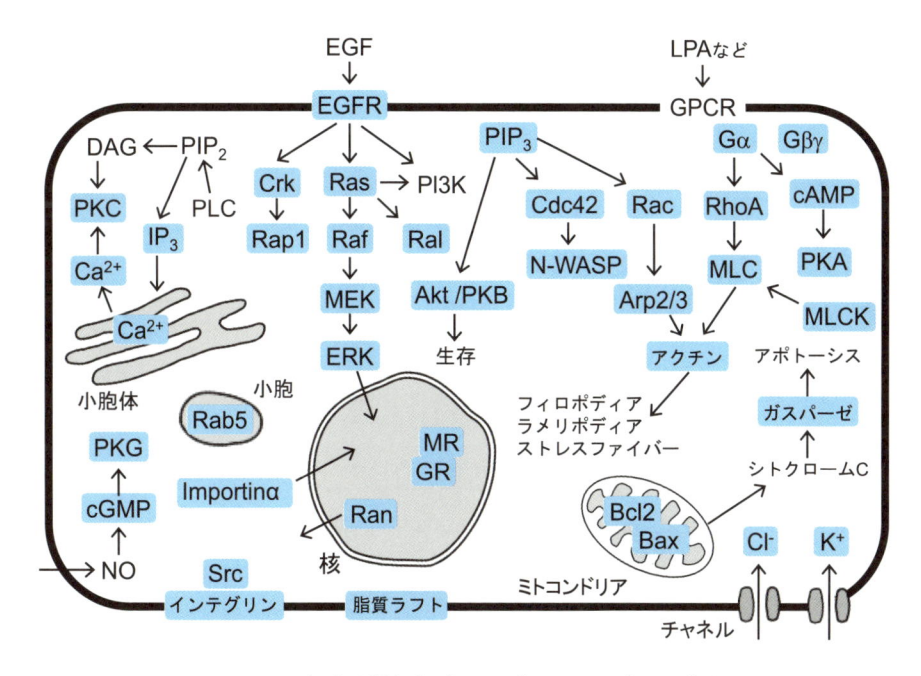

**図 7-25 細胞内情報伝達マップと FRET プローブ群**
これまでに報告された様々な情報伝達経路とその関連分子の中で，すでに FRET を用いた研究が行われている分子について概略図を作成した。略語は以下の通り。
EGF: epidermal growth factor, LPA: lysophosphatidic acid, EGFR: EGF receptor, GPCR: G protein-coupled receptor, DAG: diacylglycerol, PIP:phosphatidylinositol, PKA: protein kinase A, PKB: protein kinase B, PKC: protein kinase C, $IP_3$: inositol 1, 4, 5-trisphosphate, PLC: phospholipase C, MLC: myosin light chain, MLCK: MLC kinase, GR: glucocorticoid receptor, MR: mineralocorticoid receptor, PKG: protein kinase G, NO: nitric oxide

(ア) レシオ画像
アクセプターとドナーの蛍光強度比を測定する。
(イ) 蛍光スペクトル
透過波長範囲の広い蛍光フィルターでは，ドナーとアクセプターの蛍光ピークの分離が困難であるため，蛍光を回折格子などで細かく分光してスペクトルの形で測定する。
(ウ) アクセプターブリーチング
FRET が起きているかいないかを定量的に評価する。アクセプターを光学的に退色（ブリーチング）させたときにドナーの蛍光回復が起きるかどうかで FRET を評価する。

FRET の特徴は，「生きた細胞のいつ，どこで」タンパク質が機能（活性化/不活性化，結合/解離，構造変化等）しているのか，というこれまでの生化学的な解析では得ることできなかった情報を得ることができることにある。図 7-25 に示すように，非常に多くの情報伝達関連分子が FRET を用いて研究されている。

**参考文献**

1) Higuchi, R., *et al., Biotechnology*, 11, 1026-1030 (1993)
2) 「はじめてのリアルタイム PCR」http://www.takara-bio.co.jp/prt/pdfs/prt2.pdf
    タカラバイオホームページ「リアルタイム PCR 実験のススメ」より
3) 森山達哉編, 実験医学別冊,「検出と定量のコツ」, 羊土社 (2005)
4) de Wet, J. R., *et al., Mol. Cell. Biol*., 7, 725-737 (1987)
5) 礒辺俊明, 中山敬一, 伊藤隆司編, 実験医学別冊 分子間相互作用解析ハンドブック, 195-199, 羊土社 (2007)
6) Shimomura, O., *et al., J. Cell. Comp. Physiol*., 59, 223-239 (1962)
7) Prasher, D. C. *et al., Gene*, 111, 229-233 (1992)
8) Ausubel, F. M.eds., "Current Protocols in Molecular Biology", John Wiley & Sons Inc. (1988)
9) Garner, M. M. and Revzin, A., *Nucleic Acids Res*., 9, 3047-3060 (1981)
10) Fried, M. and Crothers, D. M., *Nucleic Acids Res*., 9, 6505-6525 (1981)
11) Singh, H., *et al., Nature*, 319, 154-158 (1986)
12) 村松正美, 岡山博人編,「実験医学別冊 遺伝子工学ハンドブック」, 羊土社, 167-176 (1991)
13) Galas, D. and Schmitz, A., *Nucleic Acids Res*., 5, 3157-3170 (1978)
14) Kuo, M. H. & Allis, C. D., *Methods*, 19, 425-433 (1999)
15) 礒辺俊明, 中山敬一, 伊藤隆司編, 実験医学別冊「分子間相互作用解析ハンドブック」183-188, 羊土社 (2007)
16) Wang, M. M. and Reed, R. R., *Nature*, 364, 121-126 (1993)
17) Fields, S. and Song, O., *Nature*, 340, 245-246 (1989)
18) Vidal, M., *et al., Proc. Natl. Acad. Sci. USA*, 93, 10315-10320 (1996)
19) Tirode, F., *et al., J. Biol. Chem*., 272, 22995-22999 (1997)
20) GE ヘルスケア・ジャパン株式会社 カタログ
21) 永田和宏, 半田 宏編,「生体物質相互作用のリアルタイム解析実験法－BIACORE を中心に」, シュプリンガー・フェアラーク東京 (1998)
22) 大門靖史, 荒木 崇, 化学と生物 Vol.45, No.10, (2007)
23) 高田邦明ら編,「染色・バイオイメージング実験ハンドブック」, 羊土社 (2006)
24) 井関祥子, 太田正人編,「バイオ実験で失敗しない！免疫染色・イメージングのコツ」, 羊土社 (2007)
25) 野地澄晴編,「免疫染色& *in situ* ハイブリダイゼーション最新プロトコール」, 羊土社 (2006)
26) 三輪佳宏編,「実験がうまくいく 蛍光・発光試薬の選び方と使い方」, 羊土社 (2007)
27) 岡田誠治監修,「細胞工学別冊 RI の逆襲 アイソトープを利用した簡単・安全バイオ実験」, 秀潤社 (2007)
28) 稲田利文, 塩見晴彦編,「無敵のバイオテクニカルシリーズ RNA 実験ノート 上」, 羊土社 (2008)
29) インビトロジェン総合カタログ (08/09)
30) DIG アプリケーションマニュアル for Nonradioactive In Situ Hybridization 第 3 版, Roche Applied Science (2008)

31)「生化学辞典 第3版」,東京化学同人
32) Lakowicz, J. R., Principles of Fluorescence Spectroscopy, 2$^{nd}$ ed., Springer (1999)
33) 宮脇敦史,「FRET しませんか?」,実験医学, 18, 羊土社 (2000)
34) 高松哲郎,「わかる実験医学シリーズ バイオイメージングがわかる」,羊土社 (2005)
35) 高田邦昭編,「実験医学別冊 染色・バイオイメージングの実験ハンドブック」,羊土社 (2006)
36) 原田徳子編,「生細胞蛍光イメージング」,共立出版 (2007)

# 8章　遺伝子のノックダウン技術

　遺伝子のノックダウンとは，ノックアウトマウスなどで遺伝子そのものを破壊する場合とは異なり，遺伝子の機能を大きく減弱させるものの完全には消滅しているとは言えない場合を表す。また，遺伝子のノックダウンは，遺伝子の転写量の減少（遺伝子サイレンシング）を指すことが多いが，翻訳の阻害の場合もノックダウンと呼ぶ。遺伝子のノックダウンは，ノックアウトでは致死性を示すような遺伝子の機能解析には特に有効な手段である。また，形質転換体の作製と比較すると，圧倒的に短時間で結果が得られるという利点もある。遺伝子のノックダウンの方法としては，従来はmRNAのアンチセンス鎖に相当するRNAを細胞に導入するアンチセンス法が用いられていたが，RNAi法が発見されて以降，siRNAやmicroRNAなどを用いたRNA干渉現象を利用して遺伝子の発現量を減少させる手法が主流となっている。また，RNAに作用させるのではなく，タンパク質分解酵素の標的となる分子を目的のタンパク質と融合させることで，タンパク質の発現をノックダウンする場合もある。ノックダウンはノックアウトとは異なり遺伝子の発現が完全になくなるわけではないので，ノックダウンの結果，調べた現象に対して顕著な効果がなくても，その遺伝子の機能がその現象に対して関与していないとは結論づけることはできない。また，線虫（Caenorhabditis elegans）などの研究分野ではノックダウンとノックアウトでは表現型が異なることが問題となる場合がある。その場合，ノックダウンの実験からだけではその遺伝子の機能は十分に明らかにするに至らず，遺伝子のノックアウト解析も必須となる。

## 8-1　RNAi法，アンチセンス法，MO法

　ここでは最も一般的に行われている3つの遺伝子ノックダウンの手法について説明する。いずれの方法もmRNA上の遺伝子情報を発現させないことで共通しているが，用いる生物種の特性や目的に応じて使い分けられている。

### 8-1-1　RNAi法

　二本鎖RNA（double strand RNA：dsRNA）と相補的な塩基配列を持つmRNAが分解される現象を，RNA干渉（RNA interference：RNAi）という。RNAi法は，このRNA干渉現象を利用して人工的に二本鎖RNAを導入することにより，任意の遺伝子の発現を抑制する手法である。アンチセンスRNA法やコサプレッション法もRNAiの一形態と考えてもよい。植物では，外来遺伝子の過剰発現により，内在の遺伝子の発現が影響を受けて抑制される共抑制（コサプレッション：co-suppression）と呼ばれる現象が知られていた。しかし，この遺伝子発現抑制の分子機構は謎

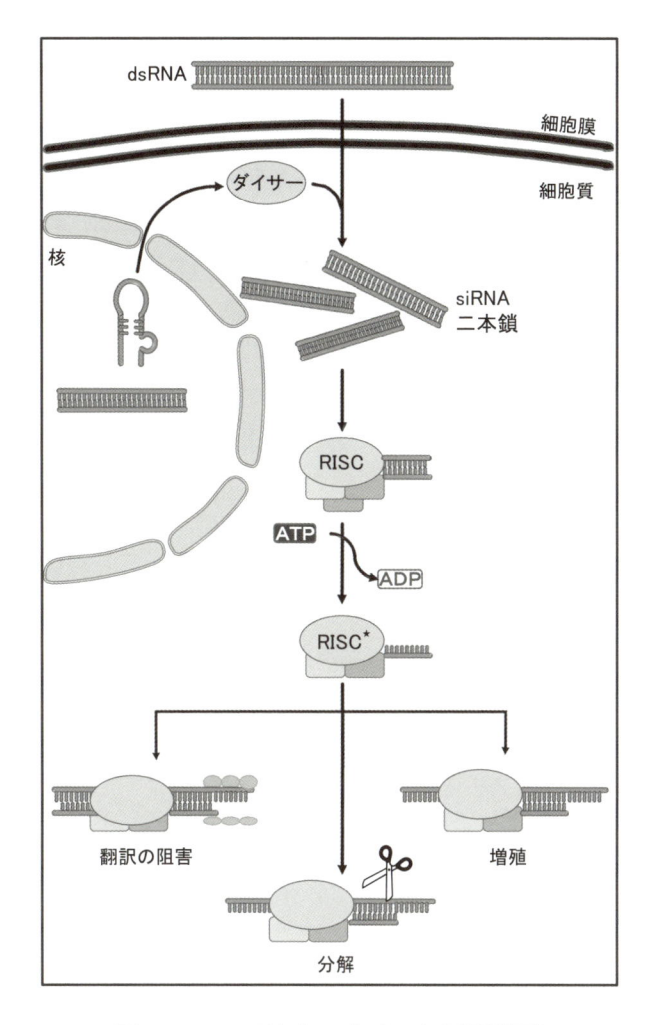

**図 8-1 RNA 干渉（RNAi）法による翻訳阻害**
(J. D. Watson *et el.*, "Molecular Biology of the Gene Pearson Ⅵ", Cold Spring Harbor Laboratory Press (2007) より一部改変)

であった。1998 年にアンドリュー・ファイアー等は線虫細胞を用いて，dsRNA を人為的に導入することにより，dsRNA と相補的な配列を持つ mRNA の発現が選択的に抑制されることを発見した。その後，ダイサー（Dicer）と呼ばれる RNase Ⅲ 型エンドヌクレアーゼにより，長い dsRNA が siRNA（small interfering RNA）と呼ばれる 20 ヌクレオチド程度の短い 3'-突出型二本鎖 RNA に切断されること，そしてこの siRNA に RISC（RNA-induced silencing complex）複合体が結合し，siRNA-RISC 複合体が相補的な mRNA に作用し，その分解や翻訳の抑制を行うことが明らかとなった（図 8-1）。Fire と Mello は 2006 年に，この RNAi 機構の発見によりノーベル生理学・医学賞を受賞した。現在では，RNAi は酵母，脊椎動物，高等植物など他の生物でも普遍的に見られる現象であることが知られている。その生物学的な意義としては，ウイルスなどに対する防御機構として進化してきたと考えられている。また，染色体再構成などにも関わる可能性が示され，分裂酵母では染色体のセントロメアやテロメアのヘテロクロマチン形成に RNAi の機構が関

与していることも知られている。

　従来，遺伝子の機能解析は，ある表現型により分離された突然変異体からそれに関わる遺伝子をクローニングして塩基配列を調べる，といった流れで進められてきた。しかし，ポストゲノム時代である現在，ヒトを含めた多くの生物で全塩基配列が決定されており，遺伝子の塩基配列情報からその機能を解析するという**逆遺伝学（reverse genetics）**の手法が頻繁に用いられている。従来，遺伝子の機能阻害は染色体上の遺伝子を直接破壊することでなされてきたが，RNAi法ではこのような煩雑な操作の必要としない。塩基配列情報さえ把握できれば，合成したRNAを導入するなどの簡便な手法で遺伝子の機能を調べることができる。また，細胞レベルでの解析が可能であり，モデル動物を用いた従来の遺伝子ノックアウト法に比べ，非常に簡単で安価で短時間で結果が得られる。ゲノム解析によって全塩基配列情報を得ることが可能な生物種では，RNAi法によって逆遺伝学的解析の速度が飛躍的に向上した。RNAi法のその他の利点として，mRNAを破壊するだけであるのでゲノム遺伝子には全く影響を及ぼさないこと，細胞への導入量が少量の割にその効果が比較的長時間持続すること，などが挙げられる。しかし一方で，RNAi法の弱点としては，完全な機能欠損とはならないこと，非特異的な影響を考慮する必要があること，などが挙げられる。また，長期間に渡る実験には不向きで，RNAiの効果はsiRNAの導入後最大でも1週間程度である。それ以上の長期的な細胞変化を見るためには，siRNAの導入を繰り返し行う必要があり細胞への負担が大きくなる。これまでにRNAi法による遺伝子機能阻害効果が報告されている生物種としては，昆虫や線虫，単細胞のトリパノソーマ，ヒドラ，プラナリア，ショウジョウバエ，トマト，タバコ，シロイナズナ，イネなどの植物，哺乳類では，マウス，ハムスター，ヒトの培養細胞，などが挙げられる。

### 8-1-2　アンチセンスRNA法

　正常の細胞内では，分子生物学のセントラルドグマであるDNA→mRNA→タンパク質という流れで遺伝子情報が伝達されるが，人工的に合成したアンチセンスRNAでこの遺伝子情報の流れを遮断（阻害）する方法を**アンチセンスRNA法**という。アンチセンスRNA法では，標的mRNAのリボソーム結合部位と翻訳開始コドンに相補的な配列を持つアンチセンスRNAを標的mRNAにハイブリダイズさせ，標的mRNAが翻訳されることを阻害する（図8-2）。アンチセンスRNA法の利点としては，解析が簡便かつ迅速で，細胞の増殖に必須な遺伝子に対しても適用可能である事が挙げられる。アンチセンスRNA法には，「**人工アンチセンスRNA法**」と「**発現アンチセンスRNA法**」の2種類がある。人工アンチセンスRNA法では，人工的に合成した核酸あるいは核酸類似体を培養液中に添加し，細胞に取り込ませる。発現アンチセンスRNA法では，細胞に導入した発現ベクターからアンチセンスRNAを転写させ，ゲノム遺伝子から転写される標的mRNAにハイブリダイズさせる。これにより，標的mRNAにリボソームが結合できなくなり，翻訳が行われずmRNAは機能できなくなる。発現アンチセンスRNA法は，大量培養を行うような場合に適している。一般的に，標的mRNAのリボソーム結合部位から開始コドン周辺にハイブリダイズするアンチセンスRNAを用いることで，良い結果が得られるとされている。しかし，発現アンチセンスRNA法には，標的mRNAの機能を十分に抑制しきれず，機能解析ができない

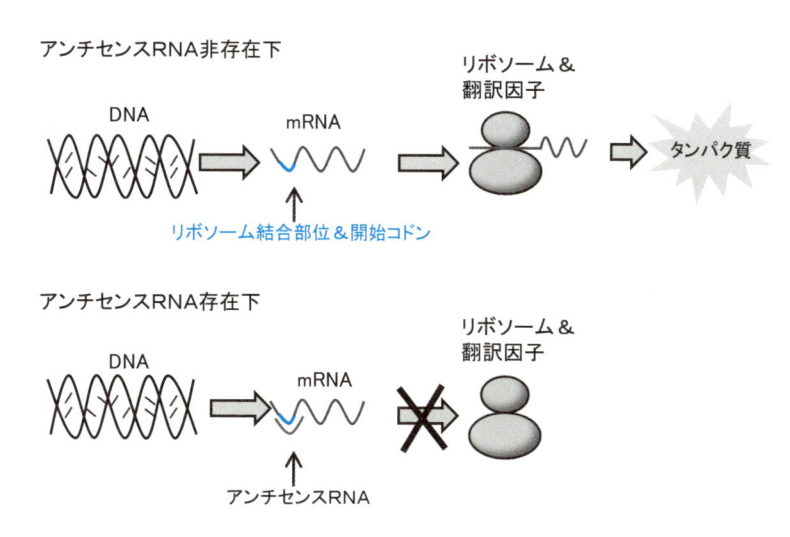

図 8-2 アンチセンス法による遺伝子発現抑制

場合もかなり多いという欠点もある。

　アンチセンス RNA の遺伝子阻害効果を調べることで，遺伝子が生合成過程においてどのような働きをするかを特定できるので，遺伝子機能ツールとして使用することができる。また，アンチセンス RNA は，特定の遺伝子が医薬品の発見に有望な候補であるかを判断するために役立ち，医薬品としての利用価値も高い。

### 8-1-3　モルフォリノアンチセンスオリゴ（MO）法

　モルフォリノ（Morpholino）アンチセンスオリゴ（MO）は，従来人工アンチセンス分子として広く用いられてきたホスホロチオエート型オリゴヌクレオチド（S-Oligo）などの問題点（特異性，安定性，配列決定の困難さなど）を克服した，細胞毒性のない第三世代のアンチセンスオリゴである。モルフォリノアンチセンスオリゴは，培養細胞への容易な導入方法が確立されており，遺伝学や薬物の標的分子の研究に広く使用されている。近年では，発生に関わる遺伝子の機能解析の最適なツールとして頻繁に用いられている。特に，アフリカツメガエル，ゼブラフィッシュ，ウニなどの受精卵にモルフォリノオリゴをマイクロインジェクションで導入することで標的遺伝子の発現を特異的に阻害でき，その使用例も数多く報告されている。

　モルフォリノアンチセンスオリゴの特徴として，以下の点が挙げられる。

① アンチセンスオリゴヌクレオチドはモルフォリノを骨格とし（図 8-3），DNase などのヌクレアーゼ耐性である。また，安定なためオートクレーブ滅菌することも可能である。

② モルフォリノオリゴと RNA の Tm 値は，天然 DNA と RNA の Tm 値より少し高い値を示し（他の核酸類似物質よりも実物に近い），安定した結合を形成する。

③ モルフォリノオリゴは RNA とのアフィニティが強く，標的 mRNA の二次構造の影響を受けずに目的の配列に結合するので，有効な配列設計が容易である。

④ モルフォリノオリゴは水溶性が高く，調製が容易である。

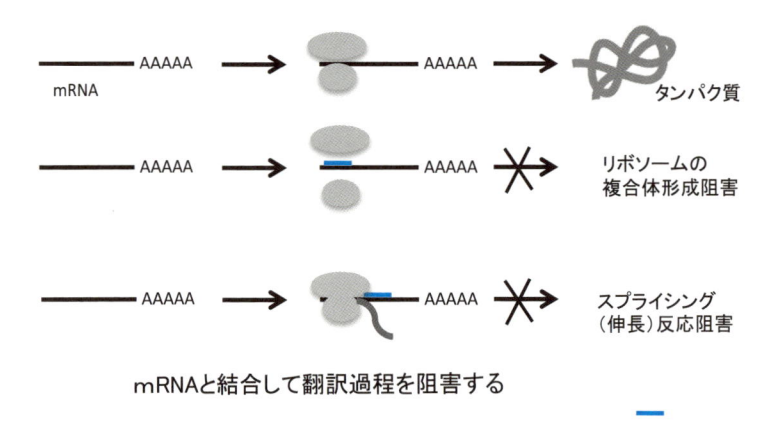

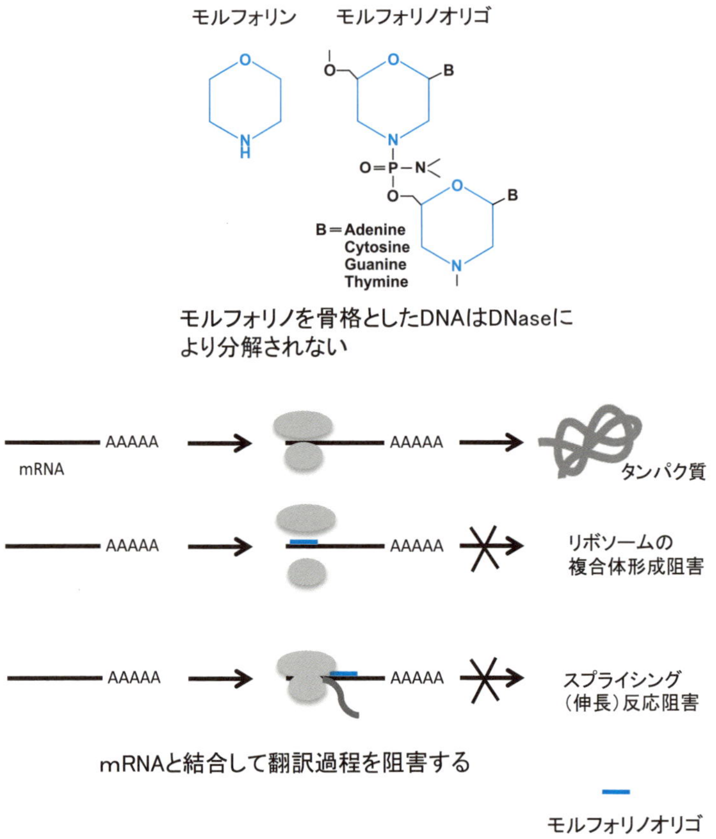

図 8-3　モルフォリノオリゴによるノックアウト法

⑤　モルフォリノオリゴはタンパク質に対する非特異的な結合を示さない。
⑥　モルフォリノオリゴは非常に高い確率でタンパク質の翻訳阻害効果を示す。
⑦　モルフォリノオリゴはmRNAのスプライシングを阻害する場合にも使用可能。pre-mRNAのエキソンとイントロンの境界領域を標的配列として，スプライシングを阻害しmRNAの成熟を不完全にする。

また，モルフォリノアンチセンスオリゴの問題点として，以下の点が挙げられる。

①　本当に目的の遺伝子の発現を阻害しているのかを，抗体などを用いて目的タンパク質量の変化で評価する必要がある。
②　スプライシング阻害した結果，恒常的活性（constitutive active）型や優性劣性（dominant negative）型の性質を示すタンパク質を生じる可能性もある。
③　フィードバック制御により，目的遺伝子のmRNA発現量が増加することがある。
④　モルフォリノアンチセンスオリゴはジーンツール（GeneTools）社の専売特許ということで高価格である。アメリカ国内では比較的安価で購入できるが，特に日本から購入する場合は高価である。それにも関わらず，複数のMOを作製して阻害効果を試す必要がある。

これらの問題点を克服するために，下記のような予備実験やコントロールの設定が必要である。
① 既存の形質転換体や遺伝子破壊体が入手可能な場合，それらとの表現型の比較を行う。
② スプライシング阻害のモルフォリノアンチセンスオリゴの場合は，RT-PCR でどの程度阻害されているかを検証する。
③ 1つの遺伝子につき2つのモルフォリノアンチセンスオリゴをデザインし，それぞれのオリゴにより同様の表現型が得られるか確認する。さらに，それぞれのオリゴのインジェクション量（添加量）を表現型が出ないレベルまで落とし，それを合わせて同時にインジェクションすることによる相乗作用で同様の表現型が出れば特定の遺伝子に効いていると判断できる。
④ mRNA で相補実験を行う。

**モルフォリノアンチセンスオリゴの使用例**
(1) mRNA のスプライシングを阻害する場合
　前駆体 mRNA のエキソンとイントロンの境界領域を標的配列として，スプライシングを阻害し mRNA の成熟を不完全にする。翻訳を阻害する場合と比較して，より高い濃度のモルフォリノオリゴが必要であるが，ノーザンブロッティングや RT-PCR 等の RNA レベルでの解析により阻害効果を確認することが可能である。特定のスプライシングバリアントに対する発現阻害も可能である（複数のスプライシング産物に対して特定のものにのみ作用し，阻害効果を発揮する）。
(2) タンパク質の翻訳を阻害する場合
　mRNA の 5'-キャップ部位から開始コドンの約 25 塩基下流までの領域を標的配列として，翻訳開始複合体を立体的に阻害する。大抵の場合，標的遺伝子に対して1つのモルフォリノオリゴをデザインするだけで非常に高い確率でタンパク質の翻訳阻害効果が得られる。

## 8-2　ts デグロン法

　細胞内でのタンパク質の機能解析をする場合，標的タンパク質の発現を抑制し，それにより引き起こされる現象を観察することは非常に有効な手法である。タンパク質の発現を抑制するために，これまでに様々な手法が用いられてきた。しかし，動物培養細胞レベルでごく短時間に効率よく特定の標的タンパク質の発現の抑制を行う汎用性の高い手法はあまり知られていない。出芽酵母や分裂酵母を代表とする酵母など温度適応性の高い生物種においては，これまで温度感受性 (temperature sensitive:ts) 変異株をはじめとする条件致死突然変異体の作成が広く行われてきた。条件致死突然変異体では，許容性条件下では遺伝子の機能を保持しているが，非許容性条件下ではその機能が欠け致死性を示す。ts 突然変異体の場合，ミスセンス突然変異から生ずるアミノ酸置換がタンパク質を部分的に不安定化し，その三次元的保全性が比較的低温（許容温度）においてのみ保持されるようなる。ts 突然変異体のような条件致死突然変異体を用いることにより，遺伝子産物の不活性化により起こされる現象の観察が可能となり，とりわけ必須遺伝子の解析に威力を発揮する。しかし，ランダム変異導入などによる温度感受性などの条件致死変異株の作製に

## 8章 遺伝子のノックダウン技術

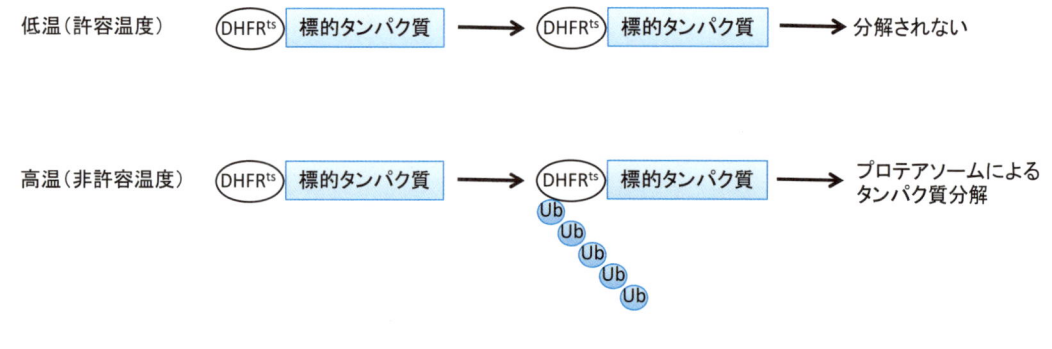

低温（許容温度） DHFR<sup>ts</sup>—標的タンパク質 → DHFR<sup>ts</sup>—標的タンパク質 → 分解されない

高温（非許容温度） DHFR<sup>ts</sup>—標的タンパク質 → DHFR<sup>ts</sup>—標的タンパク質-Ub-Ub-Ub-Ub-Ub → プロテアソームによるタンパク質分解

図 8-4　ts デグロン法の概略

は，かなりの労力と時間が必要である。そこで，高温下で不安定化する ts デグロンタグを導入することにより，温度感受性変異株を作成する方法が開発された。ts デグロンタグとして，熱誘導性 N-デグロンモジュールを用いることにより，ts 突然変異体を生成することが可能になった。N-デグロンとは細胞内タンパク質分解シグナルであり，その必須の決定基は基質タンパク質の特定の不安定化 N-末端アミノ酸残基である。種々の不安定化残基を含む 1 組の N-デグロンは，タンパク質の生体内半減期をその N 末端残基の同一性と関連付ける N-末端則として現れる。具体的な熱誘導性 N-デグロンモジュール例として，N-末端 Val が Arg に置換された 21 kD のマウスジヒドロ葉酸レダクターゼの温度感受性変異体（Arg-DHFR$^{ts}$）がよく用いられている。熱誘導性 N-デグロンモジュールを目的のタンパク質（又はペプチド）の N-末端残基に連結させると，得られた融合タンパク質は非許容温度において N-末端則経路により容易に分解されるが，許容温度においては分解されない（図 8-4）。この ts デグロン法の特徴は，温度変化を引き金として短時間に特異的にタンパク質分解を引き起こすことを可能とする点にある。原理的には培養細胞を含む他の真核生物にも応用できるはずである。しかし，実際にはそれぞれの生物の至適増殖温度の違いや培養細胞の温度変化に対する脆弱性から，この方法が酵母以外の生物種で用いられた報告例はまだない。

　ごく最近，標的タンパク質をオーキシン（インドール-3-酢酸：IAA など（図 8-5 参照））依存的に分解するシステムが新たに開発された。このシステムは，植物細胞がオーキシン応答に伴って特定のタンパク質を速やかに分解することに着目したものであり，この分解系を他の生物に移植することで標的タンパク質をオーキシン依存的に分解するというものである。植物細胞では，植物ホルモンの 1 つであるオーキシンによって AUX/IAA タンパク質群がポリユビキチン化され，その後速やかにプロテアソームによって分解されることが知られている。このポリユビキチン化には，SCF-TIR1 複合体というユビキチン化酵素が関与しているが，オーキシンは F-box タンパク質の一種である TIR1 を活性化する働きを持つ。全ての真核生物は，残りの SCF のサブユニット（Cullin-Skp1-Rbx1）を保存して保持しており，複数の F-box タンパク質を使い分けて様々なタンパク質をユビキチン化する。具体的には，標的タンパク質に分解タグ（auxin inducible degron（AID）タグ）を付加したタンパク質と植物由来の F-box 因子 TIR1 を同時に発現させる。オーキシンが存在しない場合は不活性であるが，オーキシンの添加により TIR1 が活性化し，AID タ

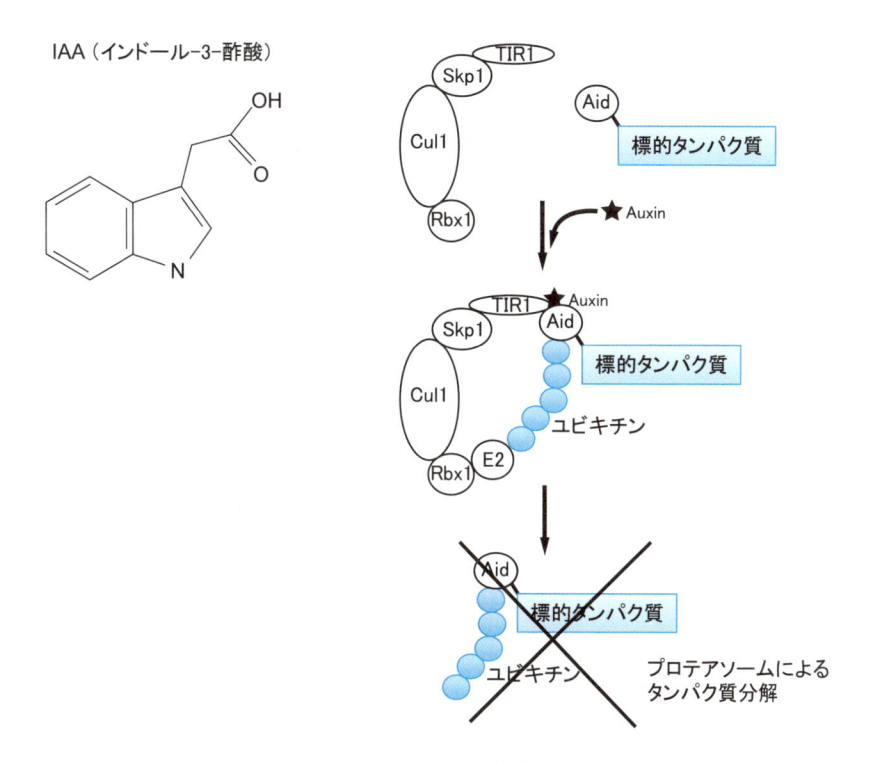

図 8-5 オーキシン誘導デグロンの概略

グに結合しポリユビキチン化を引き起こすことで，細胞内のプロテアソーム系を利用して標的因子を分解する（図 8-5）。

このオーキシン誘導デグロン（AID）は，温度変化を必要とせず，酵母だけでなく動物培養細胞でも機能することが確かめられており，今後の活用が大いに期待されている。

**参考文献**

1) Fire, A., *et al., Nature*, 391, 806-811（1998）

2) Dohmen, R.J.and Varshavsky, A., *Methods Enzymol.*, 399, 799-822（2005）

3) Varshavsky, A., *Cell*, 69, 725（1992）

4) Nishimura, K., *et al*., Nature Methods, 6, 917-922（2009）

# 9章　遺伝子産物の高発現

　工業レベルで有用タンパク質・酵素等を大量に，しかも効率的に取得することは極めて重要なことである．実験室レベルで目的とする酵素を得ることができても，工場レベルで大量に，しかも効率的に得ることができなければ，産業レベルでの利用は難しい．精製工程を簡略化するためにも，特定のタンパク質・酵素を大量に得ることは重要である．目的とする遺伝子産物を特異的に，しかも高効率に発現させることができれば，抽出，精製の段階で生じるコストが削減できる．遺伝子産物をたくさん取得するためには，効率の良い宿主ベクター系の利用が必要となる．しかし，異種の遺伝子産物が宿主にとって必ずしも良い影響を与えるわけではない．むしろ外来遺伝子の産物が宿主内で発現することが悪影響を与えることのほうが多い．宿主が生育している段階では外来遺伝子の発現を抑え，十分に細胞が増えた段階で外来遺伝子の発現をさせることができれば，こういった問題を回避できる．ここでは組換えタンパク質を高発現させることに主眼を置き，その技術について解説する．

## 9-1　微生物を利用する方法

　微生物を宿主にする利点の1つは培養を制御しやすいことにある．物質生産の場では大腸菌の利用が一般的である．モデル生物として古くから研究されており，細菌としての性質も詳しく研究されている．また，枯草菌には大腸菌にはない分泌能があり，生産物を培地中に分泌生産させる性質がある．このように微生物を宿主に用いる場合，その性質に見合った利用法が考えられている．

### 9-1-1　発現ベクターおよび宿主の選択

　発現ベクターと宿主微生物の組み合わせについてはいくつかある．今日，組換えDNA実験で認定されている宿主は大腸菌，枯草菌，酵母，アグロバクテリア，好熱菌 *Thermus* 属等である．これらの微生物は安全性が高く，また安定なベクターも開発されている．現在使われているベクターはクローン化された遺伝子の発現を調節できるような工夫が施されている．一般的に遺伝子の発現は複製，転写，翻訳の各レベルで調節されている．細胞が発現を必要としないときは，その遺伝子の発現は抑えられているが，これは不要な遺伝子の発現は無駄なエネルギーを消費するばかりか宿主細胞に有害な場合もあるからである．外来遺伝子の高発現を達成するには，目的とする遺伝子のコピー数が多く，転写量が多く（mRNAが多く），翻訳効率の高い方が望ましい．そのためには高いコピー数のプラスミド，強力なプロモーター，高効率の翻訳を実現する安定な

リボソーム結合部位などが重要になる。

### 9-1-2　外来遺伝子の転写段階での制御

転写産物（mRNA）が多いほど，高発現が期待できるが，産物によってはその蓄積が宿主の生育に悪影響を与える場合がある。そこで宿主が増殖する過程では遺伝子の転写を抑えておき，細胞数が十分に増えてから転写を誘導する。こうすることで宿主細胞へのストレスを最小限に留めることができる。誘導のスイッチは，**ラクトースオペロン**の制御システムを利用することが多い。ラクトースオペロンについては前章で紹介した。ラクトースがないとき，リプレッサータンパク質はオペレーターに結合してラクトースプロモーターからの転写を抑えている。リプレッサーはアロステリックタンパク質であり，エフェクターであるラクトースと結合すると構造変化が引き起こされる。培地にラクトースがあるとリプレッサーはラクトースと結合，構造変化を起こし，オペレーターに結合できなくなる。するとラクトースプロモーターからの転写抑制は解除され，$\beta$ ガラクトシダーゼの遺伝子の転写が行われる。ラクトースは $\beta$ ガラクトシダーゼで分解されるとグルコースとガラクトースが生成され，グルコースによるカタボライト抑制が起こり，転写は抑えられる。そこで考えられたのはラクトースの**構造類似体（アナログ）**の利用である。**Isopropyl-$\beta$-D-thio-galactopyranoside（IPTG）**はラクトースと同様にリプレッサーに結合し，構造変化を起こすが，分解されない。そこで遺伝子の誘導発現にはラクトースではなく IPTG を用いる場合が多い。

また，プロモーターとしてラクトースオペロンのプロモーターよりも強力な転写活性をもつものが使われることが多い。代表的な例として大腸菌の**ビルレントファージ**（溶菌性のファージ）である T 系ファージのプロモーターを用いる場合がある。プラスミド pQE81L を例に取り，遺伝子誘導のメカニズムを紹介しよう。pQE には大腸菌での安定な複製に必要な ColE1 由来の複製領域，抗生物質アンピシリン耐性を付与する $\beta$ ラクタマーゼの遺伝子が存在する。このため pQE で形質転換された大腸菌は，アンピシリンの $\beta$ ラクタム環を破壊するためアンピシリン培地で生育する。pQE81L にクローン化された遺伝子は，バクテリオファージ T5 の強力なプロモーターにより転写される。転写誘導を調節するためにプロモーターの下流には，ラクトースオペロンのリプレッサー結合部位であるオペレーターが 2 個並ぶ。このため誘導物質の添加されない状態では，リプレッサーがオペレーターに結合して転写を抑える。pQE は多コピープラスミドであり，細胞内に複数コピー（20 コピー以上）存在する。そのため，大腸菌の染色体に由来するリプレッサーだけでは T5 プロモーターの転写抑制をするのに十分ではなくなる場合がある。そこで pQE プラスミド上にもリプレッサーの遺伝子（*lacI*）が存在し，常時リプレッサーを供給し，リプレッサー不足を防いでいる。特に *lacI*$^q$ は *lacI* 遺伝子のプロモーター領域に変異を有し，リプレッサーの合成量が増加した変異である。リプレッサー不足による抑制漏れを防ぐために *lacI*$^q$ が利用されることは多い。IPTG が添加されるとリプレッサーが不活化され，T5 プロモーターからの転写が誘導されるため，多量の mRNA が細胞内に合成される。プラスミド pQE は，目的のタンパク質遺伝子をクローンニング部位に挿入することで，タンパク質のアミノ末端に 6 個の His 残基を付加させて大量発現させる。このため簡易精製が容易になる。このことについては後述する（図 9-1）。

9章　遺伝子産物の高発現

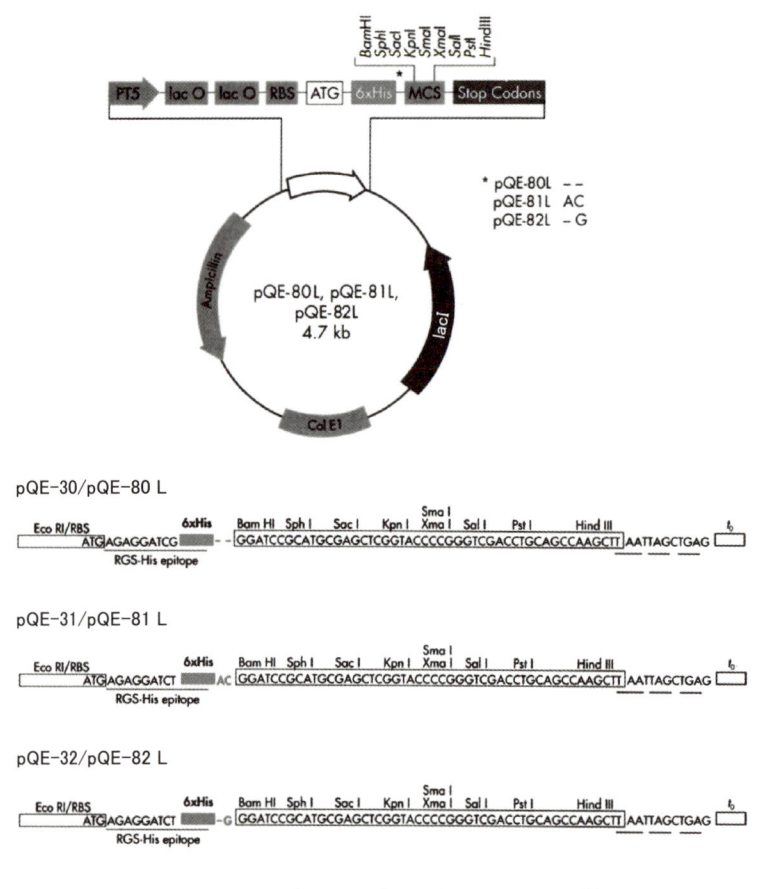

図9-1　pQE プラスミドベクター（QIAGEN 社）

　さらに強力な転写活性をもつのが T7 プロモーターである。T7 プロモーターは大腸菌の RNA ポリメラーゼでは認識されず，T7 ファージの RNA ポリメラーゼによって認識される。T7 プロモーターを用いて誘導発現を行うには宿主とプラスミドベクターに少し複雑な細工が必要である。ここではプラスミド pET と大腸菌 BL21(DE3) のシステムを紹介しよう。大腸菌 BL21(DE3) 株は T7 ファージの RNA ポリメラーゼの遺伝子を宿主に持っており，その転写調節はラクトースオペロンのプロモーターとオペレーターでなされる。つまり IPTG が添加されるとリプレッサーが不活化され，T7 ファージの RNA ポリメラーゼが発現する。pET も多コピープラスミドであり，リプレッサーが不足する場合がある。そこで BL21(DE3) 株にもリプレッサーを高発現させるための変異（$lacI^q$）が導入されており，非誘導時のリプレッサー不足を防ぐ。プラスミド pET には遺伝子のクローニング部位上流に T7 プロモーターがある。このため非誘導条件下では BL21(DE3) の細胞内に T7RNA ポリメラーゼは発現せず，プラスミド pET 上の T7 プロモーターからの転写も起こらない。T7 RNA ポリメラーゼは T7 ファージがコードしているリゾチームによっても不活化される。そのため，あらかじめ T7 リゾチームの遺伝子を大腸菌細胞内で発現させておき，非誘導時にわずかに漏れて出る T7RNA ポリメラーゼを抑える。IPTG が添加される

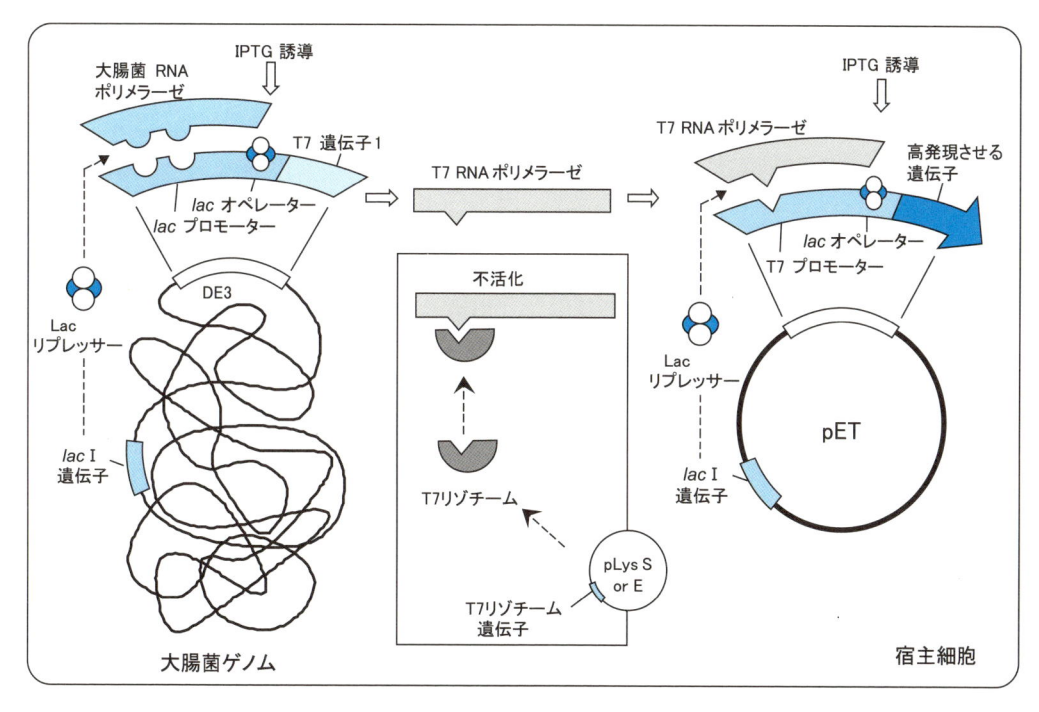

図 9-2　T7 プロモーターを利用したタンパク質発現系の概略図

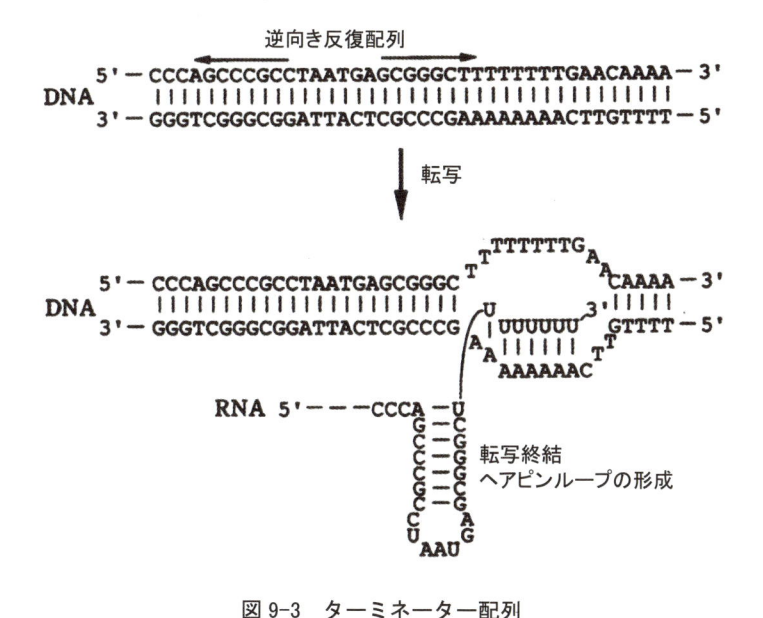

図 9-3　ターミネーター配列

と T7RNA ポリメラーゼが発現し，それに伴い pET 上の T7 プロモーターからの転写も起こる（図 9-2）。

　遺伝子の発現効率と mRNA の安定性には相関があり，寿命の長い mRNA は翻訳に使われやす

く高発現に適している。例えば，βラクタマーゼ遺伝子（*bla*）と外膜タンパク質遺伝子 *ompT* はほぼ同じ長さであるにもかかわらず，*ompT* 遺伝子の mRNA は *bla* 遺伝子の mRNA に比べて約 10 倍長い半減期を有する。半減期を長くするためには，mRNA が RNA 分解酵素（RNase）による攻撃を受けにくくするのが効果的である。転写終結にはターミネーターという転写終結信号が必要だが，ρ 因子非依存性のターミネーターは安定なステムループ構造を取るため，末端からの RNase による消化を受けにくい。いくつかの発現プラスミドにはクローニング部位の下流にターミネーターが配置されているが，これは転写終結とともに mRNA を安定化させる意図がある（図9-3）。

### 9-1-3　外来遺伝子の翻訳段階での制御

遺伝子の発現は翻訳段階でも制御されている。翻訳はリボソーム 30S 粒子が mRNA 上に結合することから始まる。特に 16S rRNA と mRNA の安定な結合は翻訳開始に重要だ。16S rRNA と mRNA の結合部位は Ribosome-Binding Site（RBS）または Shine-Dalgarno 配列（SD 配列）と呼ばれる。SD 配列は 5'-GGAGG-3' を中心とする 16S rRNA の周辺配列を指す。SD 配列の強さとは 16S rRNA と mRNA との結合安定性を示し，一般的に塩基対の自由エネルギー変化量（$-\Delta G$）で表現する。遺伝子によってはいくら転写量が多くても SD 配列が弱い，つまり SD 配列と mRNA との安定性が低いと翻訳されず，発現しない。大腸菌では $-\Delta G$ が 6〜13 kcal/mol であるのに対し，枯草菌では 12〜22 cal/mol のエネルギーが必要である。また SD 配列と開始コドンまでの距離は 4 bp〜9 bp が良いとされている。mRNA 上で SD 配列と周辺領域が塩基対を形成し，ヘアピン状の構造をとることがある。この場合，SD 配列が 16S rRNA の結合に相応しい配列を持っていても効率的に利用されない。mRNA が，構造遺伝子内で二次構造を形成する場合も翻訳阻害が起こることがある。また，構造遺伝子内に形成される mRNA の二次構造も翻訳効率に影響を与える。過去にプロテアーゼ遺伝子に塩基置換を行い，アミノ酸配列を変えないで人為的なステムループ構造をつくらせ，翻訳効率への影響を調べた研究がある。それによると mRNA の二次構造の自由エネルギー変化量（$-\Delta G$）が 20 kcal/mol を越えると翻訳効率が著しく低下することが報告されている。

翻訳影響を与える要因としてコドンの利用性の問題がある。表 9-1 には大腸菌と動物でのコドン利用性の違いを示すが，アミノ酸によっては複数のコドンを有する場合がある。コドンの使われ方は生物種によって異なる。例えば大腸菌ではイソロイシンをコードするコドンは AUA，AUC，AUU があるが，遺伝子中で AUA の利用されている頻度は他の 2 つに比べて極端に低い。このような利用頻度の低いコドンをレアコドン（rare codon）という。宿主によってレアコドンは頻出し，その影響を受けることは多々ある。例えば大腸菌を宿主とする場合，イソロイシンに相当するコドンが大腸菌にとってのレアコドンである AUA によってコードされていた場合，翻訳効率は著しく低下する。この問題回避には，あらかじめ宿主のコドン利用性を考慮して塩基置換（コドン置換）を行っておくとよい。また，レアコドンの翻訳効率を改善するために宿主にそのアミノ酸に対応する tRNA の遺伝子を強制発現させる場合もある。このような改良型宿主はいくつか作製されており，組換えタンパク質発現の現場で活躍している。

表 9-1 大腸菌と酵母でのコドン利用性の違い

| 大腸菌 *Escherichia coli* | | | | | | 酵母 *Saccharomyces cerevisiae* | | | | | |
|---|---|---|---|---|---|---|---|---|---|---|---|
| Arg | | Leu | | Ser | | Arg | | Leu | | Ser | |
| CGU | 37.7% | UUA | 13.0% | UCU | 14.6% | CGU | 14.1% | UUA | 27.5% | UCU | 26.0% |
| CGC | 39.7% | UUG | 12.9% | UCC | 14.9% | CGC | 6.0% | UUG | 28.0% | UCC | 15.7% |
| CGA | 6.5% | CUU | 10.4% | UCA | 12.3% | CGA | 7.1% | CUU | 13.2% | UCA | 21.1% |
| CGG | 10.0% | CUC | 10.5% | UCG | 15.4% | CGG | 4.2% | CUC | 5.9% | UCG | 9.8% |
| AGA | 3.9% | CUA | 3.7% | AGU | 15.2% | AGA | 47.1% | CUA | 14.2% | AGU | 16.2% |
| AGG | 2.2% | CUG | 49.5% | AGC | 27.6% | AGG | 21.5% | CUG | 11.2% | AGC | 11.2% |
| Ala | | Gly | | Pro | | Ala | | Gly | | Pro | |
| GCU | 16.2% | GGU | 33.7% | CCU | 15.9% | GCU | 36.7% | GGU | 45.2% | CCU | 30.9% |
| GCC | 27.0% | GGC | 40.3% | CCC | 12.4% | GCC | 22.2% | GGC | 19.8% | CCC | 16.0% |
| GCA | 21.2% | GGA | 10.9% | CCA | 19.2% | GCA | 29.7% | GGA | 22.6% | CCA | 40.7% |
| GCG | 35.6% | GGG | 15.1% | CCG | 52.5% | GCG | 11.4% | GGG | 12.4% | CCG | 12.4% |
| Thr | | Val | | Ile | | Thr | | Val | | Ile | |
| ACU | 16.6% | GUU | 25.8% | AUU | 50.6% | ACU | 34.2% | GUU | 38.6% | AUU | 46.0% |
| ACC | 43.4% | GUC | 21.6% | AUC | 42.1% | ACC | 21.2% | GUC | 20.1% | AUC | 25.8% |
| ACA | 13.1% | GUA | 15.4% | AUA | 7.3% | ACA | 30.6% | GUA | 21.8% | AUA | 28.2% |
| ACG | 26.9% | GUG | 37.2% | | | ACG | 14.0% | GUG | 19.5% | | |
| Asn | | Asp | | Cys | | Asn | | Asp | | Cys | |
| AAU | 45.1% | GAU | 62.7% | UGU | 44.1% | AAU | 59.6% | GAU | 65.2% | UGU | 62.0% |
| AAC | 54.9% | GAC | 37.3% | UGC | 55.9% | AAC | 40.4% | GAC | 34.8% | UGC | 38.0% |
| Gln | | Glu | | His | | Gln | | Glu | | His | |
| CAA | 34.7% | GAA | 68.8% | CAU | 57.2% | CAA | 68.4% | GAA | 70.0% | CAU | 64.2% |
| CAG | 65.3% | GAG | 31.2% | CAC | 42.8% | CAG | 31.6% | GAG | 30.0% | CAC | 35.8% |
| Lys | | Phe | | Tyr | | Lys | | Phe | | Tyr | |
| AAA | 76.4% | UUU | 57.3% | UAU | 56.8% | AAA | 58.3% | UUU | 59.4% | UAU | 56.8% |
| AAG | 23.6% | UUC | 42.7% | UAC | 43.2% | AAG | 41.7% | UUC | 40.6% | UAC | 43.2% |
| Met | | Trp | | Stop | | Met | | Trp | | Stop | |
| AUG | 100.0% | UGG | 100.0% | UAA | 63.0% | AUG | 100.0% | UGG | 100.0% | UAA | 47.3% |
| | | | | UAG | 7.7% | | | | | UAG | 22.9% |
| | | | | UGA | 29.3% | | | | | UGA | 29.8% |

## 9-1-4 外来遺伝子産物の回収技術

　組換えタンパク質を得る場合，除去しなければならないものは宿主である大腸菌に由来するタンパク質である。タンパク質は，アミノ酸がペプチド結合で重合した荷電性高分子で，種類によって電気的性質，疎水度，分子量（大きさ）が異なる。そこで，これらの条件でふるいにかけながら目的とするタンパク質のみを分取，精製していくのである。具体的には塩析，イオン交換クロマトグラフィー，疎水クロマトグラフィー，ゲル濾過クロマトグラフィーなどである。各操作については2-4を参照していただくとして，ここでは各操作を行う前に取り組むべき作業について述べたい。

## 9-1-5　プロテアーゼ活性の阻害

　タンパク質は発現後，宿主細胞内で安定に維持されるとは限らない。すべての細胞はプロテアーゼを持っており，異種タンパク質はその標的となりうる。本来，宿主細胞が有しているタンパク質においても，不必要な蓄積を抑えるため，ある一定量以上，合成されたものは分解される。特に正しく高次構造が形成されなかった分子（フォールディングがなされなかったタンパク質分子）は，プロテアーゼにより消化される。大腸菌では膜にプロテーゼ OmpT が存在する。そこでこのプロテアーゼ遺伝子の変異体が開発された。$ompT$ が機能しないように改変された大腸菌 BL21 株はその1つである。BL21 株では異種遺伝子が発現されたときでも分解されにくく細胞内に生産物が蓄積されやすい。

## 9-1-6　分泌技術

　組換えタンパク質を大腸菌で発現させた場合，生産物の大部分は細胞内に蓄積する。大腸菌は内膜と外膜の2つの膜を有し，その間にはペプチドグリカンからなる層がある。この強固な表層膜構造のため，細胞内で作られたタンパク質は分泌されない。図 9-4 には大腸菌と枯草菌の細胞表層構造の違いを示した。一方，枯草菌を中心とする *Bacillus* 属細菌は外膜を持たない。*Bacillus* 属細菌は多くの分泌酵素を持っている。糖質産業ではアミラーゼを中心とする糖加工用酵素が用いられるが，多くは *Bacillus* 属細菌が分泌生産したものである。*Bacillus* 属細菌もしばしば宿主に利用されることがあるが，それは分泌能力を活かすためである。特に *Brevibacillus*（旧 *Bacillus brevis*）は分泌能力が高く，分泌生産が期待できる。生産物を菌体内に蓄積せず，培地中に放出することにはいくつかのメリットがある。まず産物の菌体内蓄積による宿主の生育阻害を最小限に抑えることができることである。外来遺伝子産物は，宿主にとって好ましいものではない。細胞内に蓄積されることで宿主の生育が著しく抑えられる場合がある。ところが分泌させれば産物の影響は起こらない。もう1つのメリットは精製を容易にすることである。菌体内には多くの種類のタンパク質が存在しており，この中から目的のタンパク質だけを単離精製するのは容易では

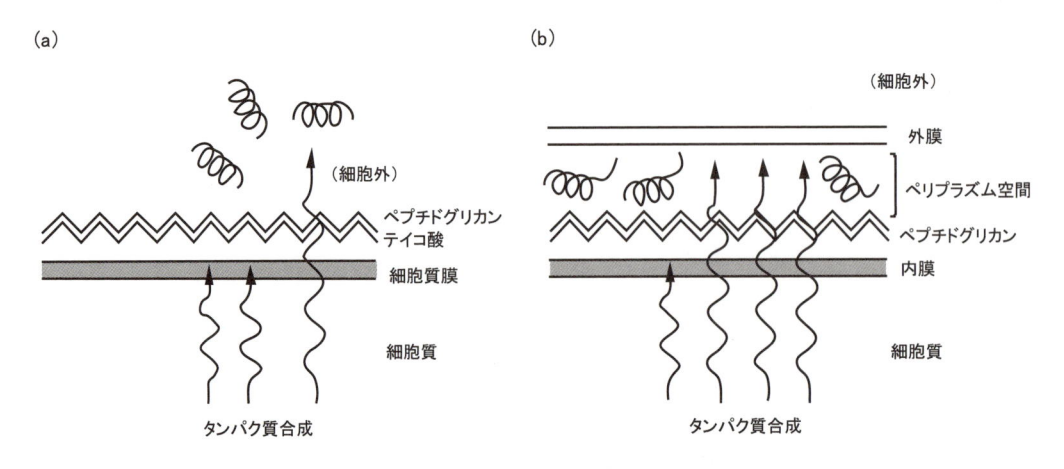

図 9-4　細菌の細胞表層構造の違い
(a) グラム陽性菌（枯草菌）　(b) グラム陰性菌（大腸菌）

ない。菌体を破砕させるときに生じる酸化や分解の影響も考慮しなければならない。ところが分泌生産させた場合は，菌体を破砕する必要もなく培地中から精製を行うことができる。ただ，分泌生産を行う場合の問題点は宿主細胞がタンパク質分解酵素を生産していることである。枯草菌には中性プロテアーゼ，アルカリプロテアーゼという2つの主要な分泌型プロテアーゼがあり，これにより多くのタンパク質が分解されてしまう。プロテアーゼ遺伝子を不活化し，分泌宿主として改良しようとする試みもなされている。

### 9-1-7 融合化による回収技術

　His残基が連続するとニッケルニトリロ酢酸（Ni-NTA）は図2-27に示すように$Ni^{2+}$イオンを介して金属キレートを形成する。この結合は強力であり，特異性が高いことからHis残基の連続するタグ（Hisタグ）を有するタンパク質分子を特異的に吸着させることができる。また，イミダゾールはHisに対して構造類似性が高いことから，添加することでキレート効果による結合を解除し，結合しているタンパク質を放出する。この性質を利用して精製を行いたいタンパク質のアミノ末端，あるいはカルボキシル末端にHisタグを融合しておくと，Ni-NTAが固定されたカラムに特異的に吸着する。ただ，Hisタグ融合タンパク質をNi-NTAカラムに結合させるには，His残基がタンパク質分子表面に露出している必要がある。タンパク質によってはHisタグ部分が分子内部に埋め込まれて吸着しない場合がある。そこで塩酸グアニジンや尿素といった変性剤を用いて高次構造をほぐし，タンパク質をひも状に変換する。Hisタグを露呈させることでNi-NTAへの結合が可能になる。融合化は高効率にタンパク質の精製が可能なため，遺伝子機能の解析手法として汎用されている。（図9-5）一般的にHisタグを付加する際に，pQE81L（図9-1）など専用のプラスミドベクターを利用する。クローニング部位の上流あるいは下流にHisを付加するDNA配列があり，クローン化された遺伝子の頭部あるいは尾部にHisが連なった融合タンパク

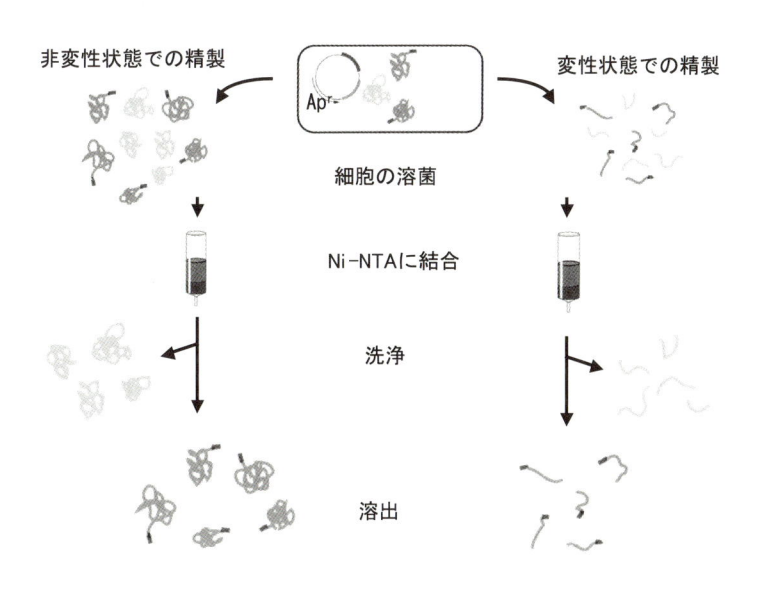

図 9-5　Hisタグ融合タンパク質の精製

質が発現する。

## 9-2　昆虫の培養細胞を利用する方法

　前項では微生物を用いたタンパク質発現系について説明を行った。昆虫のタンパク質発現系は，主に発現用ベクターとしてバキュロウイルスが用いられ，宿主としては *Spodoptera frugiperda*（ヨウトガ）のさなぎの卵細胞から単離されたSF細胞が有名である。またカイコを用いたタンパク質発現系も知られている。その他には *Drosophila melanogaster*（キイロショウジョウバエ）由来のSchneider 2（S2）細胞と発現用プラスミドベクターを組み合わせた系（Drosophila Expression System/DES®）も市販されている。本項では特に一般的に使われることの多いバキュロウイルスを用いたタンパク質発現系について解説を行う。

　昆虫細胞を用いるタンパク質発現系の利点としては，① タンパク質の翻訳後修飾が脊椎動物に似ている（発現産物のリン酸化，脂肪酸の付加，シグナルペプチド認識・切断と分泌等が起こる），② 利用するウイルスが哺乳動物に感染しないため，安全性が高い，③ 大腸菌程ではないものの，比較的発現量が多い，④ 複数のタンパク質を同時に発現させ，複合体を形成することが可能，⑤ 動物細胞培養時に必要な$CO_2$インキュベーターが不要，等が挙げられる。特に利点 ① は大腸菌の翻訳系では不可能であり，真核生物由来のタンパク質を発現させる際には大きな利点となる。また逆に問題点として，（i）操作が複雑で熟練を要すること，（ii）また利点 ① に対し，哺乳動物と同じ修飾が必ずしも起こるとは限らない，等が挙げられる。この問題点（i）では，無菌操作が必要である事はもちろん，後述のプラークアッセイは特に熟練を要すると言われている。

### 9-2-1　バキュロウイルス

　バキュロウイルスとは，昆虫や甲殻類などの節足動物に感染するバキュロウイルス科に属するウイルスの総称である。これらは80-180 kbの二本鎖DNAをゲノムとして持ち，100を超える遺伝子をもつ大型のウイルスである。このバキュロウイルスは，1個または複数のウイルス粒子（ヌクレオカプシド）が膜（エンベロープ）に包まれており，封入体が大型の多角体（polyhedra）となる核多角体病ウイルス（Nuclear Polyhedorosis Virus：NPV）と，小型の顆粒体を形成する顆粒病ウイルス（granulosis virus：GV）の2属が知られている。一般に昆虫におけるタンパク質発現用ベクターとして用いられるのはNPVの方であり，ヤガ科由来の *Autographa californica multiple*-NPV（AcM-NPV）が主に使用されている。またカイコ由来の *Bombix mori*-NPV（BmNPV）が使用されることもある。タンパク質の発現には，多角体の成分であるポリヘドリン（多角体の成分）をコードする遺伝子のプロモーターを利用し，感染後細胞内に大量に発現させる。多角体はウイルスが安定に自然界に存在するためには必須であるが，ウイルスの増殖自体には必要ない。そのためポリヘドリン遺伝子を発現させたい遺伝子と置換することで，組換え型タンパク質を細胞内に大量発現させることができる。またポリヘドリン同様，感染後に大量発現するP10タンパク質をコードする遺伝子のプロモーターも，高発現に用いられる。

### 9-2-2　宿主昆虫細胞

大量発現に用いられる細胞としては，ヤガ科の *S. frugiperda* の蛹の卵巣組織由来の Sf 9 細胞や Sf 2 細胞，また同じヤガ科に属する *Trichoplusia ni*（イラクサギンウワバ）の胚組織由来の High Five™ 細胞（Invitrogen 社）が有名である。Sf 9 細胞は Sf 21 細胞のサブクローンであり，Sf 21 細胞よりも生育がよい細胞として選抜された。Sf 9 細胞の方が小さく扱いやすいが，Sf 21 細胞を用いた方がタンパク質の発現量が増加することもある。しかし基本的に Sf 9 細胞と Sf 21 細胞の使用法には差はない。また Invitrogen のカタログによると，High Five™ 細胞の方が Sf 9 細胞や Sf 21 細胞より生育が早く，分泌タンパク質の生産能力が Sf 9 細胞の 5 ～ 10 倍上昇するとされている。

また昆虫細胞での発現系では，様々な翻訳後修飾は起こるが，哺乳類でみられる N 型糖鎖修飾は起こらない。これに対し，糖転移酵素がコードされた遺伝子を導入し，糖鎖修飾が起こるようにした細胞（Mimic™ Sf 9 Insect Cells，Invitrogen）も市販されている。

### 9-2-3　組換え型バキュロウイルスの調製とタンパク質の発現

組換え型バキュロウイルスの作製のために，様々なキットなどが販売されている。キットによってウイルスの調製方法には多少の差異があるが，本項では基本的な流れを紹介する。

前述の通りバキュロウイルスのゲノムサイズは大きい。そのため直接ウイルスに目的のタンパク質をコードする遺伝子を組み込むことはできない。そこでまず専用のトランスファーベクターと呼ばれるプラスミドに目的遺伝子を挿入する。このトランスファーベクターには，トランスポゾン（Tn7 遺伝子など）やバキュロウイルスとの相同領域が存在するなど，ウイルスに組み込まれるための"仕掛け"がしてある。このトランスファーベクターとウイルス遺伝子両方を昆虫細胞内にいれ，トランスファーベクターからウイルスへ目的遺伝子を転移させる。（図 9-6）また昆虫細胞以外にも大腸菌細胞内で組換えを発生させるシステム（Bac to Bac® Baculovirus Expression System，Invitrogen）や，試験管内等で組換えを起こす方法（BaculoDirect™ Baculovirus Expression System）などもある。こうして調製されたバキュロウイルスには，うまく遺伝子が導入されたものと導入されなかったものが存在する。一般に環状ウイルス DNA を用いた場合，組換えウイルスが得られる可能性は 1％以下である。そこで組換え型ウイルスのみを取得するために，ウイルスの純化が必要になる。この方法としては形成するプラークの色によって組換え型ウイルスかどうかを判別するプラーク法が一般的であるが，この手法はかなりの熟練を要する。このように組換え型ウイルスの取得確率が低いという問題に対し，線上ウイルス DNA を用いることで組換え体を取得しやすくした（形質転換体取得率は 30 ～ 50％程度）ものや，ウイルス形成に必須の遺伝子をプラスミドの方に載せることで，うまく遺伝子がウイルスへ導入されない限りウイルスが形成されないシステム（形質転換体取得率はほぼ 100％），組換え型ウイルス中に *lacZ* が存在するためプラークが青白選択可能となっているシステム（Bac-N-Blue™ System，Invitrogen）も販売されている。このように高確率で組換え型ウイルスを取得することが可能になっているが，このようなシステムを用いた場合も，目的タンパク質が発現することを確認してから，次の実験に進むようにするべきである。その後，培養スケールを大きくしてウイ

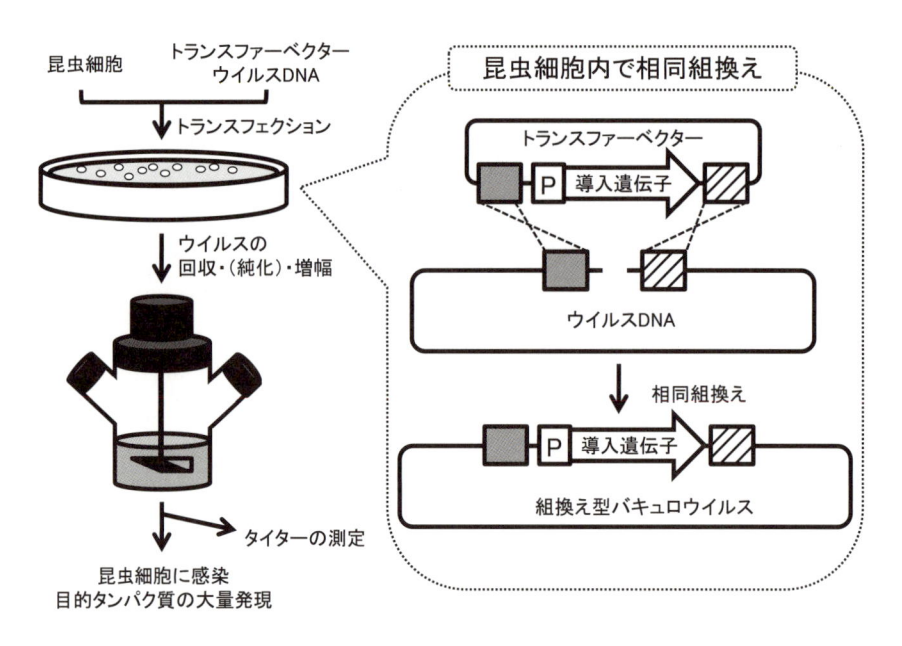

図9-6 昆虫細胞を利用したバキュロウイルスへの目的遺伝子の組込み

ルスを増やし，高タイター（タイターはウイルスの感染力を示す指標）のウイルスストックを取得する。

効率的にタンパク質を取得するためには，発現条件の検討が重要である。感染期間（発現のタイムコース），添加するウイルスと細胞数の比（MOI/multiplicity of infection），使用する細胞の密度などについて検討を行う。細胞内に発現させる場合は細胞を，分泌型タンパク質を発現させたなら培養上清を回収し，2-4 に記したような操作によりタンパク質の精製を行う。

## 9-3 *in vitro* 無細胞発現法

タンパク質を大量に手に入れる手法としては，前述のように，大腸菌や酵母，昆虫（バキュロウイルス）の培養細胞を形質転換して大量発現させる系が一般的である（3章および9-1, 9-2を参照）。この手法はコストが安く，タンパク質を大量に生産することが可能である。しかし，細胞毒性のあるタンパク質の発現などは困難である。このような従来の *in vivo* のタンパク質発現系に対して，*in vitro* のタンパク質発現系（無細胞翻訳系）がある。この無細胞翻訳系は，毒性タンパク質の発現も可能であるし，発現により細胞毒性を引き起こす可能性がある膜タンパク質の発現にも向いている。また非天然アミノ酸を含むタンパク質の合成や，標識化されたアミノ酸の導入にも有効な手法である(9-3-6)。さらにPCR産物をそのまま鋳型にすることも可能であり，短時間で合成反応を完結することができるなど，時間節約が可能である。このように様々な利点をもつ無細胞翻訳系であるが，以前はタンパク質の合成量が非常に少ないという問題があった。

無細胞翻訳系は，細胞内のリボソームによるタンパク質合成を再現したものである。しかしタンパク質合成には様々な分子が必要になる。図9-7に示す通りポリペプチドの合成反応には翻訳

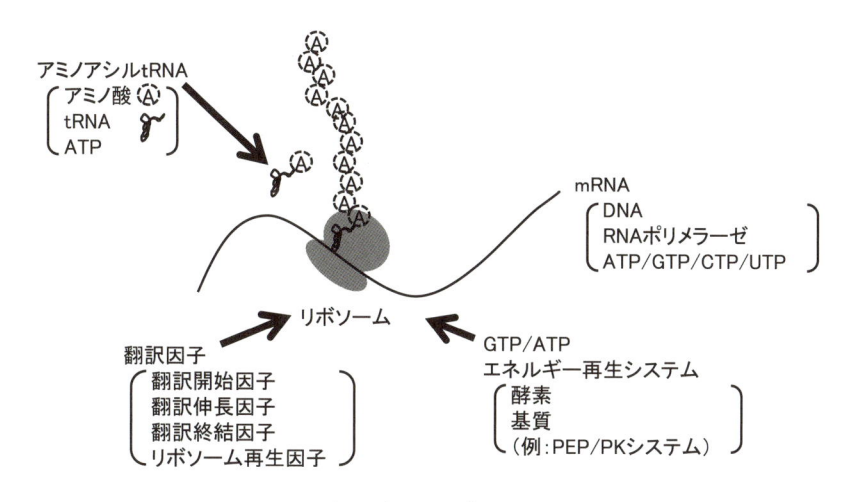

図 9-7　タンパク質合成に必要な因子

開始因子や翻訳伸長因子，翻訳終結因子など様々な翻訳因子に加え，翻訳終結したリボソームのリサイクルを司るリボソーム再生因子も必要になる．タンパク質合成の場，リボソームは50種を超えるリボソームタンパク質群と複数のリボソームRNAから構成されている．さらにタンパク質合成には20種のアミノアシルtRNAも必要なので，これらを合成するため各種のアミノアシルtRNA合成酵素も必須になる．また原核生物の場合，開始のメチオニンはホルミル化されている必要があるので，メチオニルtRNAホルミル転移酵素が必要である．このようにタンパク質の合成は，DNAの複製やRNAへの転写に比べ，かなり複雑であり，再現が難しい．本項ではこの無細胞翻訳系について説明を行う．

## 9-3-1　S30画分を用いた無細胞翻訳系

一般的な無細胞翻訳系では，大腸菌やコムギ胚芽，ウサギ網状赤血球などの細胞から抽出された液を用いる．この抽出液は細胞破砕液の遠心分離後（30,000 g）の上清であり，一般にS30画分と呼ばれる．このS30画分には翻訳に必要なリボソームや翻訳因子各種，アミノアシルtRNA合成酵素，各種のtRNAが含まれている．このS30画分に，mRNA合成のためにRNAポリメラーゼとヌクレオチド（ATP，GTP，CTP，UTP）を添加したり，またタンパク質合成で使用されるエネルギー（ATPやGTP）の再生のために，エネルギー源となる基質を追加することで，タンパク質生産能力は上昇する．このような基質としてホスホエノールピルビン酸やピルビン酸，クレアチンリン酸が知られている．（図9-8）これらの基質はS30画分内にあるピルビン酸キナーゼやクレアチンキナーゼなどにより，ATP合成に利用される．また反応溶液を透析膜で包み，透析によりリン酸やADPなどの不要な成分を透析で除きながら反応を進める系（透析法）や，基質液を連続的に供給することでエネルギーの枯渇を防ぐ系など，反応方法についても研究がなされている．

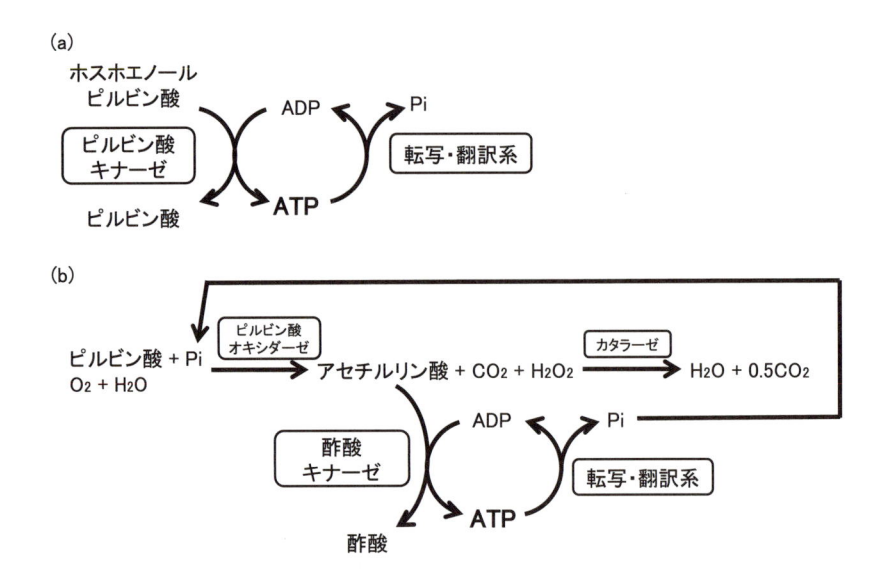

**図9-8 S30画分を用いた無細胞翻訳系内のエネルギー再生**
(a) ホスホエノールピルビン酸を用いたエネルギー再生 (b) ピルビン酸を用いたエネルギー再生

### 9-3-2 ウサギの網状赤血球系

網状赤血球とは通常，哺乳類の血球分化の過程で見られる赤血球の幼若型のことを指す。骨髄にある造血幹細胞から赤血球への分化運命が決定すると，エリスロポエチンに反応して数回の分裂を繰り返し，赤血球先駆細胞である正染性赤芽球となる。これが核を放出して血流中に出て来たもので，ヘモグロビン中に高塩基性物質を含むため，新鮮塗抹標本をフレッシュブルーで超生体染色すると，網状あるいは顆粒状の網状質染色像が得られる。このことからつけられた名称である。脱核から網状質消失までの時間は約40時間で，正常抹消血中に1～2%含まれる。網状赤血球は核を失っているため，そのライフタイム中mRNAはどんどん失われて行くが，mRNAの翻訳に必要な装置は完全に保存されている。貧血状態にしたウサギの抹消血から得られた網状赤血球を穏やかに破壊して得た抽出液は，外部からmRNAを加えると高活性にこれを翻訳することができる。同様の*in vitro*翻訳系はマウスやラットでも利用されているが，ウサギのものが一般に市販されて利用されている。市販品では通常，ヒト胎盤由来のRNase阻害剤RNasinが添加されており，mRNA分解を抑えるようになっている。この系で外来mRNAから翻訳できるタンパク質量は少なく，ライセートに含まれるタンパク質量が圧倒的に多い。そのため，翻訳産物を電気泳動等で解析するには，ウエスタンブロットを行うか，mRNAから*de novo*合成されたタンパク質を標識することが必要である。標識には35Sメチオニンや$^{14}$Cロイシンなどの放射性同位元素を持つアミノ酸を使う場合と，ビオチン標識されたアミノ酸を取り込ませる方法もある。

### 9-3-3 コムギを用いた無細胞翻訳系

代表的なS30画分を用いた無細胞翻訳系として，コムギ胚芽を用いた実験系が挙げられる。この実験系は日本の研究グループを中心として研究が進められ，技術化された手法である。以下に

その概要を紹介する。

### (1) コムギ胚芽の洗浄

コムギ胚芽は発芽時に多量のタンパク質を合成するため，活性の高い翻訳因子を貯蔵している。このためコムギ胚芽は無細胞翻訳系の優れた材料であると考えられた。しかしコムギ胚芽無細胞翻訳系は不安定であり，すぐに活性を失ってしまうという問題があった。この原因は胚乳中にリボソーム不活性タンパク質や，ヌクレアーゼ，プロテアーゼ等タンパク質合成を阻害する因子が存在し，反応系に混入してくるためであった。そこで胚乳をきれいに水洗いして取り除き，それを破砕して得られたS30画分を用いることで，単位時間当たりの合成速度や反応の持続時間が著しく上昇した。

### (2) mRNA の構造

一般に真核生物由来のmRNAには，5'末端にCAP構造をもち，3'末端にポリ(A)構造をもつ。コムギ由来の無細胞翻訳系でもこのような構造を有するmRNAは効率良く翻訳される。しかしCAPアナログが高価である事や，未反応のCAPアナログが翻訳反応を阻害することなどから，別の5'末端翻訳促進領域の探索が必要となった。そこで注目されたのがタバコモザイクウイルスの5'非翻訳領域，Ω配列である。5'末端にCAP構造の代わりにΩ配列を用いると，下流にコードされるタンパク質の翻訳が促進する。さらにこのΩ配列の機能はポリA構造の役割も担うため，Ω配列さえあればCAP構造もポリ(A)構造，どちらも存在しなくても翻訳が起こる。加えてCAPアナログを使用したときに見られたような翻訳阻害が起こりにくく，きちんとしたRNAの精製が不要である。またΩ配列の他にΩ配列と同等の機能をもつ，ランダムライブラリーから人工的に選択されたエンハンサー配列として，E01及びE02が知られている。

さらにmRNAの3'末端のポリ(A)配列の代わりに，適当な長鎖の配列（0.5 kb程度）を付加することで，mRNAの安定性が増加することが分かっている。これはmRNAの分解が主に3'末端から起こるためだと考えられている。

### (3) 鋳型 DNA の調製

コムギ胚芽無細胞翻訳系では，プロモーターとしてSP6 RNAポリメラーゼに認識されるプロモーターが主に用いられている。そこでΩ配列等翻訳促進配列の前にSP6プロモーターを組み込み，さらに精製・レポータータグを組み込んだ専用発現ベクターが構築されている（pEUシリーズ／愛媛大学プラスミド）。

少ない種類のタンパク質を大量発現させる場合は発現用プラスミドを構築するのもよいが，多種多様なタンパク質を発現させる場合には，いちいちクローニングを行うのも手間である。そこでクローニングの手間すら省くために，PCRによりプロモーター配列や翻訳促進配列を組み込む手法（split-PCR法）が考案されている。（図9-9(a)）通常のPCR法ではプライマーは一組であるが，split-PCR法では片方の末端に複数のプライマーを用いる。具体的には図9-10(a)で示したようにプロモーター配列の一部（プライマー1），プロモーター配列の残りと翻訳促進配列（プライマー2），翻訳促進配列と転写したい遺伝子特異的な配列（プライマー3），プライマー1－3に相補的な向きのプライマー（プライマー4）を使う。このプライマー1と2のようにプロモーター配列を分離することで，不完全な転写産物による翻訳を減少させることができる。

9章　遺伝子産物の高発現

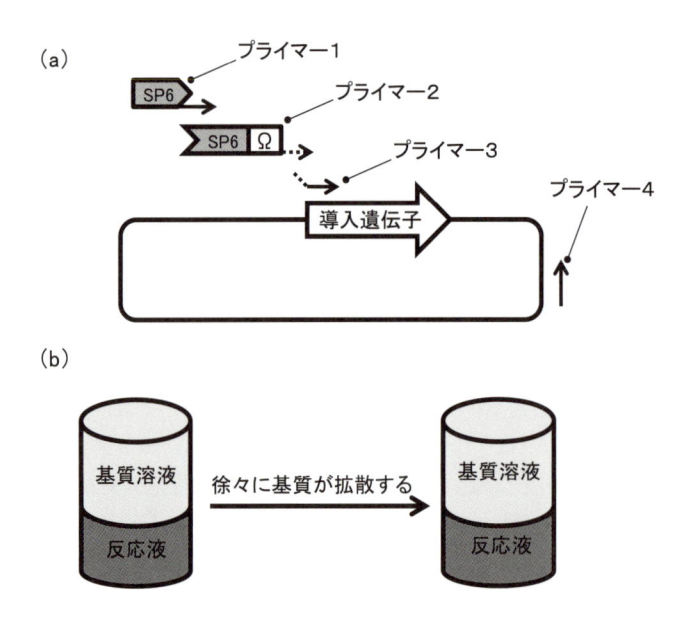

(a)

プライマー1
プライマー2
プライマー3
導入遺伝子
プライマー4

(b)

基質溶液
反応液
徐々に基質が拡散する
基質溶液
反応液

**図 9-9　無細胞翻訳系における工夫**
(a) split-PCR 法による発現用プラスミドの構築　(b) 重層法によるタンパク質合成

### (4) 重層法（bilayer method）によるタンパク質合成

タンパク質合成反応をスムーズに進めるためには，反応による副産物を除き，基質やエネルギー源を連続的に供給してやればよい。そこで前述の透析法のような手法が考案されている。しかしこの透析法では透析膜が破れないような品質管理が必要になる。これに対し基質を供給し続ける簡便な方法として重層法が考案された（図 9-9(b)）。この手法では翻訳の反応液と基質の密度が異なることを利用している。反応液の上に基質溶液を重層することで，徐々に基質液が反応液と混ざりあっていく。これにより徐々に基質が反応液中に供給されることになる。

### 9-3-4　PURE システム（Protein synthesis system using recombinant elements system）

前述のような S30 画分を用いる手法に対し，大腸菌のタンパク質合成に必要な因子を組換え型タンパク質などとして取得し，タンパク質合成系を再現する試みがある（PURE システム）。この PURE システムでは組換え型タンパク質として取得された大腸菌由来翻訳調節因子群と RNA ポリメラーゼを用い，実際に大腸菌のタンパク質合成系を再現する。また，エネルギー再生にはクレアチンリン酸とクレアチンキナーゼ，ミオキナーゼ（ATP + AMP = 2ADP），ヌクレオシド二リン酸キナーゼ（NDP + ATP = ADP + NTP）が利用されている。現在，PURE システムを利用したタンパク質合成キットとして，WakoPURE system（和光純薬工業）が販売されている。

PURE システムは再構築系であるため，S30 画分に含まれるような余分な成分が系内に存在しないことが利点として挙げられる。すなわち，ヌクレアーゼやプロテアーゼ等，タンパク質合成を阻害するような因子が系に含まれていない。さらにタンパク質合成に必要な ATP や GTP の無

駄な分解も最小限に抑えられるため，非常にエネルギー変換効率の高いシステムになっている。またこの PURE システムは S30 画分を用いる翻訳系よりも高いレベルで反応系内の成分をコントロールできることも利点として挙げられる。以上のような利点があるため，様々な無細胞翻訳系の中でも，特に今後の発展が期待される無細胞翻訳系である。

### 9-3-5 フォールディングシステムについて

これまでに無細胞翻訳系におけるタンパク質合成を促進させる方法として，基質やエネルギーの供給を挙げた。これによりタンパク質合成を行った際に発現量が増えたとしても，時として正常な状態で折りたたまれたタンパク質が得られないケースが見られる。ここではタンパク質を正常な状態で取得するための工夫について簡単に説明する。

#### （1） シャペロン

シャペロンは，タンパク質の凝集抑制活性やリフォールディング，新生タンパク質のフォールディング補助など，高次構造を正常な形に導くための因子である。このシャペロンとして大腸菌の DnaK や DnaJ，GroEL-GroES が有名である。特に GroEL のような Hsp60 のシャペロンファミリーをシャペロニンという。In vivo タンパク質発現系においても，正常な構造のタンパク質を獲得するために，大腸菌細胞内でシャペロンを高発現させるシステムが存在する。無細胞翻訳系においても，反応系に添加することで正常な構造のタンパク質が得られるようになることが知られている。

#### （2） タンパク質ジスルフィドイソメラーゼ

ジスルフィド結合は，タンパク質の高次構造を決定する要素としてとても重要な要素の 1 つである。正常な構造のタンパク質を得るために，タンパク質ジスルフィドイソメラーゼを反応系に加える方法がある。この添加により実際に大腸菌の系やコムギ胚芽を用いた無細胞発現系で，正常な構造のタンパク質の収量の増加がみられている。

### 9-3-6 無細胞翻訳系の利点

前述のように，無細胞翻訳系を用いタンパク質発現にはいくつかの利点がある。以下にそれら利点について触れたい。

#### （1） 膜タンパク質の発現

一般に大腸菌などを用いた in vivo タンパク質発現系では，膜タンパク質の発現は細胞に悪影響を及ぼすことが多く，活性を有する形で発現させることは困難であることが多い。これに対し無細胞翻訳系では膜タンパク質の発現が容易になる。

大腸菌では膜タンパク質の膜への輸送は，膜タンパク質上にあるシグナルがシグナル認識粒子（SRP）により認識されることから始まる。その後シグナルの受容体（SR）により細胞膜上の透過装置（SecYEG）へ輸送され，膜への挿入が進行する。そこで精製した SRP 及び SR と大腸菌由来反転内膜画分を調製し，PURE システムに加える試みがなされた。この手法により膜タンパク質の合成がなされた。このときはプロテアーゼ抵抗性を確認することで膜への挿入を確認している。また分泌性のタンパク質の場合，SecA および SecB により SecYEG に輸送された後，膜

を通過する。そこで精製したSecAおよびSecBと反転膜小胞を添加したPUREシステムで外膜タンパク質の合成を試みた。この結果，反転膜小胞内にシグナル配列が切断された外膜タンパク質が確認された。このように膜への輸送・分泌に関与するタンパク質と膜を無細胞系に添加することにより，膜タンパク質や分泌タンパク質を簡単に生産することができるようになる。

### (2) 非天然アミノ酸を含むタンパク質の合成

無細胞翻訳系では，非天然アミノ酸を位置特異的に挿入することも可能だ。これには通常終止コドンとなるアンバーコドン（UAG）を認識するアンバーサプレッサーtRNAを用いる。まず遺伝子上の非天然アミノ酸を導入したい部分をアンバーコドン（TAG）に置き換える。そしてそのDNAと，予め非天然アミノ酸を結合させたサプレッサーtRNAを無細胞翻訳系に加えることにより，タンパク質中に非天然アミノ酸が導入される。この系の問題として，S30画分でリボソーム乖離因子（RF1）とサプレッサーtRNAが競合することがある。非天然アミノ酸を結合させたサプレッサーtRNAがリサイクルできないため，S30画分を用いた場合にRF1との競合は大きな問題である。これに対しPUREシステムならば，系内からRF1を除くことができるので，合成効率が飛躍的に上昇する。

また，アンチコドンを4塩基にしたtRNAを用いる非天然アミノ酸の導入法も開発されている。この場合，通常の3塩基コドンに対応するtRNAと4塩基コドンに対応するtRNAが競合するという問題がある。現時点でのPUREシステムでは，tRNAが純化されていないため，tRNAの競合の問題は不可避である。しかし個々に純化したtRNAを用いたPUREシステムであれば，このような問題は回避できると考えられる。

### 参考文献

1) 今堀和友，山川民夫監修，「生化学辞典（第4版）」，東京化学同人，(2007)

2) 日本微生物学会編，「微生物学辞典」，技報堂出版，(1989)

3) Invitrogenホームページ (http://www.invitrogen.co.jp/)

4) 村松正實，山本雅編，「新 遺伝子工学ハンドブック第4版」，羊土社 (2003)

5) 長谷俊治，高木淳一，高尾敏文編，「タンパク質をつくる」，化学同人，(2009)

6) 小谷正博編，第5版 実験科学講座29 バイオテクノロジーの基本技術，218-219 (2006)

7) Shimizu Y, Kuruma Y, Ying BW, Umekage S, Ueda T., Cell-free translation systems for protein engineering., FEBS J., 273(18):4133-40. (2006)

8) Jewett MC, Swartz JR. Rapid expression and purification of 100 nmol quantities of active protein using cell-free protein synthesis., Biotechnol. Prog., 20(1):102-9 (2004)

9) Kim DM, Swartz JR. Prolonging cell-free protein synthesis with a novel ATP regeneration system., Biotechnol. Bioeng., 66(3):180-8 (1999)

10) 遠藤弥重太，澤崎達也「コムギ無細胞タンパク質合成法」生化学，第79巻第3号, 229-238, (2007)

11) 上田卓也「高品質なタンパク質を作るためのPURE Technology」生化学，2007，第79巻第3号, 205-212, (2007)

## カラー参照図

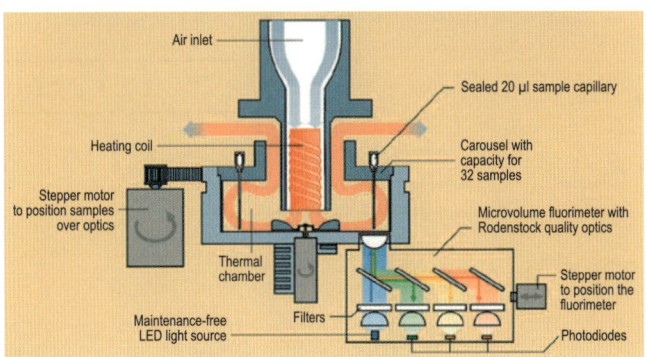

図 7-2　リアルタイム PCR 装置
(Roche 社　LightCycler)

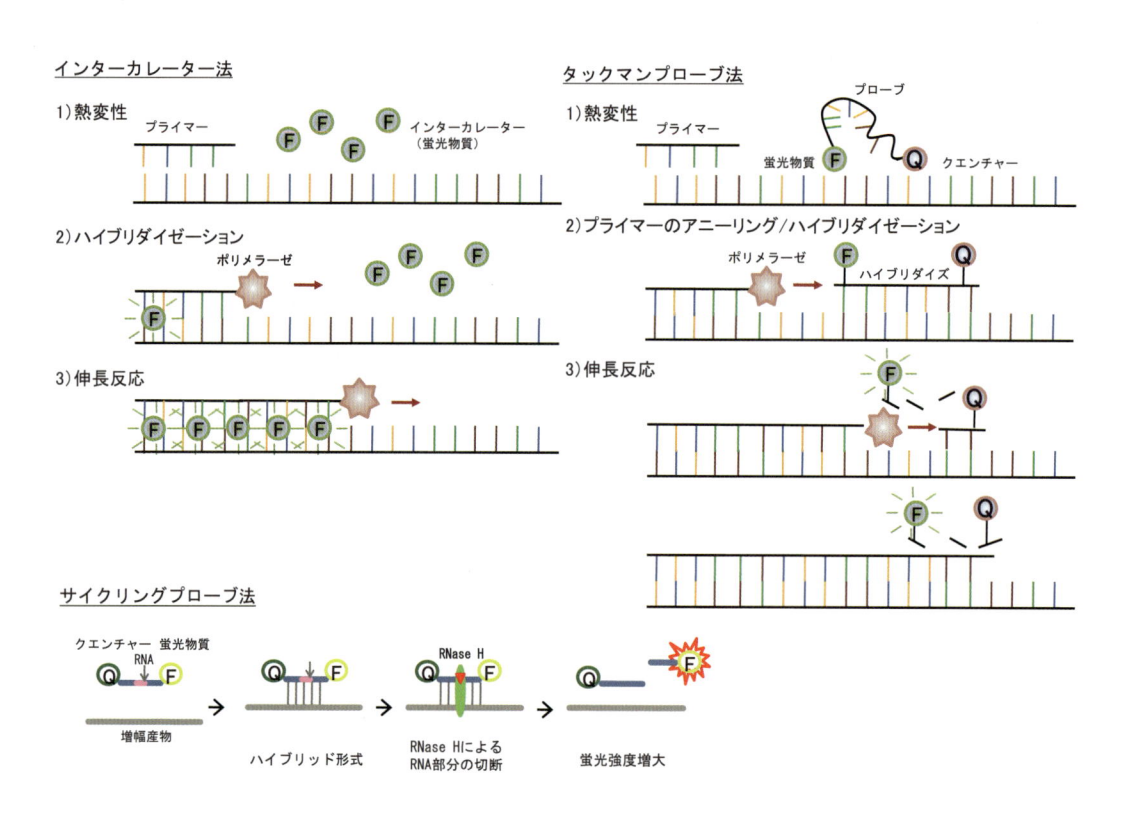

図7-4 リアルタイムPCRのモニター法
（タカラバイオ社カタログより）

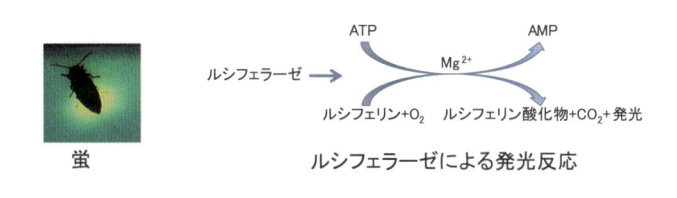

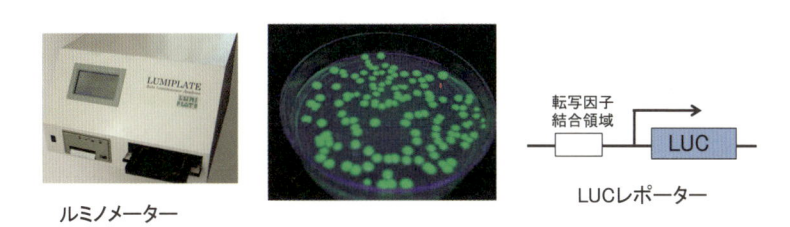

図 7-6　レポーター遺伝子としてのルシフェラーゼ（*LUC*）遺伝子

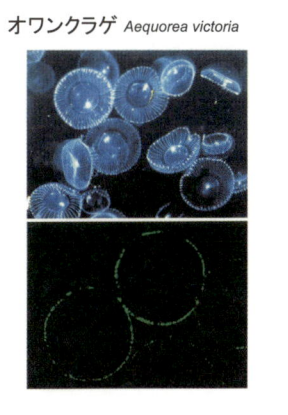

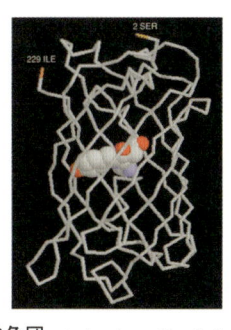

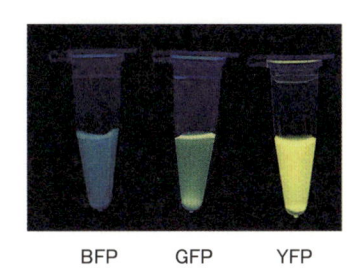

図 7-7　*GFP* 遺伝子の利用

図 7-14　表面プラズモン共鳴センサーの装置
（GE ヘルスケア社カタログ）

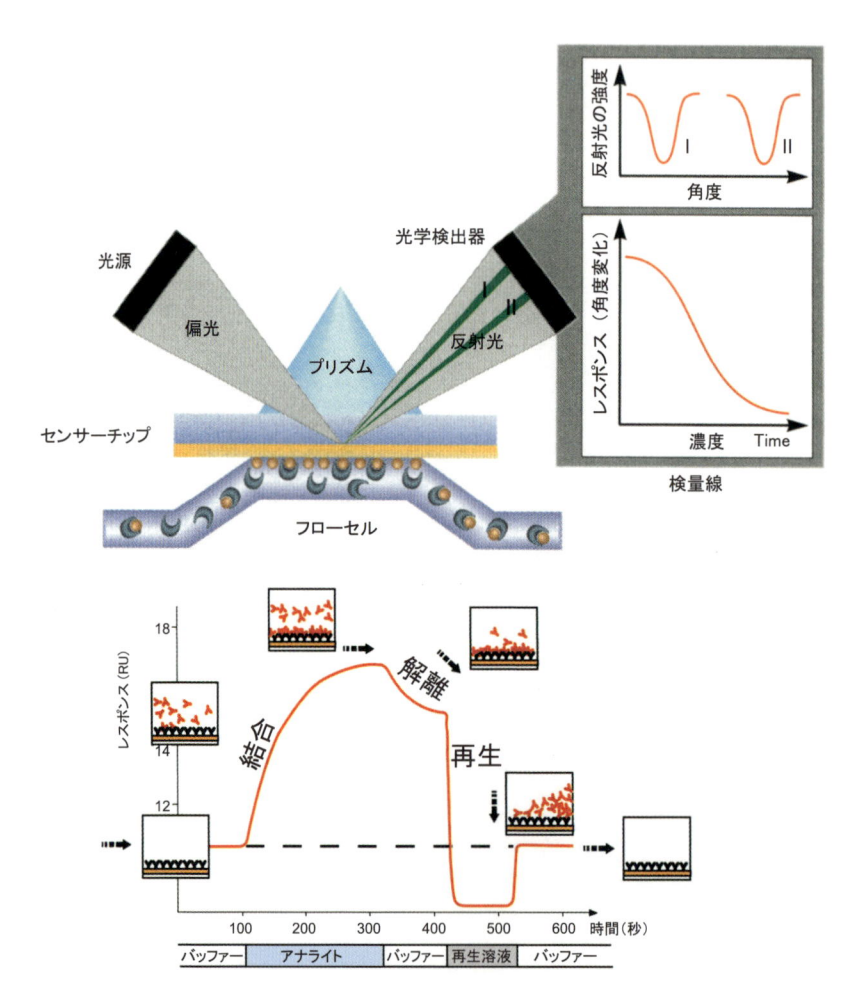

図 7-15　表面プラズモン共鳴センサーの原理
（GE ヘルスケア社カタログ）

# 索　引

## あ 行

アウタープライマー　35
アグロシノパイン　92
アグロバクテリウム　89
アセトシリンゴン　90
アダプター配列　120
アデノシン 5'-三リン酸（ATP）
　20
アナライト　151
アナログ　175
アニール　32，35
アラビノキシラン　88
アルカリプロテアーゼ　181
アルカリ法　62
アルカリホスファターゼ（AP）
　158
アルギナーゼ　92
アンチコドンを 4 塩基にした tRNA
　190
アンチセンス RNA 法　168
アンチセンス法　166
アンバーコドン（UAG）　190
アンバーサプレッサー tRNA　190

イオン化　128
イオントラップ型質量分析計
　129
鋳型 DNA　30，32，35
一塩基多型（SNP）　114
一次元的な電気泳動法　125
一次構造　8
一倍体細胞　82
一色法　114
遺伝子サイレンシング　166
遺伝子ターゲティング法　105
遺伝子のクローニング　61
遺伝子の構造解析　35

遺伝子破壊法　83
イネ　87
イムノアッセイ（immunoassay）
　49
陰極流（Cathodic drift）　126
インサイチュハイブリダイゼーション
　47
インターカレーター法　138
インテイン　56
インドール酢酸　87

ウイルス　66
ウイルスの純化　183
ウイルス粒子（ヌクレオカプシド）
　182
ウエスタンブロッティング　148

エーテル結合　17
エキソヌクレアーゼ V　68
液体クロマトグラフィー　49，127
エクステンシンタンパク　88
餌食　147，151
エネルギー供与体　160
エネルギー受容体　160
エピトープ　98
エピトープタギング法　79，84
エピトープタグ　80，84
エピブラスト（原始外胚葉）　109
エマルジョン PCR　39
エレクトロスプレーイオン化法
　129
エレクトロポレーション　95
エレクトロポレーション法　89
塩基配列　3
塩酸グアニジン　181
エンドサイトーシス　100
エントリークローン　78
エンハンサー　139

エンベロープ　182

オーキシン　87
オープンシステム　121
オクトパイン　92
オパイン　90
オペロン産物複合体　68
オルガネラ　89
オルニチンシクロデアミナーゼ
　92
温度感受性（temperature sensitive : ts）
　変異株　171

## か 行

カイネチン　87
可逆的ターミネーター　41
可逆反応　147
架橋（クロスリンク）　146
核型　109
核多角体病ウイルス　182
ガスクロマトグラフィー　49
カプシドタンパク質　66
顆粒病ウイルス　182
カルタヘナ法　74
幹細胞　104
間接法　157，159

逆遺伝学（reverse genetics）　168
逆遺伝学的解析　82
逆相カラム　128
逆転写酵素（RNA dependent DNA
　polymerase）　31，135
逆転写反応　135
キャピラリーアレイ電気泳動　38
キャピラリシーケンサー　121
キャリアアンフォライト　126
凝集　62

## 索引

共鳴エネルギー移動　160
共免疫沈降法（Co-immunoprecipitation：Co-IP）　148
共抑制　166
拒絶反応　105
銀染色　127
金属キレート　181

クエンチャー物質　138
組換えタンパク質（Recombinant protein）　60
クラゲの緑色蛍光タンパク質（GFP）　160
クラミドモナス　87
グルココルチコイド受容体　101
グルタチオン S-トランスフェラーゼ（GST）　56
クレノー断片（Klenow fragment）　30
クレノーフラグメント　124
クローズドシステム　121
クロスリンク　146
クロマチン　145
クロマチン免疫沈降（chromatin immunoprecipitation：ChIP）法　145
クロラムフェニコールアセチルトランスフェラーゼ遺伝子　139

蛍光抗体法　156, 157, 159
蛍光式 DNA シーケンサー　38
蛍光物質　139
蛍光モニター法　138
形質転換体　63
珪藻　87
ゲノム（genome）　3
ゲルシフト（EMSA）法　142
原始外胚葉　104, 109

コインテグレーティブベクター　92
抗原決定基　98
後成的風景　103
抗生物質耐性遺伝子　61

抗生物質耐性マーカー　80
構造類似体（アナログ）　175
酵素抗体法　156, 158
抗体　148
抗体認識エピトープタグ　148
抗体の認識部位（エピトープタグ）　84
酵母 two-hybrid 法　80
酵母人工染色体（yeast artificial chromosome：YAC）　80
コールドプローブ　143
コサプレッション　166
コスミドベクター　73
骨髄腫細胞（ミエローマ）　98
コドンの利用性　178
コピー数（copy number）　60
コロニーハイブリダイゼーション（colony hybridization）　48
コンディショナル（条件的）ノックアウトマウス　112
根頭癌腫病（crown gall disease）　89
コンピテントセル　62
コンピテントセル法　96

## さ行

サイクリングプローブ法　139
再構築系　188
サイトカイニン　87
細胞集団の平均値　155
細胞膜流動モザイク構造　97
細胞融合　88
再利用経路　99
ザイログルカン　88
サザンハイブリダイゼーション（Southern hybridization）　47
サブクローニング　124
サブトラクション法　116
サブユニット構造　12
サンガー法（Sanger 法）　35
サンプル間の標準化　115

シアノバクテリア　87

シーケンス　124
ジーンパルサー　96
磁気ビーズ法　149
シグナル伝達　142
シグナル認識粒子（SRP）　189
シグナルの受容体（SR）　189
始原生殖細胞　109
脂質小胞（リポソーム）　100
四重極質量分析計　129
システム生物学　114
ジスルフィド結合　26
質量分析装置　127
質量電荷比（質量／電荷）　127
ジデオキシ法（dideoxy 法）　35
2', 3' ジデオキシリボース　1
シバクロンブルー（Cibacron Blue）F3GA　54
ジフテリア毒素 A 断片遺伝子（DT-A）　111
シャトルプラスミド　61
シャトルベクター（shuttle vector）　61, 79
シャペロニン　189
シャペロン　189
自由エネルギー変化量（－ΔDG）　178
修飾　29
重層法（bilayer method）　188
集団遺伝学　122
宿主（host）　28, 60
宿主微生物　174
出芽酵母　96
ショットガン導入　124
自律複製単位（autonomously replicating sequence：ARS）　63
自律複製配列　79
シロイヌナズナ　87
真核藻類　96
人工アンチセンス RNA 法　168
人工多能性幹細胞（iPS 細胞）　104
新生合成経路　99
シンチレーションカウンター　140
親和性選択（affinity selection）　134

ストッピングスクリーン　95
スフェロプラスト　62
スポロポレニン　97
スメアバンド　124

ゼアチン　87
制限　29
制限酵素　28
静電場ミラー（リフレクトロン）　130
生物学的封じ込め　74
西洋ワサビペルオキシダーゼ（HRP）　158
セカンドメッセンジャー　19
赤血球の幼若型　186
繊維芽細胞　106
遷移モーメント　162
センサーチップ　153
選択マーカー　63，79

相同組換え ES 細胞の選別　111
挿入型ベクター　71
増幅断片長多型解析　118
相補 DNA（cDNA：complementary DNA）　31
疎水度　4
その場（in situ）　141，155

## た　行

ターゲティングベクターの構築　111
ダイサー（Dicer）　167
ダイターミネーター法　36
耐熱性 DNA ポリメラーゼ　33
タイプⅠ　29
タイプⅡ　29
ダイプライマー法　36
多型解析　122
多重染色法　159
タックマンプローブ　138
タックマンプローブ法　138
多能性幹細胞　105，106
多能性細胞集団（内部細胞塊・原始外胚葉）　104
多能性を有する内部細胞塊（ICM：inner cell mass）　108
タバコモザイク病　66
多分化能　104，109
タンパク質間相互作用　153
タンパク質ジスルフィドイソメラーゼ　189
タンパク質スプライシング　56
タンパク質発現用ベクター　82
断片化　147

置換型ベクター　70
中性プロテアーゼ　181
直接法　157，159

ツーハイブリッド（two-hybrid）法　147，149
釣り餌　147，151

ディファレンシャルディスプレイ（DD）法　117
定量 PCR　136
2',3' ジデオキシリボース（ジデオキシリボース）　1
デオキシリボヌクレオシド 3 リン酸（deoxyribonucleoside 3-phosphate, dNTP）　32
デスティネーションベクター　78
テラトーマ　104
テラトカルシノーマ　104
電気泳動　125
転写調節因子　142
天然タンパク質（Natural protein）　60
テンペレートファージ　67

透析法　185，188
等電点（pI）　50，125
等電点電気泳動　125
土壌細菌　89
ドデシル硫酸ナトリウム　26
ドナー-アクセプター間距離（R）　162
ドナーベクター　78
ドメイン（domain）　12
トランスクリプトーム解析　122
トランスゼアチン　90
トランスファーベクターゾン　183
トランスポゾン　183

## な　行

内部細胞塊　104
ナノクリスタル　156

ニコチンアミドアデニンジヌクレオチド（NAD$^+$）　21
ニコチンアミドアデニンジヌクレオチドリン酸（NADP$^+$）　21
二色法　114
二次元電気泳動　125
二倍体細胞　82
尿素　181

ヌクレオカプシド　182
ヌクレオシド　2
ヌクレオチド　3

ネオマイシン耐性遺伝子　111
粘着末端（cohesive end）　29

濃縮ゲル　27
ノザンハイブリダイゼーション（Northern hybridization）　47，48
ノックアウトマウス　105
ノパリン　92
ノパリン合成酵素　92
ノパリン酸化酵素　92
ノパリン分泌タンパク質　92

## は　行

バイオインフォマティクス　117
バイオパニング（bio-panning）　134
配向因子　162
ハイスループット　146

# 索　引

胚性幹細胞　104, 105
胚性癌腫細胞　104
胚性生殖細胞　104
バイナリーベクター　92
ハイブリダイゼーション　47
ハイブリドーマ　98
バキュロウイルス　182
バクテリア人工染色体　112
バクテリオファージ（phage）
　　60, 66
バクテリオファージ M13 ベクター
　　72
パッケージング細胞　102
発現アンチセンス RNA 法　168
発現ベクター　174
パーティクルガン　93
パーティクルボンバートメント法
　　93, 96
パルスフィールド電気泳動法　24

飛行時間（TOF）型質量分析計／リ
　　フレクトロン型 TOF-MS　130
ヒドロキシアパタイト　58
非平衡 pH 勾配電気泳動（NEpHGE）
　　126
非放射性法　156
標識　47
表面プラズモン共鳴（Surface Plasmon
　　Resonance, SPR）センサー　151
ビルレントファージ　67, 175
ピロシーケンシング法　39
ピロリン酸　39

ファージ提示法　132
ファージディスプレイヒト抗体ライ
　　ブラリー　133
ファージディスプレイ法　132
ファージミド　74
フィーダー細胞　110
部位特異的組換え反応　76
フィルター結合法　142
フーリエ変換型質量分析計　131
フェノール化合物　88
複製開始点　79

物理的封じ込め　74
プラークハイブリダイゼーション
　　（plaque hybridization）　48
プライマー（primer）　30
プライマー DNA　32, 35
プラスチド　89
プラスミド　60
プラスミドの不和合性（incompatibility）
　　64
フラビンアデニンジヌクレオチド
　　（FAD）　21
フラビンモノヌクレオチド（FMN）
　　22
ブリッジ PCR（Bridge PCR）法
　　41
プレヘッド　68, 70
プローブ（probe）　47
プロシオンレッド HE-3B　55
ブロット法　47
プロテアーゼ　180
プロテオーム解析　125
プロテオミクス　125, 126, 148
プロトプラスト　88
プロファージ　67
プロモーター　139
分化抵抗性　106
分子間相互作用　160
2 分子蛍光相補性法　153
分子篩（ふるい）効果　125
分泌能力　180
分離ゲル　27

平滑化　124
平滑末端（blunt end）　29, 124
ベクター（vector）　60
ベクター DNA　28
ペクチナーゼ　88
ペクチン　88
ペクチン質　88
ヘパリン　54
ペプチドグリカン　180
ペプチドマスフィンガープリンティ
　　ング　128

ヘリックス-ターン-ヘリックス構造
　　69
変異導入用プライマー　35
偏光　162

放射性法　155
ホールマウント ISH 法　155
ポジティブ・ネガティブセレクション
　　111
ポリ（A）構造　187
ポリ T　31
ポリアクリルアミドゲル　125
ポリアクリルアミドゲル電気泳動
　　142
ポリエチレングリコール（PEG）
　　88
ポリクロナール抗体　98
ポリヒスチジンタグ　56

## ま　行

マイクロアレイ　146
マイクロアレイ法　114, 117
マイクロキャリア　95
マイクロプロジェクタイル
　　（Microprojectiles）法　93
マキサムギルバート（Maxam-Gilbert）法
　　35
膜（エンベロープ）　182
膜結合型 steel factor（SCF）　109
マクロキャリア　94
3' 末端　3
5' 末端　3
マルトース輸送タンパク質　67

ミエローマ　98
未分化細胞マーカー　109

メチル化干渉法　144
2-メルカプトエタノールやジチオス
　　レイトール　26
免疫染色法　157
免疫組織化学的（ISH）法　156
免疫沈降（IP）　145, 147

免疫沈降法 (Immunoprecipitation : IP)　148
免疫不全マウス　109

網状赤血球　186
モチーフ　10
モノクローナル抗体　98
モルフォリノ (Morpholino) アンチセンスオリゴ　169

### や 行

融合化　181
融合細胞 (ハイブリドーマ)　98

溶菌　67
溶菌経路　67
溶原化　67
溶原経路　67
溶原サイクル　67
葉緑体　89

### ら 行

ラクトースオペロンの制御システム　175
ラプチャーディスク　94
ラムダリプレッサー $cI$　69
ランダムインテグレション　100

リアルタイム PCR 法　136
リガンド　53, 151
リフレクトロン　130
リポーター　139
リポータータンパク質　84
リポソーム　100
リポフェクション法　99
流動モザイク説　14
量子収率　162
量子ドット (Quantum Dot)　156
良性腫瘍　104
両性担体 (キャリアアンフォライト)　126
緑色蛍光タンパク質 (Green Fluorescent Protein, GFP)　139
緑藻 *Chlamydomonas reinhardtii*　96
リンキングプライマー　35

ルシフェラーゼ　140
ルシフェラーゼ (LUC) 法　139
ルミノメーター　140

レアコドン (rare codon)　178
励起光照射　140
レトロウイルス　31
レトロウイルスベクター　102
レプリコン (自律複製単位)　61, 63
レポーターアッセイ法　139
レポーター遺伝子　139, 147

ロイシンジッパーモチーフ　154
ローリングサークル型複製 (σ型 DNA 複製)　68

### わ 行

ワンハイブリッド法 (one-hybrid)　147

### 欧 文

A. rhizogenes　90
affinity selection　134
Agrobacterium tumefaciens　89
AP　158
*ARS* 配列　80
ATP　20, 140
autonomously replicating sequence (ARS)　79
avidin biotin complex (ABC) 法　159
BAC　112
bait (釣り餌)　147, 151
BAP (bacterial alkaline phosphatase)　32
bFGF　109
BiFC (Bimolecular Fluorescence Complementation : 2 分子蛍光相補性) 法　153
bilayer method　188
bio-panning　134
blunt end　29
BMP4　107
BP 反応　77
Bridge PCR　41
BsmFI　122
CAP 構造　187
CARD-FISH 法　160
catalyzed reporter deposition (CARD) 法　159
Cathodic drift　126
CAT (クロラムフェニコール アセチルトランスフェラーゼ) 遺伝子　139
CAT 法　139
cDNA　135
cDNA (complementary DNA)　31
cDNA-AFLP 法　118
cDNA ライブラリ　120
CHEF 法　25
ChIP-on-chip　146
chromatin immunoprecipitation (ChIP)　145
$cI$　69
Cibacron Blue　54
$cII$　69
$cIII$　69
CIP (calf intestine alkaline phosphatase)　32
*c-myc*　106
cohesive end　29
Co-immunoprecipitation (Co-IP)　148
colony hybridization　48
concatemer　124
copy number　60
$cosL$　68
$cosR$　68
co-suppression　166
*cro*　69

## 索引

crown gall disease　89
CRO タンパク　69
Ct 値　138
DD 法　117
*de novo* 経路　99
di tag　124
Dicer　167
dideoxy 法　35
dithiothreitol（DTT）　26
DNA-RNA ハイブリダイゼーション　116
DNaseI フットプリント法　144
DNA ウイルス　66
DNA 結合タンパク質　142, 144
DNA 合成活性とエキソヌクレアーゼ活性　30
DNA チップ　114, 146
DNA フィンガープリント法　118
DNA ポリメラーゼ I　30
DNA リガーゼ　42
dNTP（deoxyribonucleoside 3-phosphate）　32
domain　12
DT-A　111
Dye-Swap 実験　115
EcoP151　124
EG 細胞　104
Electrospray Ionization（ESI）　129
Embryonic carcinoma cell（EC 細胞）　104
Embryonic stem cell（ES cell）　105
EMSA　142
*env*　102
Epigenetic landscape（後成的風景）　103
ES 細胞（胚性幹細胞）　104
ES 細胞の生殖系列への寄与　111
Exonuclease マッピング法　144
FAD　21
Fc（Fragment, crystallizable）　149
FIGE 法　25
FISH 法　156
Fluorescence in situ hybridization（FISH）法　156

FMN　22
Förster 距離　162
Förster の計算式　160
FRET（Fluorescent Resonance Energy Transfer）法　154
FRET 技術　160
F 繊毛　72
*gag*　102
*gal* 遺伝子　69
GAM タンパク質　68
Gateway クローニング法　76
genome　3
Genotyping ソフトウェア　121
GFP　153, 160
*GFP* レポーター遺伝子　140
global normalization　115
Green Fluorescent Protein（GFP）　139
GST　56
*GUS* レポーター遺伝子　142
GV　182
HAT（Histidine affinity tag）タグ　56
Hfl　69
High Coverage Expression Profiling（HiCEP）　120
His-タグ　181
host　60
HRP　158
*iaaH*　90
*iaaM*　90
ICM（inner cell mass）　108
Iminodiacetic acid（IDA）　56
Immobilized Metal ion Affinity Chromatography（IMAC）　56
Immobilized pH gradient（IPG 法）　126
immunoassay　49
Immunoprecipitation（IP）　148
IMPACT（Intein Mediated Purification with an Affinity Chitin-binding Tag）システム　56
2 inhibitors（2i）　107
*in situ*　141, 155

*in situ* hybridization　47
*in situ* hybridization（ISH）法　155
*in vitro* 組換え反応　76
*in vitro* パッケージング　70
incompatibility　64
internal control（内部標準）normalization　115
IP　147
iPS 細胞　104
*ipt*　90
ISH 法　156
iso electro focusing（IEF）　126
Isopropyl-$\beta$-D-thio-galactopyranoside（IPTG）　175
Klenow fragment　30
*Klf4*　106
LC/MS　127
LIF　107, 109
Liquid Chromatography（LC）　127
Long SAGE 法　122
LR 反応　78
Luciferase（ルシフェラーゼ：LUC）法　139
*LUC* レポーター遺伝子　140
M13 ファージベクター　67
Maxam-Gilbert 法　35, 144
Microprojectiles 法　93
Morpholino アンチセンスオリゴ　169
MSn 解析　131
$NAD^+$　21
$NADP^+$　21
Native-PAGE　27
Natural protein　60
NEpHGE　126
Ni-NTA　181
non-coding transcript　117
Northern hybridization　47, 48
NPV　182
nt（nuclear transfer）ES 細胞　106
*N*-グリコシド結合　3
*N*-デグロン　172
*N*-末端則　172
*Oct4*　106

O'Farrell　125
one-hybrid 法　147
Or1　69
Or2　69
Or3　69
Orbitrap 型質量分析計　131
*ori*　79
Or 領域　69
P1 ファージベクター　67
particle bombardment 法　93
PCA（Protein fragment Complementation Assay）　153
PCR（polymerase chain reaction）　30, 112
PEG　88
pH　4
phage　60
pI　50, 125
pK　4
p$K_a$　7
plaque hybridization　48
plasmid　60
*pol*　102
poly（A）　117
polyacrylamide gel electrophoresis（PAGE）　125
prey（餌食）　147, 151
primer　30
probe　47
Procion Red　55
pTiC58　90
pTi-SAKURA　90
PURE システム　188
qPCR　136
Quantum Dot　156
RAPD（Random Amplified Polymorphism DNA）　119
rare codon　178
RecA　69
*recB*　68
*recC*　68
*recD*　68
Recombinant protein　60
reverse genetics　168

reverse transcriptase　135
Rex1　110
RFLP（Restriction Fragment Length Polymorphism）　118
Rhizobium radiobactor　89
Ribosome-Binding Site（RBS）　178
RISC（RNA-induced silencing complex）複合体　167
Ri プラスミド　90
RNA dependent DNA polymerase　31
RNA interference（RNAi）　166
RNAi 法　166
RNA ウイルス　66
RNA 干渉　166
RNA フィンガープリント法　119
root-inducing プラスミド　90
RT-PCR 法　135
SAGE 法　122
*salvage* 経路　99
Sanger 法　35
Schneider 2（S2）細胞　182
SCID マウス（免疫不全マウス）　109
SDS-PAGE　26, 125
Serial Analysis of Gene Expression（SAGE）法　122
SF 細胞　182
Shine-Dalgarno 配列（SD 配列）　178
shuttle vector　61
siRNA（small interfering RNA）　98, 167
SMRT 法　45
SNP　114
sodium dodecyl sulfate（SDS）　26
SOLiD 法　42
Southern hybridization　47
*Sox2*　106
split YFP 法　154
split-PCR 法　187
SR　189
SRP　189
S-S 結合（ジスルフィド結合）　26
STO 細胞　109

Super SAGE 法　122
Surface Plasmon Resonance（SPR）　151
T4-DNA リガーゼ　124
T4 ファージ　66
*Taq* DNA ポリメラーゼ　33
T-DNA　90
T-DNA 領域　90
temperature sensitive（ts）　171
template DNA　30
terminal deoxyribonucleodyl transferase　119
Ti プラスミド　90
transferred DNA（T-DNA）　90
TSA 法　159
ts デグロンタグ　172
tumor-inducing プラスミド　89
two-hybrid 法　147, 149
Tyramide シグナル増幅法（TSA 法）　159
UAG　190
vector　60
*virD* オペロン　90
virulence（vir）遺伝子群　90
X-Gal　65
YCp　79
yeast artificial chromosome（YAC）　80
YEp　79
YIp　79
α-complementation　65
α 相補性　65
β ラクタマーゼ　61
θ 型 DNA 複製　68
λ-terminase　69
λ ファージ　67
λ ファージクローニングベクター系　67
λ ファージの生活環　67
σ 型 DNA 複製　68
2μm プラスミド　80
Ω 配列　187

## 著者略歴

**藤原　伸介**（編著者）
1990年　広島大学大学院生物圏科学研究科　博士後期課程修了
　　　　学術博士
現　在　関西学院大学生命環境学部教授
専　攻　微生物生化学

**松田　祐介**
1993年　北海道大学大学院農学研究科博士後期課程修了
　　　　博士（農学）
現　在　関西学院大学生命環境学部教授
専　攻　植物分子生理学

**田中　克典**
1994年　京都大学大学院農学研究科博士後期課程修了
　　　　博士（農学）
現　在　関西学院大学生命環境学部教授
専　攻　分子生物学

**東端　啓貴**
2000年　大阪大学大学院工学研究科博士後期課程修了
　　　　博士（工学）
現　在　東洋大学大学院生命科学研究科准教授
専　攻　生命科学

**福田　青郎**
2005年　京都大学大学院工学研究科博士後期課程修了
　　　　博士（工学）
現　在　関西学院大学生命環境学部専任講師
専　攻　生物工学

**関　由行**
2006年　大阪大学大学院医学系研究科博士課程修了
　　　　博士（医学）
現　在　関西学院大学生命環境学部教授
専　攻　エピジェネティクス

### 遺伝子工学の原理

2012年 5月25日　初版第1刷発行
2022年 3月25日　初版第3刷発行

© 編著者　藤原　伸介
発行者　秀島　功
印刷者　荒木　浩一

発行所　三共出版株式会社　東京都千代田区神田神保町3の2
郵便番号 101-0051　振替 00110-9-1065
電話 03-3264-5711　FAX 03-3265-5149
https://www.sankyoshuppan.co.jp/

一般社団法人 日本書籍出版協会・一般社団法人 自然科学書協会・工学書協会　会員

Printed Japan　　製版印刷製本　アイ・ピー・エス

JCOPY ＜（一社）出版者著作権管理機構 委託出版物＞
本書の無断複写は著作権法上での例外を除き禁じられています。複写される場合は、そのつど事前に、（一社）出版者著作権管理機構（電話 03-5244-5088, FAX 03-5244-5089, e-mail: info@jcopy.or.jp）の許諾を得てください。

ISBN 978-4-7827-0637-4

## 新生物化学工学（第3版） ISBN978-4-7827-0772-2

京都工芸繊維大学名誉教授　岸本通雅　・　京都工芸繊維大学教授　堀内淳一　・
関西学院大学教授　藤原伸介　・　京都工芸繊維大学准教授　熊田陽一　共著
B5・並製・210頁／本体 2,500 円＋税

　本書では操作を基本におき、その段階において生体反応の基礎を紹介する。化学工学的検討が盛んに行われてきた培養操作の説明から基本的な育種操作、さらには遺伝子組換え操作についてもまとめ、化学工学系の学生向けにわかりやすい教科書を目指した。

### 目　次
1　化学工学の基礎　　2　バイオプロセスと生体反応　　3　バイオプロセスの設計と操作
4　高度な培養操作と自動制御　　5　分離精製操作　　6　代謝制御発酵　　7　遺伝子組換え操作
8　組換えタンパク質の高発現技術

三共出版